普通高等教育"十一五"国家级规划教材

上海普通高校优秀教材

上海高校市级精品课程配套教材

JICHU YUNCHOUXUE JIAOCHENG

基础运筹学教程

（第三版）

主 编 马 良 刘 勇

中国教育出版传媒集团

高等教育出版社·北京

内容提要

本书是普通高等教育"十一五"国家级规划教材、上海普通高校优秀教材、上海高校市级精品课程配套教材。全书共 13 章，主要内容包括：绪论，线性规划，整数规划，目标规划，动态规划，图论与网络优化，网络计划技术，决策论，对策论，排队论，库存论，启发式算法，运筹学综合案例。

本书设置有丰富的例题、练习题和软件操作视频二维码，强调手工计算与优化软件相结合解决运筹学问题，注重反映运筹学理论的最新发展与实践应用，适合作为高等学校运筹学相关课程教材，也可作为社会人士的自学用书。

图书在版编目(CIP)数据

基础运筹学教程 / 马良, 刘勇主编. —3 版. —北京：高等教育出版社，2023.7
ISBN 978 - 7 - 04 - 060471 - 9

Ⅰ. ①基… Ⅱ. ①马… ②刘… Ⅲ. ①运筹学–高等学校–教材 Ⅳ. ①O22

中国国家版本馆 CIP 数据核字(2023)第 079118 号

策划编辑	刘自挥 郭昕宇	**责任编辑**	郭昕宇	**封面设计** 张文豪	**责任印制** 高忠富

出版发行	高等教育出版社	网 址	http://www.hep.edu.cn	
社 址	北京市西城区德外大街 4 号		http://www.hep.com.cn	
邮政编码	100120	网上订购	http://www.hepmall.com.cn	
印 刷	杭州广育多莉印刷有限公司		http://www.hepmall.com	
开 本	787mm×1092mm 1/16		http://www.hepmall.cn	
印 张	21	版 次	2006 年 7 月第 1 版	
字 数	468 千字		2023 年 7 月第 3 版	
购书热线	010-58581118	印 次	2023 年 7 月第 1 次印刷	
咨询电话	400-810-0598	定 价	45.00 元	

本书如有缺页、倒页、脱页等质量问题，请到所购图书销售部门联系调换

版权所有 侵权必究
物 料 号 60471-00

第三版前言

运筹学起源于第二次世界大战期间,发展至今已经成为科学决策的一门重要学问.目前,运筹学不仅是绝大多数高校经济类与管理类的核心课程,也是数学类、计算机类和自动化类等专业的重要基础课程.

在多年运筹学教学和科研的基础上,我们于 2006 年编写了本书的第一版.许多高校将本书作为本科阶段运筹学课程的指定教材,并将本书作为硕士研究生入学考试的参考书.在总结本校及其他院校使用经验的基础上,我们于 2014 年修订了第二版.2015 年,本书被评为"上海普通高校优秀教材";相应"运筹学"课程被评为"上海高校市级精品课程".此外,我们面向研究生运筹学教学,编写了进阶的《高等运筹学教程》;面向社会广大普通读者普及运筹学基本理论与方法,编写了入门级的《走进优化之门:运筹学概览》.

党的二十大报告首次明确提出"加强教材建设和管理"这一重要任务,教材是落实立德树人根本任务的重要支撑,是育人育才的重要保障.为满足当前运筹学本科阶段教学的新要求,我们对本书再次进行了修订.本次修订在前两版的基础上形成以下特点与优势:

第一,注重阐述运筹学主要分支的基本理论和方法,力求做到逻辑清晰、深入浅出、通俗易懂,注重科学思维方法的训练.

第二,兼顾运筹学的手工计算方法与软件使用,强调将手工计算和优化软件相结合来解决各种运筹学问题.

第三,设计丰富的例题、习题和案例,引导学生运用运筹学相关理论与方法解决实际问题,培养学生精益求精的科学精神,激发学生科技报国的家国情怀和使命担当.

第四,在系统阐述基础运筹学主要内容的基础上,适当反映学科最新进展,引入了"量子计算"等现代优化方法的介绍,培养学生勇攀高峰的责任感和使命感.

第五,撰写运筹学领域专家和优化算法的扩展阅读材料,便于读者了解运筹学相关分支的发展历史,增强可读性.

本次修订工作主要由马良教授和刘勇副教授完成,张惠珍副教授和魏欣博士给予了大力支持和帮助.修订的主要内容包括:重写了第十一章内容,由"运筹学中的智能优化方法"改为"启发式算法";调整了第十二章部分案例;补充了多目标决策的求解方法;更新了自主研发的运筹学—管理科学集成软件包和常用的运筹优化软件及其使用说明;完善了教材习题答案.此外,在一些文字描述和内容表达上做了进一步提炼和修改,力求简明准确.

运筹学—管理科学集成软件包及使用说明,可扫描以下二维码获取:

运筹学—管理科学
集成软件包

感谢各相关院校师生的宝贵意见;感谢相关同行专家的帮助和指导;感谢高等教育出版社的长期大力支持;同时,也感谢上海市高水平学科建设(管理科学与工程)项目对本书第三版的支持.

对于书中可能存在的不妥或错误之处,恳请广大读者批评指正.

编 者

2023 年 6 月

第一版前言

运筹学诞生于第二次世界大战时期的英国,战后在美国发展起来,其应用范围从军事领域延伸到广泛的民用领域,在企业经营、生产管理、工程设计、经济规划、交通运输、能源开发、城市布局、环境保护、农田种植、科学实验等各个方面,得到了大量富有成效的应用.

运筹学是研究如何合理运用、安排各种资源(如人力和物力等),以寻求尽可能好的决策方案的一门综合性学科,其目的是为决策者作出优化决策和行动提供科学依据.

目前,运筹学已成为大专院校中管理类专业最基本的核心课程,也是许多理工类专业的重要专业基础课程.

本书的撰写是在多年教学实践基础上,参考各种现行教材以及有关专业材料,集体合作完成的.在教材内容和形式的处理上,力求精练,突出建模,着重方法和软件使用,配有案例,适当增加趣味性,其中部分内容体现了作者近年来在教学与科研上的某些心得和成果.

鉴于本书的性质主要是面向本科学生的入门教材,并非专门的学术研究著作,因此,各章之后开列的少量参考文献皆为中文文献,略去了所有有关的外文资料.

本书可作管理类专业64学时"运筹学"课程的教材之用,其中,第4章、第10章、第11章和第12章为选讲内容,各章最后的补充阅读材料则可供学生课外提高和一般了解之用.本书附有相关的软件及有关材料的光盘,可作配套选用.

本书内容曾作为教材为校内各种学时的管理类专业和部分其他专业本科生以及个别专业的研究生使用多年,并先后得到学校和上海市教委的重点课程建设以及上海市重点学科建设项目的资助.

在此,感谢上海市教委以及上海理工大学对我们工作的理解和支持;感谢老一辈学者为我们所奠定的基础以及所提供的有关材料;感谢所有曾经修读过这门课程的学生.我们在与学生多年的教学相长中获得了有益的反馈,并从学生们身上感受到新一代年轻人的敏锐和智慧.

同时,也向所有被我们直接或间接引用的文献资料的作者致以由衷的谢意和敬意.

鉴于我们学识所限,书中可能存在的谬误疏忽之处,敬请读者指正,以便将来作进一步的修改和补充.

　　参加本书编写工作的人员有:王波教授撰写第 10 章、朱自强教授撰写第 3 章和案例部分、姚俭教授撰写第 9 章、宁爱兵博士撰写第 11 章、王周缅博士撰写附录部分,马良教授撰写其余章节并统一全书文字.高岩教授对本书若干章节内容的修正和补充提供了建设性的意见.王龙德教授负责书稿的审阅和修改工作.

编　者
2006 年 4 月

目　　录

绪　论

学习目标

1. 理解运筹学思想
2. 了解运筹学的发展历史
3. 理解运筹学的学科性质
4. 掌握运筹学的主要分支

> 不慕古,不留今;与时变,与俗化.
>
> ——《管子·正世》

第一节　运筹学的发展概述

一、运筹学思想的早期萌芽

运筹学的早期朴素思想在东西方各有其雏形,如:公元前 3 世纪,阿基米德制定的抵制罗马海军的围城计划,体现了其运筹智慧;我国春秋时期著名军事家孙武留下的《孙子兵法》则是最早体现我国古代军事运筹思想的经典著作;战国时期的田忌赛马、围魏救赵等著名事件都充分体现了选择最佳时机、集中优势兵力、以小制大的运筹思想;楚汉相争时,"运筹帷幄之中,决胜千里之外"的著名谋士张良,为西汉王朝的创建立下了不朽功勋;三国时期的赤壁之战,给后人留下了诸葛亮、周瑜等人于"谈笑间,樯橹灰飞烟灭"中以弱胜强的又一个典例;北魏时期,贾思勰所著的《齐民要术》,不仅是我国古代农业科学的杰出著作,也是一部蕴含丰富运筹思想的宝贵文献.

二、与运筹学有关的前期理论与技术

1738 年,伯努利(D. Bernoulli)最早提出了"效用"的概念,并以此作为决策的标准. 1777 年,蒲丰(Buffon)发现了用随机投针试验来计算 π 的方法,这是随机模拟方法,又称蒙特-卡罗法(Monte-Carlo 法)最古老的试验. 1896 年,帕累托(V. Pareto)首次从数学角度

提出多目标优化问题,并引进了帕累托(Pareto)最优的概念.1909 年,丹麦电话工程师埃尔朗(A. K. Erlang)开展了关于电话局中继线数目的话务理论研究,并发表了将概率论应用于电话话务理论的研究论文《概率论与电话通话理论》,开排队论研究的先河.1912 年,策梅洛(E. Zermelo)率先用数学方法来研究对策问题.1915 年,哈里斯(F. W. Harris)对商业库存问题的研究是库存论方面最早的工作.1916 年,兰彻斯特(F. W. Lanchester)发展了关于战争中兵力部署的理论,提出了现代军事运筹最早的战争模型.1921 年,波莱尔(E. Borel)引进了对策论中最优策略的概念,证明了某些对策问题中最优策略的存在.1926 年,博鲁夫卡(T. H. Boruvka)最早发现了拟阵与组合优化算法之间的关系.

三、运筹学的诞生

尽管运筹学思想起源可以追溯到古老的年代,但现代意义上的运筹学,一般认为是诞生在第二次世界大战初期.1935 年,德国的空中力量对英国构成了越来越严重的威胁,当时,英国一个迫切的任务就是把极其紧缺的资源更为有效地应用于军事活动中,因此,军事部门集中了一大批各学科的专家,研究用科学的方法处理各种军事战略和战术问题.1940 年,英国最早组成了从事军事"作业研究"(operational research)或"运作分析[①]"的被称为"Blackett 马戏团"的研究小组,由曼彻斯特大学教授布莱克特(P. M. S. Blackett)领导.该小组由三位生理学家、两位数学物理学家、一位天体物理学家、一位陆军军官、一位测量员、一位普通物理学家和两位数学家组成,并由此初步形成了的运筹学.1942 年,加拿大皇家空军组织了三个小组,并运用运筹学思想来为战争服务.同年,在美国也出现了类似的研究组织,并将他们的工作命名为"Operations Research".这些军事运筹研究小组的工作从雷达系统的运行开始,在战斗机群的拦截战术、空军作战的战术评价、建立有效的空防预警系统、反潜战中深水炸弹的效能及护航舰队保护商船队的编队等问题上都起了十分重要的作用,对英、美等国赢得英伦三岛空战、太平洋岛屿战和北大西洋战争的胜利都做出了重要的贡献.可以看出,当时的运筹学主要是为了应付日益紧迫的战争问题而诞生的,但是为运筹学这门新兴学科的萌芽和发展做出了不可磨灭的历史性贡献.

四、运筹学的发展

1939 年,苏联的康托罗维奇(Л. В. Канторович)基于其对生产组织的研究,写成《生产组织与计划中的数学方法》一书,是最早将线性规划应用于工业生产问题的经典著作.1944 年,冯·诺伊曼(J. Von Neumann)与摩根斯顿(O. Morgenstern)的《博弈论与经济行为》一书出版,标志着公理化对策论的形成,也为近代决策效用理论奠定了数学基础.1946 年,冯·诺伊曼等人在电子计算机上模拟了中子连锁反应,并称之为 Monte-Carlo 法(也称随机模拟法).1947 年,丹齐格(G. B. Dantzig)提出了单纯形法,使得线性规划迅速成为

---

① 我国曾先后用过"统筹学""作业研究""运作研究""操作研究""运筹学"等名称,最后统一为"运筹学",但我国香港和台湾仍部分沿用了"作业研究"等早期名称.

运筹学的一个独立分支.1948 年,英国运筹学会成立.第二次世界大战胜利后,美、英等国不但在军事部门继续保留了运筹学的研究核心,而且在研究人员、组织的配备及研究范围和水平上,都得到了进一步的扩大和发展,同时运筹学方法也向政府和工业等部门扩展.随着战后社会的发展与经济的繁荣,很多从事军事运筹学研究的科学家转向工业和经济发展等新的领域.

1949 年,著名的综合性战略研究机构兰德公司成立.1950 年,英国的 Operational Research Quarterly 创刊(后更名为 Journal of the Operational Research Society).1950 年,莫斯(P.M.Morse)和金博尔(G.E.Kimball)在《运筹学方法》(*Methods of Operations Research*)中系统阐述了战时的运筹学工作.同年,库恩(H.W.Kuhn)与塔克(A.W.Tucker)提出了 Kuhn-Tucker 条件,标志着非线性规划理论的初步形成;库普曼斯(T.C.Koopmans)考虑了生产和分配效率分析中的多目标优化,引进了有效解的概念并得到某些结果,为多目标优化分支奠定了初步基础.

1952 年 5 月,美国运筹学会成立,并创刊 Operations Research.1953 年,肯德尔(D.G.Kendall)发表的排队论经典论文,标志着现代排队论分支的形成;贝尔曼(R.Bellman)提出动态规划并阐述了最优化原理;沙普利(L.Shapley)研究随机对策时已出现马尔可夫决策过程的基本思想;基弗(J.Kiefer)首次提出优选的分数法与 0.618 法(黄金分割法).1954 年,美国的 Management Science 与 Naval Research Logistics Quarterly(后更名为 Naval Research Logistics)创刊.1956 年,法国运筹学会成立,并创刊 Revue Francaise de Recherche Operationnelle(后更名为 RAIRO：Recherche Operationnelle);德国的 Unternehmensforchung 创刊(1972 年更名为 Zeitschrift für Operations Research,1996 年又更名为 Mathematical Methods of Operations Research).同年,福特(L.R.Ford Jr.)与福克逊(D.R.Fulkerson)提出并解决了网络最大流问题.1957 年 5 月,日本运筹学会成立,并创刊 Journal of the Operations Research Society of Japan.1958 年,美国杜邦公司在生产中首先运用关键路径法(CPM),同时,计划评审技术(PERT)也独立地在美国海军北极星潜艇项目中开始发展起来.1959 年,国际运筹学联合会(IFORS)正式成立.

到 20 世纪 50 年代末,诸多标准的运筹学方法,如动态规划、排队论、库存论,都已基本成熟.促进这一时期运筹学蓬勃发展的另一因素是计算机的发展,因为运筹学中很多复杂问题需要大量的计算,很多情况下,这些计算用手工进行处理是根本不可能的,因此,能够快速处理大量计算任务的电子计算机的出现和发展,大大促进了运筹学的迅速成长和发展.

运筹学引进中国是在 20 世纪 50 年代中期.1957 年,经中国科学院力学研究所所长钱学森倡导,该所成立了由许国志领导的国内第一个运筹学研究组,从此我国开始了现代运筹学的研究.后来,包括华罗庚在内的一大批中国学者在推广运筹学及其应用中做了大量工作,并取得了出色成绩,在世界上产生了一定的影响.1980 年,中国数学会运筹学分会成立(后于 1991 年升格为独立的一级学会"中国运筹学会"),并于 1982 年创办了我国第一份运筹学专业期刊《运筹学杂志》(1997 年更名为《运筹学学报》),于 1992 年创办了《运筹与管理》.

经过近七十年的发展,目前的运筹学已成为一个门类齐全、理论完善、有着重要应用前景的综合性、交叉性学科.

第二节　运筹学的学科性质与分支

一、运筹学的学科性质

(一) 运筹学的定义

英国运筹学会曾经对运筹学给出如下的定义:运筹学是运用科学的方法,解决工业、商业、政府和国防事业中,由人、机器、材料、资金等构成的大型系统管理中所出现的复杂问题的一门学科.它的一个显著特点是科学地建立系统模型和对机会与风险的评价体系去预测和比较不同的决策策略与控制方法的结果,其目的是帮助管理者科学地确定其政策和行动.

美国运筹学会则给出一个更为简单的定义:运筹学是一门在紧缺资源的情况下,如何设计与运行一个人—机系统的决策科学.

P.M.Morse 和 G.E.Kimball 对运筹学的定义:为决策机构在对其控制下的业务活动进行决策时,提供以数量化为基础的科学方法.

此外,在一些教科书中还有其他一些定义,如:运筹学是一门应用科学,它广泛应用现有的科学技术知识和数学方法,解决实际中提出的专门问题,为决策者选择最优决策提供定量依据.

(二) 运筹学的特点

从运筹学的定义不难看出,运筹学具有如下几个明显的特点:

(1) 是以研究事物内在规律,探求把事情办得更好的一门事理科学;

(2) 是在有限资源条件下,研究人—机系统各种资源使用优化的一种科学方法;

(3) 是通过建立系统的数学模型,进行定量研究的一种分析方法;

(4) 是多学科交叉,解决系统总体优化的系统方法;

(5) 是解决复杂系统活动与组织管理中出现的实际问题的理论与方法;

(6) 是评价、比较决策方案优劣的一种数量化决策方法.

总之,科学性、综合性、系统性和实践性是运筹学这门学科的四大特点.然而,运筹学也有其自身的弱点和局限性,主要问题是,在建立数学模型时,为了能够进行数学上的处理,常常要对实际情况进行简化或假设,因此,如果这种简化超过一定程度,假设过于失真,就会使模型偏离实际甚远,从而失去它的实用价值.

此外,运筹学的研究对象主要是那些"结构良好"的问题,使用定量描述的数学模型,追求最优解.而在面对现实中那些"结构不良"的问题,其局限性就逐步暴露出来了.这个尖锐的问题导致了运筹学的一个重要发展方向——软化,即开始于英国学者切克兰德

(Checkland)的"软运筹学"."软运筹学"研究的是议题,即在社会发展的现实过程中人们不断"构建"的、本身存在争议的问题,甚至是一团乱麻似的堆题(问题堆).除了使用数学模型,还包括为厘清思路而引入的概念模型,追求满意解或可行而满意的行动.

二、运筹学与系统工程

随着人类各种活动的日益多样化、复杂化和高级化,为实现人类的某些目标,往往需要大量的人与设备等资源的高度组织和配合,这种组织的集合体就是实现特定目标的人造系统或复合系统.在这样的系统中,包含着人和物的多层次复杂关系,它们之间相互作用、相互影响、相互制约.如果把它们机械地凑合在一起,系统只能是个别事物的集合,丧失了应有的功能而成为一堆废物;如果将它们有机地组合起来,协调它们之间的关系,则能使系统中各元素、各部分不仅完成本身应担负的任务,还可与其他元素和部分有效地配合,以优化的方式达到整个系统的目标.

系统工程学就是为了研究多个子系统构成的整体系统所具有的多种不同目标的相互协调,以期系统功能的最优化,并最大限度地发挥系统组成部分的能力而发展起来的一门科学.它是一种设计、规划、建立一个最优化系统的科学方法,是一种为了有效地运用系统而采取的各种组织管理技术的总称.

系统工程的思想早在埃及的金字塔、我国的都江堰水利工程等的实施中有所体现,但近代的系统工程可以认为是在 19 世纪初才起源于美国.美国的贝尔电话公司于 1940 年正式采用了"系统工程"的名称,他们在发展美国微波通讯网时应用了一套系统工程的方法论,并取得了良好的效果.第二次世界大战期间出现的运筹学,更为系统工程奠定了理论基础,并提供了解决实际问题的有效方法.

实施系统工程的一般程序和步骤为:

(1) 问题定义,通过收集有关资料和数据,提出所要解决的问题,弄清问题的本质.

(2) 评价系统设计,提出为解决问题所应达到的目标,并按照预期的目标提出应采取的政策、行动和控制方法,制定考核目标完成程度的评价标准.

(3) 系统综合,将能够达到目标的政策、行动和控制方法综合成整个系统的概念,形成方案.

(4) 系统分析,通过建立模型,对系统方案进行分析,研究各种参数、行动方案的变化对达到系统目标所产生的影响.

(5) 最优化,精心选择系统参数和行动方案的最佳配合,寻找达到系统目标最优的方案.

(6) 决策运作,进行系统开发.

(7) 计划实施,将选定的最优方案付诸实施,并在实践中不断修改.

从系统工程解决问题的思路与步骤可以看出,运筹学与系统工程的关系极为密切,前者是后者的主要理论基础.早期的有关系统工程理论的教科书大多都以教授运筹学为其主要内容,尽管 20 世纪 90 年代以后,系统工程中结构化模型技术、系统分析、系统评价、系统仿真等技术已发展得较为成熟而自成体系,但运筹学的各个分支(如数学规划、网络分析、库存论、排队论、决策论、对策论)仍然是处理系统优化的主要技术手段.

就广义的理解,运筹学与管理科学(OR/MS)、系统科学/系统工程(SS/SE)、工业工程/工程管理(IE/EM)、运作管理(OM)等彼此都有着密切的联系(如图0-1所示),甚至在一些国家和地区,运筹学与管理科学、系统工程都没有明确的区分.而狭义的理解,则运筹学就仅仅是所谓的运筹数学(mathematics of OR),包含了规划论、对策论等具体优化技术.

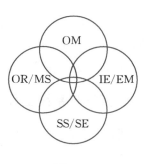

图0-1

三、运筹学的主要分支

运筹学是由解决不同领域优化问题的理论与方法构成的,其主要分支包括:

(1)规划论,规划论是在满足给定约束条件下,按一个或多个目标来寻找最优方案的数学方法.这是运筹学的一个主要分支,包括线性规划、非线性规划、整数规划、目标规划、动态规划等,其应用领域十分广泛,在工业、农业、商业、交通运输业、军事、经济计划和管理决策中都可以发挥重要作用.

(2)图论与网络优化,在运筹学中,图是指研究离散事物之间关系的一种分析模型,具有形象化的特点,因此更容易为人们所理解.由于求解网络模型已有成熟的特殊解法,它在解决交通网、管道网、通讯网等方面的优化问题上具有明显的优势,因此,其应用领域在不断扩大.最小生成树问题、最短路问题、最大流、最小费用流问题、中国邮递员问题、旅行商问题、网络计划等都是网络优化中的重要组成部分,而且应用十分广泛.

(3)排队论,是研究公共服务系统运行与优化的数学理论与方法,通过对随机服务现象的统计研究,找出反映这些随机现象的平均特性,从而研究提高服务系统水平和工作效率的一种方法.

(4)决策论,是为了科学地解决带有不确定性和风险性决策问题所发展的一套系统分析方法,其目的是为了提高科学决策的水平,减少决策失误的风险,主要应用于经营管理工作的高中层决策中.

(5)库存论,又称存贮论,是研究经营生产中各种物资应在什么时间、以多少数量来补充库存,才能使库存和采购的总费用最小的一门学科,在提高系统工作效率、降低产品成本上有重要作用.

(6)对策论,又称博弈论,是指研究在竞争环境下决策者行为的一种数学方法.在社会政治、经济、军事活动中,以及日常生活中都有很多竞争或斗争性质的场合与现象.在这种形势下,竞争双方为了达到各自的利益和目标,必须考虑对方可能采取的各种行动方案,然后选取一种对自己最有利的行动策略.对策论就是研究双方是否都有最合乎理性的行动方案,以及如何确定合理行动方案的理论与方法.

此外,运筹学还包括了模拟/仿真理论、可靠性理论、多目标规划、随机规划、组合优化、搜索理论、最优控制理论等,甚至还有模糊系统理论、管理信息系统/决策支持系统、人工智能理论与技术等来自其他学科的思想方法.

 练习题

1. 举例说明运筹学思想在我国重要历史事件中的体现.
2. 简述运筹学与系统工程的关系.
3. 运筹学有哪些主要分支与典型应用?

第一章 线性规划

学习目标

1. 会用线性规划进行数学建模
2. 会用图解法求解简单线性规划问题
3. 理解线性规划基本概念,掌握线性规划的基本结论
4. 掌握线性规划的单纯形法
5. 理解原规划与对偶规划的关系,以及对偶规划的基本性质
6. 会用对偶单纯形法求解线性规划问题
7. 会进行线性规划的灵敏度分析
8. 掌握运输问题的表上作业法,会求解产销不平衡运输问题

见微以知萌,见端以知末.

——《韩非子·说林上》

为了提高企业的经济效益,一项很重要的任务就是要搞好企业的现代化管理,包括用科学的方法来规划生产.人们希望充分利用企业的各种有限资源(诸如人力、物力、能源、设备、资金及时间),最大限度地完成各项指标,以获得最佳经济收益(如成本最低、产值最高与利润最大).例如,在制定物资调运计划时,需要考虑如何合理调度车辆,才能尽量减少车辆的空驶,提高车辆的里程利用率;或如何合理调运物资,才能使总运费最省等.这样的问题广泛出现在生产组织、交通运输、城市规划、投资决策与国防工业等国民经济的许多领域中.线性规划主要就是研究诸如此类问题的运筹学的一个重要分支,它是在多项竞争着的活动中分配有限资源并给出最优方案的一种数学方法.

线性规划从 20 世纪 40 年代前后创始至今,其理论的完整、方法的多样、应用的广泛,都远较运筹学的其他分支来得成熟.求解线性规划最常用的方法——单纯形法,由美国数学家丹齐格(G.B.Dantzig)于 1947 年提出,是通常意义下实际求解线性规划最有效的方法,被誉为 20 世纪最好的十个算法之一.尽管后来又陆续出现一系列新的方法,如椭球法

(Хачиян 法)、以卡马卡(Karmarkar)算法为基础的内点法等,但在实用上仍未完全取代单纯形法.目前,线性规划的发展几乎已被人们认为是 20 世纪中叶最重要的科学进步之一,且在应用领域中已成为一种标准的工具.

第一节　数　学　模　型

成功使用线性规划的前提之一是合理地构造问题的数学模型(建模),运筹学(包括线性规划)建模的一般步骤,如图 1-1 所示.

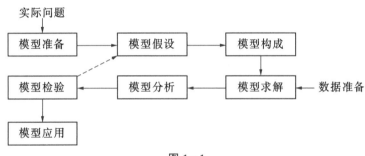

图 1-1

可以通过一些简单的范例来阐明什么是线性规划、如何构造问题的数学模型并化为标准型.

一、范例

例 1-1　(生产计划问题)某工厂生产 A、B 两种产品,其成本决定于所用的材料.已知单位产品所需材料量、材料日供应量及材料单价如表 1-1 所示.若每生产产品 A 或产品 B 一个单位,所需生产费用同为 30 元,A、B 的每单位销售价分别为 120 元和 150 元.问:工厂应如何安排生产,才能使其所获总利润最大?

表 1-1

材　　料	单位产品所需材料量		材料日供应量/kg	材料单价/(元/kg)
	A	B		
a	6	2	180	1.00
b	4	10	400	2.30
c	3	5	210	14.60

解　由表 1-1 知,
产品 A 的单位材料成本为

$$1.00 \times 6 + 2.30 \times 4 + 14.60 \times 3 = 59(元),$$

9

单位利润为

$$120 - 59 - 30 = 31(元).$$

产品 B 的单位材料成本为

$$1.00 \times 2 + 2.30 \times 10 + 14.60 \times 5 = 98(元),$$

单位利润为

$$150 - 98 - 30 = 22(元).$$

设工厂日产产品 A、B 分别为 x_1、x_2 单位,可获利润为 z 元,则

$$z = 31x_1 + 22x_2.$$

由于材料 a 的日供应量为 $180\,\mathrm{kg}$,这是一个限制产量的条件,因此在确定 A、B 产品产量时,须考虑到材料 a 的总量不能超出其日供应量,即可用不等式表示为

$$6x_1 + 2x_2 \leqslant 180.$$

同理,对材料 b、材料 c,可得以下不等式

$$4x_1 + 10x_2 \leqslant 400,$$

$$3x_1 + 5x_2 \leqslant 210.$$

又因产品的生产数不可能是负数,故

$$x_1 \geqslant 0,\ x_2 \geqslant 0.$$

由此,问题变为怎样选择 x_1、x_2,在满足上述一系列条件下,使得利润 z 最大,其数学模型为

求 x_1、x_2,满足 $\begin{cases} 6x_1 + 2x_2 \leqslant 180, \\ 4x_1 + 10x_2 \leqslant 400, \\ 3x_1 + 5x_2 \leqslant 210, \\ x_1,\ x_2 \geqslant 0. \end{cases}$

使得 $z = 31x_1 + 22x_2$ 取得最大值,通常记为

$$\max z = 31x_1 + 22x_2.$$

例 1-2　(环境保护问题)某河流旁设置有甲、乙两座化工厂,如图 1-2 所示.已知流经甲厂的河水日流量为 $500 \times 10^4\,\mathrm{m}^3$,在两厂之间有一条河水日流量为 $200 \times 10^4\,\mathrm{m}^3$ 的支流.甲、乙两厂每天产生工业污水分别为 $2 \times 10^4\,\mathrm{m}^3$ 及 $1.4 \times 10^4\,\mathrm{m}^3$,甲厂排出的污水经过主流和支流交叉点 P 后已有 20% 被自然净化.按环保要求,河流中工业污水的含量不得

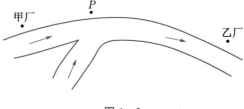

图 1-2

超过 0.2%,为此,两厂必须自行处理一部分工业污水.甲、乙两厂处理每万立方米污水的成本分别为 1 000 元及 800 元.问:在满足环保要求的条件下,甲、乙两厂每天分别应处理多少污水,才能使两厂处理污水的总费用最少?

解　设甲、乙两厂每天分别处理污水量为 $x_1 10^4$ m^3、$x_2 10^4$ m^3.在甲厂到点 P 之间,河水中污水含量不能超过 0.2%,即应满足

$$\frac{2-x_1}{500} \leqslant \frac{2}{1\,000}.$$

在点 P 到乙厂之间,河水中污水含量也不能超过 0.2%,即应满足

$$\frac{(2-x_1)(1-0.2)}{500+200} \leqslant \frac{2}{1\,000}. \qquad ①$$

流经乙厂后,河水中污水含量仍不能超过 0.2%,即应满足

$$\frac{(2-x_1)(1-0.2)+(1.4-x_2)}{500+200} \leqslant \frac{2}{1\,000}. \qquad ②$$

比较式①与式②,不难看出,只要式②能够成立,式①就必然成立.由此,式①为冗余约束,可删去.

由于各厂每天处理污水量不能为负数,也不会超过每天所产生的污水总量,故

$$x_1 \geqslant 0, \ x_2 \geqslant 0, \ x_1 \leqslant 2, \ x_2 \leqslant 1.4.$$

以 z 表示两厂用于处理污水的总费用,则应使得 $z=1\,000x_1+800x_2$ 取最小值,记为

$$\min z = 1\,000x_1 + 800x_2.$$

对以上各式加以整理简化,即得环保问题的数学模型为
求 x_1、x_2,使得

$$\min z = 1\,000x_1 + 800x_2,$$

且满足

$$\begin{cases} x_1 \geqslant 1, \\ 0.8x_1 + x_2 \geqslant 1.6, \\ x_1 \leqslant 2, \\ x_2 \leqslant 1.4, \\ x_1, x_2 \geqslant 0. \end{cases}$$

例 1-3　(一维下料问题)今有一批长为 7.4 m 的圆钢,需用来截成长为 2.9 m、2.1 m、1.5 m 三种规格的材料,依次各需 100 根、100 根、200 根.问:应如何合理下料,才能使所用圆钢根数最少?

解　将一根圆钢截成所需的三种规格材料,所有可能的截法共有 8 种,如表 1-2 所示.

表 1-2

截 法	规格		
	2.9 m	2.1 m	1.5 m
1	2	0	1
2	1	2	0
3	1	1	1
4	1	0	3
5	0	3	0
6	0	2	2
7	0	1	3
8	0	0	4

显然,为了节省圆钢,不能用一根圆钢只截一段一种规格的材料,而应采用合理的套截方法.为此,必须综合考虑这 8 种截法.

设 x_j 为第 j 种 $(j=1, 2, \cdots, 8)$ 截法所用圆钢的根数,z 为所用圆钢的总根数,则

$$z = x_1 + x_2 + \cdots + x_8.$$

在确定各种截法的根数时,必须使所截三种规格材料的数量满足规定要求,即长为 2.9 m、2.1 m、1.5 m 的材料依次分别为 100 根、100 根、200 根,这些限制条件可表示成下列各等式:

$$2x_1 + x_2 + x_3 + x_4 = 100,$$

$$2x_2 + x_3 + 3x_5 + 2x_6 + x_7 = 100,$$

$$x_1 + x_3 + 3x_4 + 2x_6 + 3x_7 + 4x_8 = 200.$$

由于采用任何一种截法所需的圆钢根数不可能是负数,故

$$x_j \geqslant 0 \quad (j = 1, 2, \cdots, 8).$$

由此,一维下料问题的数学模型为

求 $x_j (j = 1, 2, \cdots, 8)$,使得

$$\min z = x_1 + x_2 + \cdots + x_8,$$

且满足

$$\begin{cases} 2x_1 + x_2 + x_3 + x_4 = 100, \\ 2x_2 + x_3 + 3x_5 + 2x_6 + x_7 = 100, \\ x_1 + x_3 + 3x_4 + 2x_6 + 3x_7 + 4x_8 = 200, \\ x_j \geqslant 0 \quad (j = 1, 2, \cdots, 8). \end{cases}$$

从上述三个范例可以看出,它们属于一类具有共同特征的优化问题,其数学模型都是求一组非负变量,在满足一组以线性等式或线性不等式所表示的限制条件下,使一个线性函数取得最优值(最大值或最小值),称这类问题为**线性规划**(linear programming),简记作 LP.

二、线性规划的标准形式及其转化

(一) 线性规划的通用标准形式

一般线性规划的数学模型可写成如下形式:

$$\max z(\min f) = \sum_{j=1}^{n} c_j x_j.$$

$$\text{s.t.} \begin{cases} \sum_{j=1}^{n} a_{ij} x_j \leqslant (=, \geqslant) b_i & (i=1, 2, \cdots, m), \\ x_j \geqslant (\leqslant) 0 & (j=1, 2, \cdots, n). \end{cases}$$

可以看到,所有约束条件及目标函数都是变量的线性表达式,这正是线性规划名词中"线性"两字的由来.对不同的问题而言:约束条件可以是线性方程,也可以是线性不等式($\leqslant$ 或 $\geqslant$),有的问题中某些决策变量甚至可取负值;目标函数有时出现求最小值,有时出现求最大值;约束个数也未必就比变量个数少.这种模型形式上的多样性,给讨论线性规划的求解,带来极大的不便.为此,引入下述的标准形式,即 LP 标准型:

$$\max z = \sum_{j=1}^{n} c_j x_j.$$

$$\text{s.t.} \begin{cases} \sum_{j=1}^{n} a_{ij} x_j = b_i & (i=1, 2, \cdots, m), \\ x_j \geqslant 0 & (j=1, 2, \cdots, n). \end{cases}$$

其中,各 a_{ij} 、 b_i 、 $c_j (i=1, 2, \cdots, m; j=1, 2, \cdots, n)$ 都是确定的常数, $m < n$ 且约束条件无冗余(即线性代数意义下的秩为 m), $x_j (j=1, 2, \cdots, n)$ 称为**决策变量**, z 称为**目标函数**, a_{ij} 称为**技术系数**, $b_i (\geqslant 0)(i=1, 2, \cdots, m)$ 称为**资源系数**(或右侧项), c_j 称为**价值系数**(或目标系数).

不同文献中的标准形式略有差异,但相互间都可转换,这里采用的是通用的一种.

(二) 线性规划标准型的转化

下面,逐一讨论各种非标准形式如何化为标准型.

(1) 约束条件为不等式.

$$\sum_{j=1}^{n} a_{ij} x_j \leqslant b_i \quad \text{或} \quad \sum_{j=1}^{n} a_{ij} x_j \geqslant b_i.$$

可通过引进非负的松弛变量 s_i ,或非负的剩余变量 r_i ,使其变成等式约束,即

$$\begin{cases} \sum\limits_{j=1}^{n} a_{ij}x_j + s_i = b_i, \\ s_i \geqslant 0 \end{cases} \quad \text{或} \quad \begin{cases} \sum\limits_{j=1}^{n} a_{ij}x_j - r_i = b_i, \\ r_i \geqslant 0. \end{cases}$$

必须指出，s_i 表示未利用的资源，r_i 表示不存在的资源，两者均不产生价值，故目标函数依旧. 习惯上，常把 s_i、r_i 改写成 x_{n+i}.

（2）目标函数取最小值.

由于 $\min z = -\max(-z)$，所以可转而考察

$$\max(-z) = \max\left(-\sum_{j=1}^{n} c_j x_j\right) = \max \sum_{j=1}^{n}(-c_j)x_j.$$

前后两个问题具有相同的最优点，但目标函数值相差一个负号.

（3）x_j 为自由变量.

自由变量是指 x_j 可取（并非必取）正、负、零等值，此时，可以通过如下变量代换

$$\begin{cases} x_j = u_j - v_j, \\ u_j,\ v_j \geqslant 0, \end{cases}$$

将 x_j 化为满足非负约束的两个变量之差来表达. 若 $x_j \leqslant 0$，只须简单地令 $x_j = -v_j$ 即可.

（4）资源系数 $b_i < 0$.

只需在约束方程两边同乘 -1，即可使右端常数项变正.

（5）$m \geqslant n$.

可通过问题的对偶，使其化为 $m < n$ 的形式，具体内容将在对偶规划一节中阐述.

（三）线性规划标准型的其他形式

为讨论方便起见，本书中线性规划的标准型有时表示成下列两种形式：

（1）向量形式

$$\max z = \boldsymbol{CX}.$$

$$\text{s.t.} \begin{cases} \sum\limits_{j=1}^{n} \boldsymbol{P}_j x_j = \boldsymbol{b}, \\ x_j \geqslant 0 \quad (j = 1,\ 2,\ \cdots,\ n), \end{cases}$$

其中，$\boldsymbol{C} = (c_1,\ c_2,\ \cdots,\ c_n)$ 为价值向量，$\boldsymbol{X} = (x_1,\ x_2,\ \cdots,\ x_n)^{\mathrm{T}}$ 为解向量（简称解），$\boldsymbol{P}_j$ 为第 j 列系数向量，$\boldsymbol{b} = (b_1,\ b_2,\ \cdots,\ b_m)^{\mathrm{T}}$ 为资源向量.

（2）矩阵形式

$$\max z = \boldsymbol{CX}.$$

$$\text{s.t.} \begin{cases} \boldsymbol{AX} = \boldsymbol{b}, \\ \boldsymbol{X} \geqslant \boldsymbol{0}, \end{cases}$$

其中，

$$A = \begin{bmatrix} a_{11} & \cdots & a_{1j} & \cdots & a_{1n} \\ a_{21} & \cdots & a_{2j} & \cdots & a_{2n} \\ \vdots & & \vdots & & \vdots \\ a_{m1} & \cdots & a_{mj} & \cdots & a_{mn} \end{bmatrix} = (\boldsymbol{P}_1 \cdots \boldsymbol{P}_j \cdots \boldsymbol{P}_n) = [a_{ij}]_{m \times n},$$

称为系数矩阵.

将 $\boldsymbol{AX} = \boldsymbol{b}$ 称为约束方程组,并设 $\boldsymbol{A}$ 的秩为 m,以保证无冗余方程.

第二节　图　解　法

只有两个决策变量的线性规划问题,可以用图解法进行求解.该方法不仅能求得最优解,更重要的是,其中某些结论具有普遍性,对于理解任意个决策变量 LP 问题的规律性,具有直观意义.

一、图解法的基本思路

在此,引入有关的基本概念以便于叙述解法.

满足约束条件的任一解称为可行解;所有可行解组成的集合称为可行域;使目标函数取得最优值的可行解称为最优解,记作 X^*;最优解对应的目标函数值称为最优值,记作 z^*.

求解例 1-1 给出的只有两个变量的线性规划:

$$\max z = 31x_1 + 22x_2.$$

$$\text{s.t.} \begin{cases} 6x_1 + 2x_2 \leqslant 180, \\ 4x_1 + 10x_2 \leqslant 400, \\ 3x_1 + 5x_2 \leqslant 210, \\ x_1, x_2 \geqslant 0. \end{cases}$$

现用图解法求解,其思路是在 Ox_1x_2 直角坐标平面上画出可行域,它是由同时满足约束条件的点组成的集合,其中,非负约束确定了可行域必在第一象限,所求的最优解是使目标函数取得最优的可行域上的点.

例 1-1 中的约束条件共有 5 个不等式,分别表示 5 个半平面,以第一个不等式 $6x_1 + 2x_2 \leqslant 180$ 为例,先在平面上作直线 $6x_1 + 2x_2 = 180$,将平面划分成左、右两个半平面.显然,原点的坐标 $(x_1 = 0, x_2 = 0)$ 满足这个不等式,因此,包含原点的该直线左侧的半平面即为所求.用同样方法可求出其他四个半平面.

可行域 R 就是这 5 个半平面的交集,即图 1-3 中的凸多边形 $OABCD$;换言之,在 R 的内部与边界上,每一点都满足所有的约束条件.

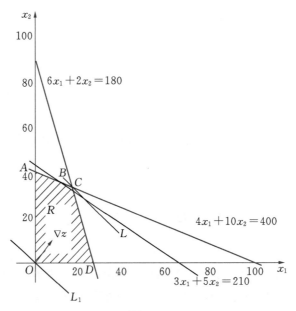

图 1 - 3

因此,最优解必是使 z 有最大值的 R 上的点.

给 z 一个确定值,例如, $z = z_0$,则 $31x_1 + 22x_2 = z_0$ 是 Ox_1x_2 直角坐标平面上一直线,且此直线上的任一点都使目标函数取同一值 z_0 .而当 z 取值 z_1 时,就得到直线 $31x_1 + 22x_2 = z_1$.显然,对于不同的 z 值,对应着一簇互相平行的直线,且都与目标函数的梯度

$$\mathbf{\nabla} z = \left(\frac{\partial z}{\partial x_1}, \frac{\partial z}{\partial x_2} \right)^{\mathrm{T}} = (31, 22)^{\mathrm{T}}$$

垂直,此类直线称为**等值线**.当等值线沿着目标函数的梯度正向平行移动时,目标函数值不断增加.

因而,问题变成在可行域上寻找一点,使得过这点的等值线对应的 z 值最大.为此,先作直线 $L_1 : 31x_1 + 22x_2 = 0$,再将直线按 $\mathbf{\nabla} z$ 所指方向平行移动,其与边界接触而将离未离 R 的等值线即为所求(图 1 - 3 中,就是过点 C 的直线 L),点 C 为最优值点,它是直线 BC 与 CD 的交点,解方程组

$$\begin{cases} 3x_1 + 5x_2 = 210, \\ 6x_1 + 2x_2 = 180. \end{cases}$$

得 $\boldsymbol{X}^* = (20, 30)^{\mathrm{T}}$,此时目标函数取最大值为

$$z^* = 31 \times 20 + 22 \times 30 = 1\,280.$$

因此,本例的最优解为:当生产产品 A 20 单位,产品 B 30 单位时,工厂可获得最大利润 1 280 元.

二、范例

例 1-4　求解线性规划.设目标函数为

(1) $\max z = x_1 + x_2$,

(2) $\min z = x_1 + x_2$,

求 x_1、x_2,满足

$$\begin{cases} x_1 + x_2 \geqslant 1, \\ x_1 - 3x_2 \geqslant -3, \\ x_1, x_2 \geqslant 0. \end{cases}$$

解　(1) 如图 1-4 所示,可行域 R 是一个无界的凸多边形,直线 $x_1 + x_2 = z$ 可以无限制地沿 $\mathbf{v}z$ 正向平行移动,而始终与 R 相交,所以目标函数 z 在可行域 R 上无上界,记作 $z \to +\infty$.

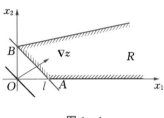

图 1-4

(2) 当直线 $x_1 + x_2 = z$ 沿 $\mathbf{v}z$ 负向平行移动时,到达点 $A(0, 1)$ 与直线 AB 重合,再移动则离开 R,故线段 AB 上的点

$$\mathbf{X}^* = \alpha(1, 0)^{\mathrm{T}} + (1 - \alpha)(0, 1)^{\mathrm{T}} = (\alpha, 1 - \alpha)^{\mathrm{T}} \quad (0 \leqslant \alpha \leqslant 1).$$

都使 z 取得最小值 1,从而存在无数个最优解.

(3) 如果在例 1-4 中再加一个约束条件 $x_1 + x_2 < 1$,那么可行域 R 变为空集,该问题无可行解,也没有最优解.

三、图解法的相关结论

由图解法可看出:两个变量线性规划的可行域一般是凸多边形(有界或无界);若存在最优解,则一定可在可行域的某顶点上找到;若在两个顶点上同时得到最优解,则这两个顶点连线上的任一点都是最优解;若可行域无界,则可能发生无界解的情况,亦称为最优解不存在,或称为无最优解.一旦出现无界解,则反映模型本身出错,因为有限的资源不可能产生无限的价值.

由图解法得到的结果,可以进一步推出一般的结论(具体论证略):

结论 1.1　LP 约束条件所构成的集合为一凸集合(集内任两点连线仍在集内),两个变量时为凸多边形.

结论 1.2　若 LP 有最优解,则在约束条件所构成的凸集合上,至少有一顶点是其最优解.

结论 1.3　LP 可以有唯一最优解,可以有无穷多个最优解,也可以没有最优解,其约束条件构成的集合可以是空集(即没有可行解).

第三节 单 纯 形 法

求解线性规划的图解法虽然直观简便,但对多于两个变量的情况就不能适用.这里,给出一种有效的通用方法,称为单纯形法(simplex method),简记作 SM.

拓展阅读

从代数角度看,单纯形法属于迭代算法.尽管在计算过程中未直接使用单纯形,但算法名称和单纯形有关.单纯形法这一术语来源于丹齐格(G.B.Dantzig)与莫茨金(T.Motzkin)(以色列裔美国数学家)的讨论,莫茨金认为,从几何角度来看,丹齐格解线性规划的过程类似于将一个单纯形移到邻近的另一个单纯形,单纯形法的名称由此而来.在几何学中,单纯形是 n 维空间内有 $n+1$ 个顶点的多面体,如 0 维空间内的点、1 维空间内的线段、2 维空间内的三角形.

一、范例

下面通过分析一个例子来介绍单纯形法.

例 1-5 求解例 1-1 的线性规划(已化为标准型)

$$\max z = 31x_1 + 22x_2.$$

$$\text{s.t.} \begin{cases} 6x_1 + 2x_2 + x_3 = 180, \\ 4x_1 + 10x_2 + x_4 = 400, \\ 3x_1 + 5x_2 + x_5 = 210, \\ x_j \geqslant 0 \quad (j = 1, 2, \cdots, 5). \end{cases}$$

在约束方程组中,变量 x_3、x_4、x_5 的系数列向量分别是 $(1, 0, 0)^{\mathrm{T}}$、$(0, 1, 0)^{\mathrm{T}}$、$(0, 0, 1)^{\mathrm{T}}$,都为单位列向量,刚好组成一个阶数与约束方程个数相等的满秩单位阵.

将凡与约束方程组系数矩阵中所取的一个满秩阵 B 相对应的变量称为**基变量**,其全体记作 X_B,其余的变量称为**非基变量**,其全体记作 X_N.例如,对应当前所取的单位阵,有 $X_B = (x_3, x_4, x_5)^{\mathrm{T}}$,$X_N = (x_1, x_2)^{\mathrm{T}}$.令 $X_N = 0$,则 $X = (X_B, 0)^{\mathrm{T}}$ 称为**基解**.

令所有非基变量为 0,当前为 $x_1 = 0$,$x_2 = 0$,则可得 $x_1 = 0$,$x_2 = 0$,$x_3 = 180$,$x_4 = 400$,$x_5 = 210$,亦即得到第一个可行解(称为初始可行解),记作 $X^{(0)} = (0, 0, 180, 400, 210)^{\mathrm{T}}$,对应的 $z^{(0)} = 0$.

注意　这种解纯由基变量(恒取非负值)与非基变量(恒取零值)构成,称为**基可行解**.

单纯形方法是一种迭代法,其基本思路是:

从一个初始基可行解出发,每次选一个非基变量(称为入基变量)来取代一个基变量(称为出基变量),也就是说,把一个非基变量从 0 增加到某一个正数,而把相应的一个基变量从一个正数变成 0,以此达到改进目标函数值,经多次迭代,目标函数值逐步改进,最终得到最优解.

在介绍单纯形法的一般步骤之前,先来分析一下,在本例中应选择怎样的非基变量作为入基变量.考察目标函数 $z = 31x_1 + 22x_2$,因非基变量 x_1、x_2 的系数皆为正,所以,将其中的任一个从 0 增加到某一正数,都将使 z 值增加.由于每次只能选一个,因而自然的想法是:在变量增加同样数量时,让对应目标函数的增加值能大一些.因此,不难看出,当前应选择 x_1(因为 x_1 每增加 1 单位,z 可增加 31 单位;而 x_2 每增加 1 单位,z 仅增加 22 单位).由此,选择入基变量的常用原则:取目标函数的最大正系数对应的非基变量为入基变量.

选好入基变量 x_1 后,接下来的问题是把 x_1 从 0 增加到某一正数.那么,如何求出此正数? 又如何选择出基变量呢? 由于受到约束条件的限制,显然 x_1 不能随意增大.注意到 x_2 仍为取 0 的非基变量,故得

$$\begin{cases} 0 \leqslant x_3 = 180 - 6x_1, \\ 0 \leqslant x_4 = 400 - 4x_1, \\ 0 \leqslant x_5 = 210 - 3x_1. \end{cases} \quad 即 \quad \begin{cases} x_1 \leqslant \dfrac{180}{6}, \\ x_1 \leqslant \dfrac{400}{4}, \\ x_1 \leqslant \dfrac{210}{3}, \end{cases}$$

由此,所求 x_1 的合理上界值应为

$$x_1 = \min\left\{ \frac{180}{6}, \frac{400}{4}, \frac{210}{3} \right\} = \frac{180}{6} = 30.$$

此时,x_3 取值为 0,正可作为出基变量.由此,得到出基变量必须遵循的选择原则:最小比值所对应方程的基变量为出基变量.

这里,将入基变量 x_1 所在列与出基变量 x_3 所在行的公共系数 6 称为**主元**.在此约束方程组中,用加减消元法将主元化为 1,主元所在列的其他系数化为 0,得

$$\begin{cases} x_1 + \dfrac{1}{3}x_2 + \dfrac{1}{6}x_3 = 30, \\ \dfrac{26}{3}x_2 - \dfrac{2}{3}x_3 + x_4 = 280, \\ 4x_2 - \dfrac{1}{2}x_3 + x_5 = 120. \end{cases}$$

为使目标函数中不出现基变量,将

$$x_1 = 30 - \frac{1}{3}x_2 - \frac{1}{6}x_3$$

代入目标函数,得

$$z = 31\left(30 - \frac{1}{3}x_2 - \frac{1}{6}x_3\right) + 22x_2 = 930 + \frac{35}{3}x_2 - \frac{31}{6}x_3.$$

令非基变量 $x_2 = x_3 = 0$,得 $z^{(1)} = 930$,相应的基可行解为

$$\boldsymbol{X}^{(1)} = (30,\ 0,\ 0,\ 280,\ 120)^{\mathrm{T}}.$$

至此,就完成了一次单纯形法迭代.

由于上式中,非基变量 x_2 的系数为正,故将 x_2 作为入基变量,z 值仍可增大,即 $\boldsymbol{X}^{(1)}$ 尚不是最优解.

为求入基变量 x_2 的上界值,在变换后的方程组中,将 x_2 对应的每个正系数除右端常数,再求其最小比值,得

$$x_2 = \min\left\{\frac{30}{\frac{1}{3}},\ \frac{280}{\frac{26}{3}},\ \frac{120}{4}\right\} = \frac{120}{4} = 30.$$

取上述最小比值所对应方程的基变量 x_5 为出基变量,于是,入基变量 x_2 所在列与出基变量 x_5 所在行的公共系数 4 为主元.在此约束方程组中,用加减消元法将主元化为 1,主元所在列的其他系数化为 0,可得

$$\begin{cases} x_1 + \qquad \frac{5}{24}x_3 - \qquad \frac{1}{12}x_5 = 20, \\ \qquad \frac{5}{12}x_3 + x_4 - \frac{13}{6}x_5 = 20, \\ x_2 - \frac{1}{8}x_3 + \qquad \frac{1}{4}x_5 = 30. \end{cases}$$

从中解出

$$x_2 = 30 + \frac{1}{8}x_3 - \frac{1}{4}x_5,$$

于是

$$z = 930 + \frac{35}{3}\left(30 + \frac{1}{8}x_3 - \frac{1}{4}x_5\right) - \frac{31}{6}x_3 = 1\,280 - \frac{89}{24}x_3 - \frac{35}{12}x_5.$$

令非基变量 $x_3 = x_5 = 0$,得 $z^{(2)} = 1\,280$,相应的基可行解为

$$\boldsymbol{X}^{(2)} = (20,\ 30,\ 0,\ 20,\ 0)^{\mathrm{T}}.$$

至此,又完成了一次单纯形法迭代.

现在,非基变量 x_3、x_5 的系数皆为负,故若将其作为入基变量,均只能使 z 值减少而非增大.由此,$\boldsymbol{X}^{(2)}$ 已是最优解,$z^{(2)}$ 为对应的最优值.删去松弛变量,即可得到原线性规划之最优解为 $\boldsymbol{X}^* = (20, 30)^{\mathrm{T}}$,最优值为 $z^* = 1\,280$,这与前面图解法所得结果完全一致.

二、单纯形法的基本思想

(一) 线性规划的标准形式

设有线性规划

$$\max z = \sum_{j=1}^{n} c_j x_j.$$

$$\text{s.t.} \begin{cases} \sum_{j=1}^{n} a_{ij} x_j = b_i & (i=1, 2, \cdots, m), \\ x_j \geqslant 0 & (j=1, 2, \cdots, n). \end{cases}$$

不失一般性,讨论系数矩阵 $\boldsymbol{A}$ 中含有 m 阶单位阵的情形,也即 n 个系数列向量中,含有 m 个线性无关的单位列向量.不妨假定,m 阶单位阵位于系数矩阵的前 m 列,则约束条件为

$$\begin{cases} x_i + \sum_{j=m+1}^{n} a_{ij} x_j = b_i & (i=1, 2, \cdots, m), \\ x_j \geqslant 0 & (j=1, 2, \cdots, n). \end{cases}$$

于是,目标函数变为

$$\begin{aligned} \max z &= \sum_{i=1}^{m} c_i \left(b_i - \sum_{j=m+1}^{n} a_{ij} x_j \right) + \sum_{j=m+1}^{n} c_j x_j \\ &= \sum_{i=1}^{m} c_i b_i + \sum_{j=m+1}^{n} \left(c_j - \sum_{i=1}^{m} c_i a_{ij} \right) x_j \\ &= z_0 + \sum_{j=m+1}^{n} \sigma_j x_j. \end{aligned}$$

其中,

$$z_0 = \sum_{i=1}^{m} c_i b_i, \quad \sigma_j = c_j - \sum_{i=1}^{m} c_i a_{ij} \quad (j=1, 2, \cdots, n).$$

$x_i(i=1, 2, \cdots, m)$ 为基变量,$x_j(j=m+1, m+2, \cdots, n)$ 为非基变量,$\sigma_j(j=1, 2, \cdots, m, m+1, \cdots, n)$ 称为**检验数**.其中的基变量对应单位列向量,故其检验数恒为零.

(二) 单纯形法的计算步骤

由于单纯形法是一种迭代计算法,求解结果又存在多种情况,所以必须先要对初始解的确定与解的判别作出分析,然后再考虑解的改进.

1. 初始基可行解的确定

令非基变量 $x_j = 0 (j=m+1, m+2, \cdots, n)$,则基变量 $x_i = b_i (i=1, 2, \cdots, m)$,于是得初始基可行解

$$\boldsymbol{X}^{(0)} = (b_1, b_2, \cdots, b_m, 0, \cdots, 0)^{\mathrm{T}}.$$

2. 基可行解为最优解的判别定理

定理 1.1 若 $\sigma_j \leqslant 0 (j = m+1, m+2, \cdots, n)$，则基可行解 $\boldsymbol{X}^{(0)} = (b_1, b_2, \cdots, b_m,$ $0, \cdots, 0)^{\mathrm{T}}$ 为最优解.

证 因为 $\sigma_j \leqslant 0, x_j \geqslant 0 (j = m+1, m+2, \cdots, n)$，故

$$z = z_0 + \sum_{j=m+1}^{n} \sigma_j x_j \leqslant z_0.$$

又因为 $\boldsymbol{X}^{(0)}$ 中，$x_{m+1} = x_{m+2} = \cdots = x_n = 0$，故 $z(\boldsymbol{X}^{(0)}) = z_0$，即 $\boldsymbol{X}^{(0)}$ 为最优解.

3. 无界解判别定理

定理 1.2 若存在一检验数 $\sigma_{m+k} > 0$，而 $a_{i, m+k} \leqslant 0 (i = 1, 2, \cdots, m)$，则线性规划存在无界解（或称为无最优解）.

证 由于

$$x_i = b_i - \sum_{j=m+1}^{n} a_{ij} x_j \quad (i = 1, 2, \cdots, m),$$

构造新的可行解

$$\boldsymbol{X}^{(1)} = (x_1^{(1)}, \cdots, x_m^{(1)}, x_{m+1}^{(1)}, \cdots x_{m+k}^{(1)}, \cdots, x_n^{(1)})^{\mathrm{T}}.$$

令

$$x_{m+k}^{(1)} = \lambda > 0, x_j^{(1)} = 0 \quad (j = m+1, \cdots, n; j \neq m+k),$$

则 $x_i^{(1)} = b_i - a_{i, m+k} \lambda \quad (i = 1, 2, \cdots, m).$

因为 $b_i \geqslant 0, \lambda > 0, a_{i, m+k} \leqslant 0$，故 $x_i^{(1)} \geqslant 0 \quad (i = 1, 2, \cdots, m).$

由 $\boldsymbol{X}^{(1)}$ 的作法可知，对任意 $\lambda > 0, \boldsymbol{X}^{(1)}$ 都是可行解，于是

$$z = z_0 + \sum_{j=m+1}^{n} \sigma_j x_j^{(1)} = z_0 + \lambda \sigma_{m+k}.$$

当 $\lambda \to +\infty$ 时，因 $\sigma_{m+k} > 0$，故 $z \to +\infty$，因此线性规划存在无界解（或称为无最优解）.

4. 基可行解的改进

若判别定理 1.1 与定理 1.2 的条件皆不满足，则通过下述单纯形法迭代步骤，可获 LP 最优解.

（1）选入基变量，为使目标函数值有较大幅度的增加，可选择最大正检验数对应的非基变量为入基变量，即

$$\sigma = \max_j \{\sigma_j | \sigma_j > 0\}$$

所对应的非基变量 x_k 为入基变量，将其由 0 增加至某一正值时，目标函数值必随之增加，该原则称为最大正检验数法则（最大 $\boldsymbol{\sigma}$ 法则）.

（2）定出基变量，入基变量 x_k 由于受到约束方程组的限制而不能任意增大，必须定

出合理的上界值.

因为 $x_i = b_i - \sum_{j=m+1}^{n} a_{ij} x_j$ $(i=1, 2, \cdots, m)$,

又因为 $x_j = 0$ $(j=m+1, \cdots, n; j \neq m+k)$,

所以 $0 \leqslant x_i = b_i - a_{ik} x_k$ $(i=1, 2, \cdots, m)$.

当 $a_{ik} > 0$ 时,有

$$x_k \leqslant \frac{b_i}{a_{ik}} \quad (i \in \{i \mid a_{ik} > 0\}).$$

由此, x_k 的合理上界值 θ 应取为

$$\theta = \min_i \left\{ \frac{b_i}{a_{ik}} \,\middle|\, a_{ik} > 0 \right\} = \frac{b_r}{a_{rk}}.$$

该原则称为最小比值法则(最小 θ 法则), a_{rk} 为主元,其所在行(列)称为主行(列).记第 r 个约束方程中基变量的下标为 h,则 x_h 为出基变量.于是,所定出的新基变量 x_k 取代了原基变量 x_h.

(3) 旋转运算,在约束方程组中,用初等变换将主元 a_{rk} 化为 1,其所在列的其他系数化为 0,即得新的基可行解,转向判别定理 1.1 与定理 1.2 的条件,重新检验和迭代.

三、单纯形法的表格计算

(一) 单纯形表

为便于使用单纯形法,专门设计的一种计算表格,称为单纯形表.

考虑如下变换后的 $n+1$ 个变量、$m+1$ 个方程的方程组:

$$\begin{cases} x_1 \quad\quad + a_{1,m+1} x_{m+1} + \cdots + a_{1n} x_n = b_1, \\ \quad x_2 \quad + a_{2,m+1} x_{m+1} + \cdots + a_{2n} x_n = b_2, \\ \quad\quad \cdots\cdots\cdots\cdots \\ \quad\quad x_m + a_{m,m+1} x_{m+1} + \cdots + a_{mn} x_n = b_m, \\ -z \quad\quad + \sigma_{m+1} x_{m+1} + \cdots + \sigma_n x_n = -z_0. \end{cases}$$

根据上述方程组的增广矩阵,可得到如表 1-3 所示的计算表格,称为初始单纯形表.

表 1-3

C_B	X_B	x_1	$\cdots$	x_m	x_{m+1}	$\cdots$	x_n	b	θ_i
c_1	x_1	1	$\cdots$	0	$a_{1,m+1}$	$\cdots$	a_{1n}	b_1	θ_1
c_2	x_2	0	$\cdots$	0	$a_{2,m+1}$	$\cdots$	a_{2n}	b_2	θ_2
$\vdots$	$\vdots$	$\vdots$	$\vdots$	$\vdots$	$\vdots$	$\vdots$	$\vdots$	$\vdots$	$\vdots$
c_m	x_m	0	$\cdots$	1	$a_{m,m+1}$	$\cdots$	a_{mn}	b_m	θ_m
	$-z$	0	$\cdots$	0	σ_{m+1}	$\cdots$	σ_n	$-z_0$	

表 1-3 中 X_B 列填入相应的满秩单位阵 B 的基变量,底格填入 $-z$; C_B 列填入基变量对应的价值系数; b 列填入方程组右侧诸常数,底格填入 $-z_0$; θ_i 列填入选好入基变量后须计算的各比值;表格中间依次填入方程组各变量的系数,底行则是检验数 σ_j.

(二) 计算步骤

Step 1. 确定初始基可行解,建立初始单纯形表.

Step 2. 检查:若 $\sigma_j \leqslant 0\,(j=1,2,\cdots,n)$,则当前基可行解即为最优解;否则,转向 Step 3.

Step 3. 检查:若存在 $\sigma_k > 0$,且 $a_{ik} \leqslant 0\,(i=1,2,\cdots,m)$,则无最优解;否则,转向 Step 4.

Step 4. 由

$$\sigma_k = \max_j \{\sigma_j \mid \sigma_j > 0\}$$

确定 x_k 为入基变量,再由

$$\theta_r = \min_i \left\{ \frac{b_i}{a_{ik}} \,\Big|\, a_{ik} > 0 \right\} = \frac{b_r}{a_{rk}}$$

确定 X_B 列中第 r 行上基变量 x_h 为出基变量,当有至少两个变量之 σ_k(或 θ_r)相同时,取下标最小者为入(出)基变量.

Step 5. 用加减消元法化主元 a_{rk} 为 1,同列其他系数为 0(称为旋转变换).以 x_k 取代 x_h,得新单纯形表,转向 Step 2.

(三) 范例

例 1-6 用单纯形表法求解例 1-1.

解 已知 LP 标准型为

$$\max z = 31x_1 + 22x_2.$$

$$\text{s.t.} \begin{cases} 6x_1 + 2x_2 + x_3 = 180, \\ 4x_1 + 10x_2 + x_4 = 400, \\ 3x_1 + 5x_2 + x_5 = 210, \\ x_j \geqslant 0 \quad (j=1,2,\cdots,5). \end{cases}$$

取初始基变量为松弛变量 x_3、x_4、x_5,得初始基可行解 $X^{(0)} = (0,0,180,400,210)^T$.

建立初始单纯形表,如表 1-4 所示.

表 1-4

C_B	X_B	x_1	x_2	x_3	x_4	x_5	b	θ_i
0	x_3	[6]	2	1	0	0	180	$\frac{180}{6}$
0	x_4	4	10	0	1	0	400	$\frac{400}{4}$
0	x_5	3	5	0	0	1	210	$\frac{210}{3}$
	$-z$	31	22	0	0	0	0	

因为 σ_j 行中，$\sigma_1=31$ 为最大正检验数，故选 x_1 为入基变量；又因为 θ_i 列中最小比值在第一行，故定 x_3 为出基变量.因此，知主元为6，用[　]将其标出.

作旋转变换得新单纯形表，如表1-5所示.

表1-5

C_B	X_B	x_1	x_2	x_3	x_4	x_5	b	θ_i
31	x_1	1	$\dfrac{1}{3}$	$\dfrac{1}{6}$	0	0	30	90
0	x_4	0	$\dfrac{26}{3}$	$-\dfrac{2}{3}$	1	0	280	$\dfrac{420}{13}$
0	x_5	0	$[4]$	$-\dfrac{1}{2}$	0	1	120	30
	$-z$	0	$\dfrac{35}{3}$	$-\dfrac{31}{6}$	0	0	-930	

得新基可行解 $\boldsymbol{X}^{(1)}=(30,0,0,280,120)^{\mathrm{T}}$.由于只有 $\sigma_2=\dfrac{35}{3}>0$，故 x_2 为入基变量；又因最小比值在第三行，故 x_5 为出基变量.因此，知主元为4.

再作旋转变换得新单纯形表，如表1-6所示.

表1-6

C_B	X_B	x_1	x_2	x_3	x_4	x_5	b	θ_i
31	x_1	1	0	$\dfrac{5}{24}$	0	$-\dfrac{1}{12}$	20	
0	x_4	0	0	$\dfrac{5}{12}$	1	$-\dfrac{13}{6}$	20	
22	x_2	0	1	$-\dfrac{1}{8}$	0	$\dfrac{1}{4}$	30	
	$-z$	0	0	$-\dfrac{89}{24}$	0	$-\dfrac{35}{12}$	$-1\,280$	

因为所有的检验数 $\sigma_j\leqslant0\ (j=1,2,\cdots,5)$，故当前基可行解 $\boldsymbol{X}^{(2)}=(20,30,0,20,0)^{\mathrm{T}}$ 为最优解，删去松弛变量，即得原线性规划的最优解为 $\boldsymbol{X}^*=(20,30)^{\mathrm{T}}$，最优值 $z^*=1\,280$.

例 1-7 求解线性规划

$$\min z = -x_1 - x_2.$$

$$\text{s.t.} \begin{cases} -2x_1 + x_2 \leqslant 4, \\ x_1 - x_2 \leqslant 2, \\ x_1, x_2 \geqslant 0. \end{cases}$$

解 引入松弛变量 x_3、x_4,得标准型为

$$\max z = x_1 + x_2.$$

$$\text{s.t.} \begin{cases} -2x_1 + x_2 + x_3 \quad\;\; = 4, \\ x_1 - x_2 + \quad x_4 = 2, \\ x_j \geqslant 0 \quad (j = 1, 2, 3, 4). \end{cases}$$

列初始单纯形表如表 1-7 所示.

表 1-7

C_B	X_B	x_1	x_2	x_3	x_4	b	θ_i
0	x_3	-2	1	1	0	4	
0	x_4	[1]	-1	0	1	2	2
	$-z$	1	1	0	0	0	

因为 $\sigma_1 = \sigma_2 = 1 > 0$,取 x_1 为入基变量,易知 x_4 为出基变量,作旋转变换,得表 1-8.

表 1-8

C_B	X_B	x_1	x_2	x_3	x_4	b	θ_i
0	x_3	0	-1	1	2	8	
1	x_1	1	-1	0	1	2	
	$-z$	0	2	0	-1	-2	

因为 $\sigma_2 = 2 > 0$,但 x_2 所在列上各系数皆负,为无界解,故 LP 无最优解.

例 1-8 求解例 1-3.

解 将例 1-3 的线性规划数学模型化为标准型,得

$$\max z = -x_1 - x_2 - x_3 - x_4 - x_5 - x_6 - x_7 - x_8.$$

$$\text{s.t.} \begin{cases} 2x_1 + x_2 + x_3 + x_4 \qquad\qquad\qquad\quad = 100, & (1) \\ 2x_2 + x_3 + \quad 3x_5 + 2x_6 + x_7 \quad = 100, & (2) \\ x_1 + \quad x_3 + 3x_4 + \quad 2x_6 + 3x_7 + 4x_8 = 200, & (3) \\ x_j \geqslant 0 \quad (j = 1, 2, \cdots, 8). \end{cases}$$

因为系数矩阵中不含三阶单位阵,故不能直接用单纯形法,但可通过初等变换得出一个三阶单位阵,即:2乘(3)后减去(1),以消去(3)中的 x_1,再将各方程依次乘 $\frac{1}{2}$、$\frac{1}{3}$、$\frac{1}{8}$,则约束方程组变为

$$\begin{cases} x_1 + \frac{1}{2}x_2 + \frac{1}{2}x_3 + \frac{1}{2}x_4 = 50, \\ \frac{2}{3}x_2 + \frac{1}{3}x_3 + x_5 + \frac{2}{3}x_6 + \frac{1}{3}x_7 = \frac{100}{3}, \\ -\frac{1}{8}x_2 + \frac{1}{8}x_3 + \frac{5}{8}x_4 + \frac{1}{2}x_6 + \frac{3}{4}x_7 + x_8 = \frac{75}{2}. \end{cases}$$

显然,变量 x_1、x_5、x_8 的系数列向量恰好构成一个三阶单位阵,所以这三个变量可确定为初始基变量,从而可建立初始单纯形表并进行单纯形法迭代,如表 1-9 所示.

表 1-9

C_B	X_B	x_1	x_2	x_3	x_4	x_5	x_6	x_7	x_8	b	θ_i
-1	x_1	1	$\frac{1}{2}$	$\frac{1}{2}$	$\frac{1}{2}$	0	0	0	0	50	
-1	x_5	0	$\frac{2}{3}$	$\frac{1}{3}$	0	1	$\left[\frac{2}{3}\right]$	$\frac{1}{3}$	0	$\frac{100}{3}$	50
-1	x_8	0	$-\frac{1}{8}$	$\frac{1}{8}$	$\frac{5}{8}$	0	$\frac{1}{2}$	$\frac{3}{4}$	1	$\frac{75}{2}$	75
	$-z$	0	$\frac{1}{24}$	$-\frac{1}{24}$	$\frac{1}{8}$	0	$\frac{1}{6}$	$\frac{1}{12}$	0	$\frac{725}{6}$	
-1	x_1	1	$\frac{1}{2}$	$\frac{1}{2}$	$\frac{1}{2}$	0	0	0	0	50	100
-1	x_6	0	1	$\frac{1}{2}$	0	$\frac{3}{2}$	1	$\frac{1}{2}$	0	50	
-1	x_8	0	$-\frac{5}{8}$	$-\frac{1}{8}$	$\left[\frac{5}{8}\right]$	$-\frac{3}{4}$	0	$\frac{1}{2}$	1	$\frac{25}{2}$	20
	$-z$	0	$-\frac{1}{8}$	$-\frac{1}{8}$	$\frac{1}{8}$	$-\frac{1}{4}$	0	0	0	$\frac{225}{2}$	

C_B	X_B	x_1	x_2	x_3	x_4	x_5	x_6	x_7	x_8	b	θ_i
-1	x_1	1	1	$\dfrac{3}{5}$	0	$\dfrac{3}{5}$	0	$-\dfrac{2}{5}$	$-\dfrac{4}{5}$	40	
-1	x_6	0	1	$\dfrac{1}{2}$	0	$\dfrac{3}{2}$	1	$\dfrac{1}{2}$	0	50	
-1	x_4	0	-1	$-\dfrac{1}{5}$	1	$-\dfrac{6}{5}$	0	$\dfrac{4}{5}$	$\dfrac{8}{5}$	20	
	$-z$	0	0	$-\dfrac{1}{10}$	0	$-\dfrac{1}{10}$	0	$-\dfrac{1}{10}$	$-\dfrac{1}{5}$	110	

所以得 $\boldsymbol{X}^* = (40, 0, 0, 20, 0, 50, 0, 0)^\mathrm{T}$，$z^* = -110$.

所得结果给出的最优下料方案为：

40 根按第 1 种截法，20 根按第 4 种截法，50 根按第 6 种截法，共使用圆钢 110 根.

四、单纯形法的进一步讨论

(一) 人工变量法

为直接使用单纯形法，需要约束方程组的系数矩阵中含有一个 m 阶单位阵，当不满足这一要求时，除了用初等变换方法构造出一个单位阵，还通常采取引进人工变量的方法来达到目的.

设有线性规划为

$$\max z = \sum_{j=1}^{n} c_j x_j.$$

$$\text{s.t.} \begin{cases} \sum_{j=1}^{n} a_{ij} x_j = b_i & (i=1, 2, \cdots, m), \\ x_j \geqslant 0 & (j=1, 2, \cdots, n). \end{cases}$$

其中，约束方程组的系数矩阵中不含 m 阶单位阵.

引入 m 个人工变量 $x_{n+i}(i=1, 2, \cdots, m)$，因为其系数列向量构成 m 阶单位阵，故取其为初始基变量，得新约束方程组：

$$\begin{cases} \sum_{j=1}^{n} a_{ij} x_j + x_{n+i} = b_i & (i=1, 2, \cdots, m), \\ x_j \geqslant 0 & (j=1, 2, \cdots, n+m). \end{cases}$$

于是,对以上式为约束方程组的新线性规划进行单纯形法迭代后,若最优解中每个人工变量取值皆为 0,则删去它们后,即得原线性规划的最优解;若至少有一个人工变量取值大于 0,则原线性规划无可行解.为此,在具体计算时采取如下所述的特殊措施来避免人工变量取正值的情况.

1. 大 M 法

由于人工变量在最优解中须一律取 0 值,所以,可通过引入一个称为罚因子的大正数 M,将原目标函数进行修正,借助 M 的功能来保证这一要求.具体来说,考虑如下新线性规划:

$$\max z = \sum_{j=1}^{n} c_j x_j - M \sum_{i=1}^{m} x_{n+i}.$$

$$\text{s.t.}\begin{cases} \sum_{j=1}^{n} a_{ij} x_j + x_{n+i} = b_i & (i=1, 2, \cdots, m), \\ x_j \geqslant 0 & (j=1, 2, \cdots, n+m). \end{cases}$$

若最优解中含有取正值的人工变量,由上式的结构特点可知,目标函数不可能实现最大化,这时原线性规划无可行解.罚因子的作用就是迫使所有人工变量最终取值必须为 0,以使原线性规划和新线性规划完全等价.

例 1-9　用大 M 法求解例 1-2 的环境保护问题.

解　由例 1-2,LP 模型为

$$\min z = 1\,000 x_1 + 800 x_2.$$

$$\text{s.t.}\begin{cases} x_1 & \geqslant 1, \\ 0.8 x_1 + x_2 & \geqslant 1.6, \\ x_1 & \leqslant 2, \\ x_2 & \leqslant 1.4, \\ x_1, x_2 \geqslant 0. \end{cases}$$

引进剩余变量 x_3、x_4,松弛变量 x_5、x_6,人工变量 x_7、x_8,大正数 M,转换后的新线性规划为

$$\max z_1 = -1\,000 x_1 - 800 x_2 - M(x_7 + x_8).$$

$$\text{s.t.}\begin{cases} x_1 - x_3 + x_7 = 1, \\ 0.8 x_1 + x_2 - x_4 + x_8 = 1.6, \\ x_1 + x_5 = 2, \\ x_2 + x_6 = 1.4, \\ x_j \geqslant 0 \quad (j=1, 2, \cdots, 8). \end{cases}$$

进行单纯形法迭代,如表 1-10 所示.

表 1-10

C_B	X_B	x_1	x_2	x_3	x_4	x_5	x_6	x_7	x_8	b	θ_i
$-M$	x_7	[1]	0	-1	0	0	0	1	0	1	1
$-M$	x_8	0.8	1	0	-1	0	0	0	1	1.6	2
0	x_5	1	0	0	0	1	0	0	0	2	2
0	x_6	0	1	0	0	0	1	0	0	1.4	
	$-z_1$	$-1\,000$ $+1.8M$	-800 $+M$	$-M$	$-M$	0	0	0	0	$2.6M$	
$-1\,000$	x_1	1	0	-1	0	0	0	1	0	1	
$-M$	x_8	0	[1]	0.8	-1	0	0	-0.8	1	0.8	0.8
0	x_5	0	0	1	0	1	0	-1	0	1	
0	x_6	0	1	0	0	0	1	0	0	1.4	1.4
	$-z_1$	0	-800 $+M$	$-1\,000$ $+0.8M$	$-M$	0	0	$1\,000$ $-1.8M$	0	$1\,000$ $+0.8M$	
$-1\,000$	x_1	1	0	-1	0	0	0	1	0	1	
-800	x_2	0	1	0.8	-1	0	0	-0.8	1	0.8	
0	x_5	0	0	1	0	1	0	-1	0	1	
0	x_6	0	0	-0.8	1	0	1	0.8	-1	0.6	
	$-z_1$	0	0	-360	-800	0	0	360 $-M$	800 $-M$	$1\,640$	

所以得 $X^* = (1, 0.8, 0, 0, 1, 0.6, 0, 0)^T$,$z_1^* = -1\,640$.

去掉剩余变量、松弛变量与人工变量,得原线性规划的最优解 $X^* = (1, 0.8)^T$,最优值 $z^* = 1\,640$. 所得结果给出的最优污水处理方案为:

甲、乙两厂每天处理污水量各为 $1 \times 10^4 \text{ m}^3$ 及 $0.8 \times 10^4 \text{ m}^3$,此时处理污水的总费用最少,共耗资 $1\,640$ 元.

2. 两阶段法

两阶段法,就是把求解过程分解为两个阶段来进行.

(1) 第一阶段.

本阶段讨论如下线性规划:

$$\min z_1 = \sum_{i=1}^{m} x_{n+i}.$$

$$\text{s.t.} \begin{cases} \sum_{j=1}^{n} a_{ij}x_j + x_{n+i} = b_i & (i=1, 2, \cdots, m), \\ x_j \geqslant 0 & (j=1, 2, \cdots, n+m). \end{cases}$$

其中，$x_{n+i}(i=1, 2, \cdots, m)$ 为引进的人工变量.

设求得最优解 $\boldsymbol{X}_1^*$，则最优目标函数值分两种情况：

① $z_1^* = 0$，表明所有的人工变量都取零值，这正是原先所希望的.于是，将 $\boldsymbol{X}_1^*$ 删去人工变量后，就可作为原 LP 的一个基可行解而进入第二阶段计算.

② $z_1^* > 0$，表明至少有一个人工变量取正值，原 LP 无可行解，计算停止.

（2）第二阶段.

在第一阶段情况①的最终单纯形表中，删去所有人工变量所在列，所有 c_j 改为原 LP 的价值系数，将已删去人工变量后的 $\boldsymbol{X}_1^*$ 作为初始基可行解，以此建立初始单纯形表，进行单纯形法迭代，依此试求原 LP 的最优解.

例 1-10 用两阶段法求解线性规划：

$$\max z = 2x_1 - 5x_3.$$

$$\text{s.t.} \begin{cases} x_1 + x_2 + x_3 \geqslant 2, \\ 2x_1 + x_2 - 2x_3 = 6, \\ x_j \geqslant 0 \quad (j=1, 2, 3). \end{cases}$$

解 第一阶段：

引进剩余变量 x_4，人工变量 x_5、x_6，并化为标准型：

$$\max z_1 = -x_5 - x_6.$$

$$\text{s.t.} \begin{cases} x_1 + x_2 + x_3 - x_4 + x_5 = 2, \\ 2x_1 + x_2 - 2x_3 + x_6 = 6, \\ x_j \geqslant 0 \quad (j=1, 2, 3). \end{cases}$$

计算如表 1-11 所示.

表 1-11

C_B	X_B	x_1	x_2	x_3	x_4	x_5	x_6	b	θ_i
-1	x_5	[1]	1	1	-1	1	0	2	2
-1	x_6	2	1	-2	0	0	1	6	3
	$-z_1$	3	2	-1	-1	0	0	8	
0	x_1	1	1	1	-1	1	0	2	
-1	x_6	0	-1	-4	[2]	-2	1	2	1
	$-z_1$	0	-1	-4	2	-3	0	2	

续　表

C_B	X_B	x_1	x_2	x_3	x_4	x_5	x_6	b	θ_i
0	x_1	1	$\frac{1}{2}$	-1	0	0	$\frac{1}{2}$	3	
0	x_4	0	$-\frac{1}{2}$	-2	1	-1	$\frac{1}{2}$	1	
	$-z_1$	0	0	0	0	-1	-1	0	

所以得 $\boldsymbol{X}_1^* = (3, 0, 0, 1, 0, 0)^T$，$z_1^* = 0$.

第二阶段：

取 $\boldsymbol{X}^{(0)} = (3, 0, 0, 1)^T$，在第一阶段的最终单纯形表中删去人工变量 x_5、x_6 所在列，将所有 c_j 换成原 LP 的价值系数，得初始单纯形表，并进行单纯形法迭代，如表 1-12 所示.

表 1-12

C_B	X_B	x_1	x_2	x_3	x_4	b
2	x_1	1	$\frac{1}{2}$	-1	0	3
0	x_4	0	$-\frac{1}{2}$	-2	1	1
	$-z$	0	-1	-3	0	-6

所以得 $\boldsymbol{X}^* = (3, 0, 0, 1)^T$，删去剩余变量 x_4，得原 LP 最优解 $\boldsymbol{X}^* = (3, 0, 0)^T$，最优值 $z^* = 6$.

(二) 多最优解

1. 多最优解的通解公式

一个线性规划可能存在无数多个最优解，也就是说，有无数多个使目标函数取同一最优值的可行解，此时，称线性规划有**多最优解**.一旦遇到这种情况，如能把所有最优解都求出来，以提供决策者更多的选择余地，也是非常有意义的.

线性规划有多最优解的一个显著特征是：在最终单纯形表上，至少有一个非基变量的检验数为 0.这是因为取一个检验数为 0 的非基变量作入基变量，若允许继续迭代一次，则又可得一个基可行解，而目标函数最优值仍不变.例如，在表1-9所示的下料问题最终单纯形表上，非基变量 x_2 对应的检验数为 0，故可作为入基变量再迭代一次，得另一个最优基可行解 $\boldsymbol{X}^* (0, 40, 0, 60, 0, 10, 0, 0)^T$.

定理 1.3　若 $\boldsymbol{X}^{(1)}, \boldsymbol{X}^{(2)}, \cdots, \boldsymbol{X}^{(k)}$ 都是线性规划 $\max z = \boldsymbol{CX}$，$\boldsymbol{AX} = \boldsymbol{b}$，$\boldsymbol{X} \geqslant \boldsymbol{0}$ 的最优解，则

$$X = \sum_{i=1}^{k} \lambda_i X^{(i)} \quad (\lambda_i \geqslant 0, \ \sum_{i=1}^{k} \lambda_i = 1)$$

也是该线性规划的最优解.

证 因为 $\lambda_i \geqslant 0$,$X^{(i)} \geqslant 0$ $(i=1, 2, \cdots, k)$,故 $X \geqslant 0$,
又因为

$$AX = \sum_{i=1}^{k} \lambda_i AX^{(i)} = \sum_{i=1}^{k} \lambda_i b = b \quad \text{且} \quad CX = \sum_{i=1}^{k} \lambda_i CX^{(i)} = \sum_{i=1}^{k} \lambda_i z^* = z^*,$$

因此,X 也是该线性规划的最优解.

上述定理实际上给出了多最优解的通解公式:设 $X^{(1)}$,$X^{(2)}$,$\cdots$,$X^{(k)}$ 是 k 个线性无关的最优基可行解,则式中的 X 给出了所有的最优解,称 X 为 $X^{(1)}$,$X^{(2)}$,$\cdots$,$X^{(k)}$ 的**凸组合**.

由此,令 $\lambda_1 = \alpha$,$\lambda_2 = 1 - \alpha$ $(0 \leqslant \alpha \leqslant 1)$,则例 1-2 的下料问题最优解的通解为(删去 x_7^*、x_8^*):

$$\begin{aligned}
X^* &= \alpha X_1^* + (1-\alpha) X_2^* \\
&= \alpha(0, 40, 0, 60, 0, 10)^T + (1-\alpha)(40, 0, 0, 20, 0, 50)^T \\
&= (40 - 40\alpha, \ 40\alpha, \ 0, \ 20 + 40\alpha, \ 0, \ 50 - 40\alpha)^T \quad (0 \leqslant \alpha \leqslant 1).
\end{aligned}$$

考虑到下料问题的实际背景,圆钢根数只能取整数,故事实上仅有有限个最优解.

2. 一类特殊线性规划多最优解的处理方法

当线性规划的可行域无界时,用上述方法求多最优解有时会失效.

考虑如下算例.

例 1-11 求解线性规划:

$$\max z = -x_1 + 2x_2.$$

$$\text{s.t.} \begin{cases} x_1 - x_2 \geqslant -1, \\ -\dfrac{1}{2}x_1 + x_2 \leqslant 2, \\ x_1, x_2 \geqslant 0. \end{cases}$$

解 引进松弛变量 x_3、x_4,得标准型为

$$\max z = -x_1 + 2x_2.$$

$$\text{s.t.} \begin{cases} -x_1 + x_2 + x_3 \quad\quad = 1, \\ -\dfrac{1}{2}x_1 + x_2 + \quad\quad x_4 = 2, \\ x_j \geqslant 0 \quad (j=1, 2, 3, 4). \end{cases}$$

计算如表 1-13 所示.

表 1-13

C_B	X_B	x_1	x_2	x_3	x_4	b	θ_i
0	x_3	-1	$[1]$	1	0	1	1
0	x_4	$-\dfrac{1}{2}$	1	0	1	2	2
	$-z$	-1	2	0	0	0	
2	x_2	-1	1	1	0	1	
0	x_4	$\left[\dfrac{1}{2}\right]$	0	-1	1	1	2
	$-z$	1	0	-2	0	-2	
2	x_2	0	1	-1	2	3	
-1	x_1	1	0	-2	2	2	
	$-z$	0	0	0	-2	-4	

所以得 $\boldsymbol{X}_1^* = (2, 3)^{\mathrm{T}}$, $z^* = 4$.

由于最终单纯形表上非基变量 x_3 的检验数等于 0,因而问题有多最优解.但是,x_3 对应的系数列向量 $\boldsymbol{P}_3 = (-1, -2)^{\mathrm{T}}$,其元素都小于 0,故不能求比值,从而单纯形法失效,得不出另一最优基可行解.

可以从几何意义上来分析方法失效的原因.例 1-11 中线性规划的可行域 R(见图 1-5)为无界域,对应图解法易知,表 1-13 中的 3 个基可行解,依次对应图 1-5 中 R 之顶点 O、C、A,而多最优解在射线 AB 上取得.但 AB 上只有一个顶点 A,这正是上述方法失效的原因.事实上,因为从一个基可行解转换到另一个基可行解的单纯形迭代法的迭代过程,反映在可行域上,正是从一个顶点跳跃到相邻的另一顶点,直至最终求得最优点(或无最优点).现在,AB 上已无顶点 A 的相邻顶点,所以,单纯形法不可能继续进行下去.

为弥补该缺陷,由上面的几何分析容易发现,如在 AB 上能定出另一顶点,则用单纯形法求多最优解的方法便能有效地进行.

为此,设已求得一个最优基可行解 $\boldsymbol{X}^* = (x_1, x_2)^{\mathrm{T}}$,构造一个辅助线性规划:

目标函数为原 LP 目标函数;约束条件含原 LP 的约束条件,再增加约束条件 $x_1 + x_2 \leqslant M$,M 是大于已得的 $\boldsymbol{X}^*$ 中各坐标之和的正数.

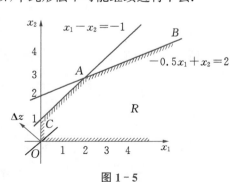

图 1-5

对例 $1-11$ 而言,可取 $M=8$,有

$$\max z = -x_1 + 2x_2.$$

$$\text{s.t.}\begin{cases} x_1 - x_2 \geqslant -1, \\ -\dfrac{1}{2}x_1 + x_2 \leqslant 2, \\ x_1 + x_2 \leqslant 8, \\ x_1, x_2 \geqslant 0. \end{cases}$$

此辅助线性规划的可行域是在 R 上增加边界 $x_1+x_2=8$ 后形成的有界域,如图 $1-6$ 所示,因而,可用单纯形法求出其另一个最优基可行解:$\boldsymbol{X}_2^* = (4, 4)^{\mathrm{T}}$,$z^* = 4$.

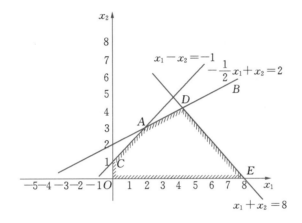

图 1-6

所以,辅助线性规划多最优解的通解为

$$\boldsymbol{X}^* = \alpha \boldsymbol{X}_2^* + (1-\alpha)\boldsymbol{X}_1^* = (2+2\alpha, 3+\alpha)^{\mathrm{T}} \quad (0 \leqslant \alpha \leqslant 1).$$

不难看出,原线性规划的多最优解是在由点 A 发出的射线 AB 上获得,而辅助线性规划的多最优解是在射线 AB 的一个线段上获得.借助辅助线性规划的两个最优基可行解,扩大参数 α 的取值范围,可写出原线性规划多最优解的通解为

$$\boldsymbol{X}^* = (2+2\alpha, 3+\alpha)^{\mathrm{T}} \quad (\alpha \geqslant 0).$$

3. 退化情况及其处理

单纯形方法迭代时,若存在至少两个相同的最小比值,则在下一次迭代时,就会出现基变量取值为零的情况,此类解称为退化解.出现退化情况时,有时按常用方法,会造成无休止的循环迭代,从而永远也达不到最优解.

1953 年,霍夫曼(A.J.Hoffman)第一个举出由退化而引起循环的算例;1955 年,比尔(E.M.L.Beale)构造了下面更为简单的特例:

$$\min z = -\frac{3}{4}x_4 + 20x_5 - \frac{1}{2}x_6 + 6x_7.$$

$$\text{s.t.}\begin{cases} x_1 \quad\quad +\dfrac{1}{4}x_4 - 8x_5 - x_6 + 9x_7 = 0, \\ \quad x_2 \quad +\dfrac{1}{2}x_4 - 12x_5 - \dfrac{1}{2}x_6 + 3x_7 = 0, \\ \quad\quad x_3 \quad + \quad\quad x_6 \quad\quad = 1, \\ x_j \geqslant 0 \quad (j=1,2,\cdots,7). \end{cases}$$

该例经 6 次迭代，又会回复到初始解，从而产生循环.

为此，数学家提出了许多避免循环的方法，如：1952 年，查恩斯（A.Charnes）提出的摄动法，1954 年，丹齐格（G.B.Dantzig）、奥登（A.Orden）、沃尔夫（P.Wolfe）提出的字典序法. 1976 年，布兰德（G.G.Bland）提出了更为简便的避免循环方法（称为 Bland 修正规则）：

① 选取 $\sigma_j > 0$ 中下标最小的非基变量 x_k 为入基变量；

② 当出现至少两个最小比值时，选取下标最小的基变量为出基变量.

五、单纯形法的矩阵描述

对任意一个线性规划，适当引进松弛变量、剩余变量与人工变量等辅助变量，就能将其化为可进行单纯形法迭代计算的初始标准型：

$$\max z = C_A X_A + C_I X_I.$$
$$\text{s.t.}\begin{cases} AX_A + IX_I = b, \\ X_A, X_I \geqslant 0. \end{cases}$$

其中，X_A 由决策变量或加上剩余变量组成，X_I 由松弛变量或加上人工变量组成；与 X_A、X_I 对应，价值向量 C 分为 C_A、C_I；I 为单位阵；$b \geqslant 0$.

将其改写为矩阵形式，则成

$$\max z = (C_A \quad C_I)\begin{pmatrix} X_A \\ X_I \end{pmatrix}.$$
$$\text{s.t.}\begin{cases} (A \quad I)\begin{pmatrix} X_A \\ X_I \end{pmatrix} = b, \\ X_A, X_I \geqslant 0. \end{cases}$$

将所有变量分为基变量与非基变量，即有 $X = (X_B \quad X_N)^{\mathrm{T}}$.

系数矩阵中与 X_B 对应的满秩分块矩阵 B 称为**基阵**，B 中的列向量称为**基向量**；与 X_N 对应的分块矩阵 N 称为**非基阵**，N 中的列向量称为**非基向量**.

于是，当取定一个基阵 B 后，系数矩阵、解向量、价值向量可按 B 与 N 重新分块，因此对应有：

$$(A \quad I) = (B \quad N), \quad (X_A \quad X_I)^{\mathrm{T}} = (X_B \quad X_N)^{\mathrm{T}}, \quad (C_A \quad C_I) = (C_B \quad C_N).$$

注意上述各等式是从"整体上不变"来理解的，并非"每个对应分量相等". 其中，$(X_B \quad X_N)^{\mathrm{T}}$ 称为**基解**，当其又满足非负约束后，就称为**基可行解**. 这样，就可写成

$$\max z = C_B X_B + C_N X_N.$$

$$\text{s.t.} \begin{cases} BX_B + NX_N = b, \\ X_B, X_N \geqslant 0. \end{cases}$$

或

$$\max z = (C_B \quad C_N)\begin{pmatrix} X_B \\ X_N \end{pmatrix}.$$

$$\text{s.t.} \begin{cases} (B \quad N)\begin{pmatrix} X_B \\ X_N \end{pmatrix} = b, \\ X_B, X_N \geqslant 0. \end{cases}$$

显然,由于要求 X_B、X_N 均满足非负约束,所以下面讨论的均指基可行解.

今将 B^{-1} 作用于约束方程,得 $X_B = B^{-1}b - B^{-1}NX_N$,代入目标函数,得

$$z = C_B B^{-1} b - C_B B^{-1} N X_N + C_N X_N$$

$$= C_B B^{-1} b + (C_B - C_B B^{-1} B \quad C_N - C_B B^{-1} N)\begin{pmatrix} X_B \\ X_N \end{pmatrix}.$$

于是,检验数行为

$$\sigma = (C_B - C_B B^{-1} B \quad C_N - C_B B^{-1} N)$$

$$= (C_B \quad C_N) - C_B B^{-1}(B \quad N)$$

$$= (C_A \quad C_I) - C_B B^{-1}(A \quad I)$$

$$= (C_A - C_B B^{-1} A \quad C_I - C_B B^{-1} I),$$

从而,有

$$z = C_B B^{-1} b + (C_A - C_B B^{-1} A \quad C_I - C_B B^{-1} I)\begin{pmatrix} X_A \\ X_I \end{pmatrix}.$$

先取初始单位阵 I 作为初始基阵 B,得初始单纯形表如表 1-14 所示.

表 1-14

C_B	X_B	X_A	X_I	b
C_I	X_I	A	I	b
	$-z$	$C_A - C_I I^{-1} A$	$C_I - C_I I^{-1} I$	$-C_I b$

其中,检验数行可简写为 $\sigma = (C_A - C_I A \quad 0)$.

再选某一基阵 B 进行迭代,将 B^{-1} 作用于约束方程,得 $B^{-1}AX_A + B^{-1}IX_I = B^{-1}b$,于是有迭代单纯形表如表 1-15 所示.

表 1-15

C_B	X_B	X_A	X_I	b
C_B	X_B	$B^{-1}A$	$B^{-1}I$	$B^{-1}b$
	$-z$	$C_A - C_B B^{-1} A$	$C_I - C_B B^{-1} I$	$-C_B B^{-1} b$

注意到 $B^{-1}I = B^{-1}$,所以 B^{-1} 可在各次迭代表上对照初始单位阵 I 的位置.由于每次迭代只置换一个变量,因此前后两个基阵只改变一列,而前一基阵恒是单位阵,故后一基

阵求逆只须将换入变量的对应列向量化为单位向量即可.至此,完成了单纯形法的矩阵描述,从而为下面讨论对偶问题与灵敏度分析提供了理论基础.

第四节　对偶规划

一、对偶问题的提出

例 1-1 的生产计划问题,是在 3 种材料数量有限的条件下,安排两种产品的生产,以使获得的总利润最大.现在,换一个角度来讨论这个问题.

例 1-12　承接例 1-1,假设工厂既可以用材料 a、b、c 来生产产品 A、B,也可以不生产产品而转手出售材料来获利.当然,产品投入市场销售可得一定的利润(产品 A 为 31 元,产品 B 为 22 元).但是,如果正逢产品滞销而材料却广为紧缺的情况,则可将材料直接出售给愿出高价的急需者,也许获利会更丰厚或至少一样.于是,依据多渠道灵活经营的方针,工厂的决策者在制订生产产品计划的同时,也考虑作一个出售材料的计划,以便对两种经营方式所产生的效益进行数量分析与比较,从而作出最有利于工厂的决策.

解　设 x_1、x_2 为生产产品 A、B 的件数,则原生产计划问题的线性规划模型为

$$\max z = 31x_1 + 22x_2.$$

$$\text{s.t.} \begin{cases} 6x_1 + 2x_2 \leqslant 180, \\ 4x_1 + 10x_2 \leqslant 400, \\ 3x_1 + 5x_2 \leqslant 210, \\ x_1, x_2 \geqslant 0. \end{cases}$$

今设 y_1、y_2、y_3 各为出售材料 a、b、c 的单位利润(单位售价与单位成本之差).按工厂经营原则,决策者当然要求出售原来用于一个单位产品的材料数量所获利润不能低于制成产品销售后所获利润,于是有下列约束条件

$$\begin{cases} 6y_1 + 4y_2 + 3y_3 \geqslant 31, \\ 2y_1 + 10y_2 + 5y_3 \geqslant 22, \\ y_i \geqslant 0 \quad (i = 1, 2, 3). \end{cases}$$

显然,凡是采取满足上述约束条件的出售材料计划所得的单位利润,都能保证工厂获得不低于生产单位产品所得的利润.注意到工厂每日可售出材料 a、b、c 的数量各为 180 kg、400 kg、210 kg,所以日总利润为

$$f = 180y_1 + 400y_2 + 210y_3.$$

工厂决策者清醒地认识到,为吸引客户来购买材料,必须增强与其他众多出售同样材料对手的竞争力,决不能漫天开价.众所周知,价格(利润与成本之和)越低,竞争力越强,然而获利亦越少.决策者要了解在满足约束的条件下,什么价格将只得到最低利润,以做到洽谈时心中有数,此价格称为临界价格.如果低于临界价格,工厂依旧生产产品来销售,比直接出售材料获利更大;如果等于临界价格,工厂既可生产产品销售,也可出售材料,获利相同;高于临界价格,工厂宁可出售材料,这要比生产产品销售获利更大.这个临界价格在经济学中称为影子价格,据此就能决定买卖材料双方生意能否成交,其最低利润无疑是工厂可以接受的竞争力最强的条件,因此应是一个目标函数 f 求最小值的优化问题.

综上所述,就得到了新问题(售料计划问题)的线性规划模型为

$$\min f = 180y_1 + 400y_2 + 210y_3.$$

$$\text{s.t.}\begin{cases} 6y_1 + 4y_2 + 3y_3 \geqslant 31, \\ 2y_1 + 10y_2 + 5y_3 \geqslant 22, \\ y_i \geqslant 0 \quad (i = 1, 2, 3). \end{cases}$$

为了更清楚地了解原问题与新问题之间的对应关系,这里将两个 LP 模型化为矩阵形式,从中可明显看出所存在的对称性:

$$\max z = (31 \quad 22) \begin{bmatrix} x_1 \\ x_2 \end{bmatrix}.$$

$$\text{s.t.}\begin{cases} \begin{bmatrix} 6 & 2 \\ 4 & 10 \\ 3 & 5 \end{bmatrix} \begin{bmatrix} x_1 \\ x_2 \end{bmatrix} \leqslant \begin{bmatrix} 180 \\ 400 \\ 210 \end{bmatrix}, \\ \begin{bmatrix} x_1 \\ x_2 \end{bmatrix} \geqslant \begin{bmatrix} 0 \\ 0 \end{bmatrix}. \end{cases}$$

及

$$\min f = (y_1 \quad y_2 \quad y_3) \begin{bmatrix} 180 \\ 400 \\ 210 \end{bmatrix}.$$

$$\text{s.t.}\begin{cases} (y_1 \quad y_2 \quad y_3) \begin{bmatrix} 6 & 2 \\ 4 & 10 \\ 3 & 5 \end{bmatrix} \geqslant (31 \quad 22), \\ (y_1 \quad y_2 \quad y_3) \geqslant (0 \quad 0 \quad 0). \end{cases}$$

二、原规划与对偶规划

将前述实例一般化,引入下列重要概念.

定义 1.1　设有线性规划

$$\max z = \boldsymbol{CX}.$$

$$\text{s.t.}\begin{cases}AX\leqslant b,\\X\geqslant 0.\end{cases}\qquad (P)$$

其中,资源向量 b 无符号限制.

对应地,构造线性规划

$$\min f=Yb.$$

$$\text{s.t.}\begin{cases}YA\geqslant C,\\Y\geqslant 0.\end{cases}\qquad (D)$$

其中,Y 为行向量.称式(P)为**原规划**,称式(D)为式(P)的**对偶规划**.

由于对 b 取消了非负的限制,所以任何一个线性规划均易化为(P)的形式,亦即任何一个线性规划均可看作原规划,进而均能写出形如式(D)的对偶规划.

在某些场合,(P)和(D)亦可写成如下形式:

$$\max z=CX.\qquad\qquad\qquad\min f=Yb.$$

$$\text{s.t.}\begin{cases}AX+X_S=b,\\X,\ X_S\geqslant 0.\end{cases}(P)\quad 及 \quad \text{s.t.}\begin{cases}YA-Y_S=C,\\Y,\ Y_S\geqslant 0.\end{cases}(D)$$

例 1-13　写出原规划

$$\min f=20x_1+10x_2+5x_3.$$

$$\text{s.t.}\begin{cases}-3x_1-4x_2-x_3\leqslant -4,\\2x_1-3x_2+x_3=5,\\x_1,\ x_2\geqslant 0,\ x_3\ 为自由变量.\end{cases}$$

的对偶规划.

解　令 $z_1=-f$,$x_3=x_4-x_5$,得

$$\max z_1=-20x_1-10x_2-5x_4+5x_5.$$

$$\text{s.t.}\begin{cases}-3x_1-4x_2-x_4+x_5\leqslant -4,\\2x_1-3x_2+x_4-x_5\leqslant\ \ 5,\\-2x_1+3x_2-x_4+x_5\leqslant -5,\\x_j\geqslant 0\quad (j=1,\ 2,\ 4,\ 5).\end{cases}$$

对应有

$$\min f_1=-4y_1+5y_2-5y_3.$$

$$\text{s.t.}\begin{cases}-3y_1+2y_2-2y_3\geqslant -20,\\-4y_1-3y_2+3y_3\geqslant -10,\\-\ \ y_1+\ \ y_2-\ \ y_3\geqslant -5,\\\ \ \ \ y_1-\ \ y_2+\ \ y_3\geqslant 5,\\y_i\geqslant 0\quad (i=1,\ 2,\ 3).\end{cases}$$

令 $z = -f_1$，$y_4 = y_2 - y_3$，得对偶规划为

$$\max z = 4y_1 - 5y_4.$$

$$\text{s.t.} \begin{cases} 3y_1 - 2y_4 \leqslant 20, \\ 4y_1 + 3y_4 \leqslant 10, \\ y_1 - y_4 = 5, \\ y_1 \geqslant 0, y_4 \text{ 为自由变量}. \end{cases}$$

一般地，原规划与对偶规划的对应关系如表 1-16 所示.

表 1-16

原（对偶）规划		对偶（原）规划	
目　　标	$\max z$	$\min f$	目　　标
变　　量	n 个 $\geqslant 0$ $\leqslant 0$ 自由	n 个 $\geqslant$ $\leqslant$ $=$	约　　束
约　　束	m 个 $\leqslant$ $\geqslant$ $=$	m 个 $\geqslant 0$ $\leqslant 0$ 自由	变　　量
资源向量 价值向量		价值向量 资源向量	

表 1-16 中的约束是指单变量约束（$\geqslant 0$，$\leqslant 0$ 或自由变量）以外的约束条件.

三、对偶问题的基本性质

原规划与对偶规划之间的关系并非仅是形式上的对称，更重要的是两个规划的解之间存在着紧密的共生关系，从而为求解线性规划开辟了一条新的途径.这种紧密联系具体反映在下列各条重要性质之中，其中，原规划与对偶规划均指定义 1.1 所示的对称形式.

性质 1.1　（对称性）对偶规划的对偶是原规划.

证　设原规划为

$$\max z = \boldsymbol{CX}.$$

$$\text{s.t.} \begin{cases} \boldsymbol{AX} \leqslant \boldsymbol{b}, \\ \boldsymbol{X} \geqslant \boldsymbol{0}. \end{cases}$$

则其对偶规划为

$$\min f = Yb.$$

$$\text{s.t.} \begin{cases} YA \geqslant C, \\ Y \geqslant 0. \end{cases}$$

因为 $-\min f = \max(-f)$，令 $z_1 = -f$，则

$$\max z_1 = -Yb.$$

$$\text{s.t.} \begin{cases} -YA \leqslant -C, \\ Y \geqslant 0. \end{cases} \quad \text{其对偶规划为}$$

$$\min f_1 = -CX.$$

$$\text{s.t.} \begin{cases} -AX \geqslant -b, \\ X \geqslant 0. \end{cases}$$

令 $z = -f_1$，得

$$\max z = CX.$$

$$\text{s.t.} \begin{cases} AX \leqslant b, \\ X \geqslant 0. \end{cases}$$

此即为原规划.

性质 1.2　（弱对偶性）设 X、Y 为原规划与对偶规划的任一可行解，则恒成立 $z(X) \leqslant f(Y)$.

证　因为 $AX \leqslant b$，$YA \geqslant C$，合之，得 $z(X) = CX \leqslant YAX \leqslant Yb = f(Y)$.

性质 1.3　（最优性）设 X、Y 各为原规划与对偶规划的一个可行解，且有 $z(X) = f(Y)$，则 X、Y 必为最优解.

证　由性质 1.2 即可推得.

性质 1.4　（强对偶性）原规划与对偶规划同有最优解，且两者最优值相等.

证　将原规划写成

$$\max z = C_B X_B + C_N X_N.$$

$$\text{s.t.} \begin{cases} BX_B + NX_N = b, \\ X_B, X_N \geqslant 0. \end{cases}$$

则其对偶规划为

$$\min f = Yb.$$

$$\text{s.t.} \begin{cases} YB \geqslant C_B, \\ YN \geqslant C_N, \\ Y \text{ 为自由变量}. \end{cases}$$

设原规划存在最优解 X^*，对应的基阵为 B，有 $z^* = z(X^*) = C_B B^{-1} b$.

令 $Y^* = C_B B^{-1}$，代入最优性条件，得 $\begin{cases} C_B - Y^* B \leqslant 0, \\ C_N - Y^* N \leqslant 0. \end{cases}$

即 $\begin{cases} Y^* B \geqslant C_B, \\ Y^* N \geqslant C_N. \end{cases}$

故 Y^* 是对偶规划的可行解，且成立 $f = Y^* b = C_B B^{-1} b = z^*$，由性质 1.3 知，$Y^*$ 为对偶规

划的最优解,且有 $f(Y^*)=z^*$.

性质 1.5　(互补松弛性)设 X、Y 各为原规划与对偶规划的一个可行解,则 X、Y 为最优解的充分必要条件为 $YX_s=Y_sX=0$.

证　由

$$\max z=CX.$$
$$\text{s.t.} \begin{cases} AX+X_s=b, \\ X,X_s\geqslant 0. \end{cases} \quad(P)$$

及

$$\min f=Yb.$$
$$\text{s.t.} \begin{cases} YA-Y_s=C, \\ Y,Y_s\geqslant 0. \end{cases} \quad(D)$$

得 $C=YA-Y_s$, $b=AX+X_s$,将此 C、b 表示式各代入对应的目标函数中,得

$$z=(YA-Y_s)X=YAX-Y_sX, \quad f=Y(AX+X_s)=YAX+YX_s.$$

(1) 必要性.

设 X、Y 为最优解,由性质 1.4 知,$z=f$,即 $YAX-Y_sX=YAX+YX_s+Y_sX$,得 $YX_s+Y_sX=0$,由非负性知,有 $YX_s=Y_sX=0$.

(2) 充分性.

设 $YX_s=Y_sX=0$,显见,$z=YAX=f$,由性质 1.3 知,X、Y 必为最优解.

性质 1.6　(基解对应性)原规划单纯形表中检验数行对应对偶规划的一个基解.

证　略.

由性质 1.6 可知,从原规划的最终单纯形表中就可直接读出对偶规划最优解 Y^*.注意,由于与 Y 的负值相对应,所以读 Y^* 时,相对应的检验数要改变一个负号;遇人工变量时,相对应的检验数中要弃去大正数项.

原规划与对偶规划之间在可行性上可能的四种对应关系,如表 1-17 所示.

表 1-17

原规划(P)	对偶规划(D)
可　行	可　行
不可行	可行(无界)
可行(无界)	不可行
不可行	不可行

四、影子价格

在讨论生产计划(原规划)与售料计划(对偶规划)的实例时,已提到影子价格,它实际上是对资源的一种估价,这种估价是针对具体企业的具体产品在具体时期所存在的一种潜在价格.在市场经济的条件下,当某种资源的市场价格低于企业内部确定的影子价格时,企业应买进该资源进行扩大生产;当某种资源的市场价格高于企业内部确定的影子价格时,企业可以卖出该资源以获取更大利润.总之,影子价格对市场有调节作用.

现在,进一步分析例 1-1.已知原规划的最终单纯形表如表 1-18 所示.

表 1-18

C_B	X_B	x_1	x_2	x_3	x_4	x_5	b
31	x_1	1	0	$\frac{5}{24}$	0	$-\frac{1}{12}$	20
0	x_4	0	0	$\frac{5}{12}$	1	$-\frac{13}{6}$	20
22	x_2	0	1	$-\frac{1}{8}$	0	$\frac{1}{4}$	30
	$-z$	0	0	$-\frac{89}{24}$	0	$-\frac{35}{12}$	$-1\,280$

根据表 1-18 得 $\boldsymbol{X}^* =(20,\ 30,\ 0,\ 20,\ 0)^{\mathrm{T}}$, $z^* =1\,280$.由该最优解确定的生产计划为:产品 A、B 各生产 20、30 单位,最大利润 1 280 元.由对偶理论性质 1.6,得对偶规划的最优解与最优值为

$$\boldsymbol{Y}^* =\left(\frac{89}{24},\ 0,\ \frac{35}{12}\right),\ f^* =1\,280.$$

由此最优解所确定的售料计划如下:

a、b、c 各原料的最低售价(单位:元)分别为 $\frac{89}{24}+1$、$0+2.3$、$\frac{35}{12}+14.6$,最小利润 1 280 元.

有意思的是,得到了 $y_2^* =0$,即原料 b 仅以成本出售(不赚钱)已经得到了最优值.因此,当收购方愿对材料 b 按常规出高于成本的价格,那就对出售方更有利了.

例 1-14　讨论例 1-2.

解　已知原规划(M 为大正数)为

$$\max z =-1\,000x_1 -800x_2 -M(x_7 +x_8).$$

$$\text{s.t.}\begin{cases} x_1 & -x_3 & & & +x_7 & =1, \\ 0.8x_1 +x_2 & -x_4 & & & +x_8 =1.6, \\ x_1 & & +x_5 & & =2, \\ x_2 & & +x_6 & & =1.4, \\ x_j \geqslant 0 & (j=1,\ 2,\ \cdots,\ 8). \end{cases}$$

其对偶规划为

$$\min f =y_1 +1.6y_2 +2y_3 +1.4y_4.$$

$$\text{s.t.}\begin{cases} y_1 + 0.8y_2 + y_3 \geqslant -1\,000, \\ \qquad\quad y_2 \qquad\quad + y_4 \geqslant -800, \\ -y_1 \qquad\qquad\qquad\quad \geqslant 0, \\ \qquad\quad -y_2 \qquad\qquad\quad \geqslant 0, \\ \qquad\qquad\quad y_3 \qquad\quad \geqslant 0, \\ \qquad\qquad\qquad\quad y_4 \geqslant 0, \\ y_1 \qquad\qquad\qquad\qquad \geqslant -M, \\ \qquad\quad y_2 \qquad\qquad\qquad \geqslant -M, \\ y_i \text{ 为自由变量 } (i=1,2,3,4). \end{cases}$$

从表 1-10 知,原规划最终单纯形表如表 1-19 所示.

表 1-19

C_B	X_B	x_1	x_2	x_3	x_4	x_5	x_6	x_7	x_8	b
$-1\,000$	x_1	1	0	-1	0	0	0	1	0	1
-800	x_2	0	1	0.8	-1	0	0	-0.8	1	0.8
0	x_5	0	0	1	0	1	0	-1	0	1
0	x_6	0	0	-0.8	1	0	1	0.8	-1	0.6
	$-z$	0	0	-360	-800	0	0	$360-M$	$800-M$	1 640

由对偶理论性质 1.6,得对偶规划的最优解与最优值为

$$\boldsymbol{Y}^* = (-360, -800, 0, 0), \quad f^* = -1\,640.$$

一般地,影子价格可以写成

$$y_i = \frac{\Delta z}{\Delta b_i} = \frac{\text{最大利润增量}}{\text{第 } i \text{ 种资源增量}} = \text{第 } i \text{ 种资源的边际利润}.$$

并具有下述性质:

(1) 影子价格越大,说明这种资源越是相对紧缺.

(2) 影子价格越小,说明这种资源相对并不紧缺.

(3) 若最优计划下某种资源有剩余,则该资源的影子价格一定为零.

五、对偶单纯形法

单纯形法是建立在线性规划基可行解之间的迭代上,也就是说,在迭代过程中始终保持解的可行性,即 $\boldsymbol{X}_B$ 取值恒为非负,同时,使所有检验数逐步变为非正以得到最优解.根据对偶理论,可对单纯形法作出如下新的解释:在单纯形表上,由于检验数实际对应着对偶规划的一个基解(不一定可行),所以迭代中所有检验数逐步变为非正的过程,正是对偶

规划的基解逐步变为基可行解的过程,最终,可同时得到原线性规划与对偶线性规划的最优解.

根据对偶问题的性质 1.1(对称性),可以建立对偶单纯形法,其基本思想建立在对偶规划基可行解之间的迭代上,也就是说,在迭代过程中,始终保持对偶规划解的可行性.表现在单纯形表上,即是所有检验数恒为非正,与此同时,使 X_B 取值逐步变为非负,此时,就得到原规划的最优解,当然,也同时得到了对偶规划的最优解.

对偶单纯形法的计算步骤如下:

Step 1. 设有初始正则解 $X^{(0)}=(X_B^{(0)} \quad X_N^{(0)})^T$(检验数均非正,所对应的基解称为**正则解**),其中,$X_B^{(0)}=(b_1, b_2, \cdots, b_m)^T$.

Step 2. 若 $X_B^{(0)} \geqslant 0$,则 $X^{(0)}=X^*$;否则,转 Step 3.

Step 3. 由 $b_r=\max_i\{|b_i| \mid b_i<0\}$ 确定 r 行上的基变量 x_h 为出基变量.

Step 4. 若 $a_{rj} \geqslant 0\,(j=1, 2, \cdots, n)$,则无最优解;否则,由

$$\theta=\min_j\left\{\frac{\sigma_j}{a_{rj}} \,\Big|\, a_{rj}<0\right\}=\frac{\sigma_k}{a_{rk}}$$

确定 x_k 为入基变量.

Step 5. 作旋转变换,以 x_k 取代 x_h,得新正则解 $X_B^{(1)}$,$X_B^{(0)}=X_B^{(1)}$,转 Step 2.

下面,举例予以说明.

例 1-15　用对偶单纯形法求解线性规划:

$$\min f=x_1+3x_2.$$

$$\text{s.t.}\begin{cases} 2x_1+\ x_2 \geqslant 3, \\ 3x_1+2x_2 \geqslant 4, \\ x_1+2x_2 \geqslant 1, \\ x_1, x_2 \geqslant 0. \end{cases}$$

解　令 $z=-f$,并引入剩余变量 x_3、x_4、x_5,使原规划变成

$$\max z=-x_1-3x_2.$$

$$\text{s.t.}\begin{cases} -2x_1-\ x_2+x_3 \qquad\quad =-3, \\ -3x_1-2x_2 \qquad +x_4 \qquad =-4, \\ -\ x_1-2x_2 \qquad\qquad +x_5=-1, \\ x_j \geqslant 0 \quad (j=1, 2, \cdots, 5). \end{cases}$$

取 x_3、x_4、x_5 为基变量,列出单纯形表如表 1-20 所示.

表 1-20 中给出一个不满足非负约束的初始正则解 $X^{(0)}=(0, 0, -3, -4, -1)^T$.这里,从 $X^{(0)}$ 开始进行迭代.取 x_4 为出基变量,求出最小比值

表 1 - 20

C_B	X_B	x_1	x_2	x_3	x_4	x_5	b
0	x_3	-2	-1	1	0	0	-3
0	x_4	$[-3]$	-2	0	1	0	-4
0	x_5	-1	-2	0	0	1	-1
	$-z$	-1	-3	0	0	0	0

$$\theta = \min\left\{\frac{-1}{-3}, \frac{-3}{-2}\right\} = \frac{1}{3} = \frac{\sigma_1}{a_{21}}.$$

由此，应选 x_1 为入基变量，-3 为主元.

经旋转变换得表 1 - 21 所示.

表 1 - 21

C_B	X_B	x_1	x_2	x_3	x_4	x_5	b
0	x_3	0	$\frac{1}{3}$	1	$\left[-\frac{2}{3}\right]$	0	$-\frac{1}{3}$
-1	x_1	1	$\frac{2}{3}$	0	$-\frac{1}{3}$	0	$\frac{4}{3}$
0	x_5	0	$-\frac{4}{3}$	0	$-\frac{1}{3}$	1	$\frac{1}{3}$
	$-z$	0	$-\frac{7}{3}$	0	$-\frac{1}{3}$	0	$\frac{4}{3}$

因为 $x_3 < 0$，故 x_3 为出基变量；又因为 x_3 所在行上只有一个负系数，故 x_4 为入基变量，$-\frac{2}{3}$ 为主元.

经旋转变换，如表 1 - 22 所示.

表 1 - 22

C_B	X_B	x_1	x_2	x_3	x_4	x_5	b
0	x_4	0	$-\frac{1}{2}$	$-\frac{3}{2}$	1	0	$\frac{1}{2}$
-1	x_1	1	$\frac{1}{2}$	$-\frac{1}{2}$	0	0	$\frac{3}{2}$
0	x_5	0	$-\frac{3}{2}$	$-\frac{1}{2}$	0	1	$\frac{1}{2}$
	$-z$	0	$-\frac{5}{2}$	$-\frac{1}{2}$	0	0	$\frac{3}{2}$

由于 $\boldsymbol{X_B} \geqslant 0$,故得 $\boldsymbol{X}^* = \left(\dfrac{3}{2}, 0, 0, \dfrac{1}{2}, \dfrac{1}{2}\right)^{\mathrm{T}}$, $z^* = -\dfrac{3}{2}$. 去掉剩余变量,得原线性规划的最优解为 $\boldsymbol{X}^* = \left(\dfrac{3}{2}, 0\right)^{\mathrm{T}}$,最优值为 $f^* = \dfrac{3}{2}$.

第五节　灵敏度分析

线性规划模型中起关键作用的数据有:

$$a_{ij}\text{——技术数据}, b_i\text{——资源数据}, c_j\text{——价值数据}.$$

这些包含已知信息的数据大多系估计值或预测值,并非精确值,且常随市场、政策等外界条件变化而变化.因此,依据它们所求得的最优解的可靠性与适用性就应谨慎对待.每当外界条件变化时,导致模型的最优解也将随之发生相应的变化,从而不得不根据变化后的数据重起炉灶,建立新的单纯形表进行迭代.这样,虽可求出新的最优解,但须增加很大的计算工作量.

灵敏度分析正是解决上述问题的一项有效技术,它仅利用最优解对应的基阵 $\boldsymbol{B}$ 及 a_{ij}、b_i、c_j,经适当的运算,即可获得最优解适用的范围或求出新的最优解.

一、基本计算公式

由于灵敏度分析总是从已迭代完毕的最终单纯形表出发,利用已得到的最优解所对应的基阵(设该基阵在初始单纯形表上为 $\boldsymbol{B}$)进行有关计算,因此,可将初始与最终两个单纯形表联系起来.事实上,以下公式成立:

(1) $\boldsymbol{B}^{-1}\boldsymbol{P}_j = \boldsymbol{P}_j^*$ $(j = 1, 2, \cdots, n+m)$.

(2) $\boldsymbol{B}^{-1}\boldsymbol{b} = \boldsymbol{b}^*$.

(3) $\sigma_j^* = c_j - \boldsymbol{C_B}\boldsymbol{B}^{-1}\boldsymbol{P}_j = c_j - \boldsymbol{C_B}\boldsymbol{P}_j^*$ $(j = 1, 2, \cdots, n+m)$.

其中,$\boldsymbol{B}^{-1}$ 是最终单纯形表上对应初始基变量的系数列向量构成的矩阵,$\boldsymbol{P}_j$ 为初始单纯形表上变量 x_j 的系数列向量,$\boldsymbol{P}_j^*$ 为最终单纯形表上变量 x_j 的系数列向量,σ_j^* 为最终单纯形表上变量 x_j 所对应的检验数.

利用上述公式,当初始单纯形表上 a_{ij}、b_i、c_j 中某一数据发生变化时,就可直接求得在最终单纯形表上变化后的相应数据,这便是灵敏度分析技术的要领,下面将分别予以讨论.

二、价值系数 c_j 的变化分析

c_j 发生变化,在最终单纯形表上将影响到目标函数值及检验数,亦即影响到已得解的最优性.设 $c_j' = c_j + \Delta c_j$,分两种情况进行讨论.

（一）c_j 为非基变量 x_j 的系数

因为 $\sigma_j^{*'}=c_j'-\boldsymbol{C_B}\boldsymbol{B}^{-1}\boldsymbol{P_j}=c_j+\Delta c_j-\boldsymbol{C_B}\boldsymbol{B}^{-1}\boldsymbol{P_j}=\Delta c_j+\sigma_j^{*}$，所以，当 $\sigma_j^{*'}=\Delta c_j+\sigma_j^{*}\leqslant 0$，即 $\Delta c_j\leqslant-\sigma_j^{*}$ 时，原最优解不变且最优值亦不变；否则，所得解不是 c_j 变化后的最优解，这时，将最终单纯形表上 σ_j^{*} 改为 $\sigma_j^{*'}$ 后，继续进行单纯形法迭代，求新最优解．

例 1-16 已知线性规划

$$\max z=4x_2-3x_3-2x_4+x_5.$$

$$\text{s.t.}\begin{cases}\dfrac{3}{2}x_1+\dfrac{1}{2}x_2+x_3+x_4=\dfrac{9}{2},\\-x_1+x_2-x_4+x_5+x_6=1,\\x_j\geqslant 0\quad(j=1,2,\cdots,6).\end{cases}$$

其初始单纯形表与最终单纯形表，如表 1-23 所示．

表 1-23

C_B	X_B	x_1	x_2	x_3	x_4	x_5	x_6	b
-3	x_3	$\dfrac{3}{2}$	$\dfrac{1}{2}$	1	1	0	0	$\dfrac{9}{2}$
0	x_6	-1	1	0	-1	1	1	1
初始	$-z$	$\dfrac{9}{2}$	$\dfrac{11}{2}$	0	1	1	0	$\dfrac{27}{2}$
0	x_1	1	0	$\dfrac{1}{2}$	$\dfrac{3}{4}$	$-\dfrac{1}{4}$	$-\dfrac{1}{4}$	2
4	x_2	0	1	$\dfrac{1}{2}$	$-\dfrac{1}{4}$	$\dfrac{3}{4}$	$\dfrac{3}{4}$	3
最终	$-z$	0	0	-5	-1	-2	-3	-12

（1）设 $\Delta c_4=\dfrac{1}{2}$，试作灵敏度分析．

（2）将 $c_4=-2$ 变为 $c_4'=1$，试作灵敏度分析．

解　（1）因 $-\sigma_4^{*}=-(-1)=1$，故 $\Delta c_4<-\sigma_4^{*}$，原最优解不发生变化．

（2）相应地，σ_4^{*} 将变为

$$\sigma_4^{*'}=1-(0\quad 4)\begin{pmatrix}\dfrac{3}{4}\\-\dfrac{1}{4}\end{pmatrix}=1-0\times\dfrac{3}{4}-4\times\left(-\dfrac{1}{4}\right)=2>0,$$

故原最优解将发生变化.进行单纯形法迭代如表 1-24 所示.

表 1-24

C_B	X_B	x_1	x_2	x_3	x_4	x_5	x_6	b
0	x_1	1	0	$\dfrac{1}{2}$	$\left[\dfrac{3}{4}\right]$	$-\dfrac{1}{4}$	$-\dfrac{1}{4}$	2
4	x_2	0	1	$\dfrac{1}{2}$	$-\dfrac{1}{4}$	$\dfrac{3}{4}$	$\dfrac{3}{4}$	3
	$-z$	0	0	-5	2	-2	-3	-12
1	x_4	$\dfrac{4}{3}$	0	$\dfrac{2}{3}$	1	$-\dfrac{1}{3}$	$-\dfrac{1}{3}$	$\dfrac{8}{3}$
4	x_2	$\dfrac{1}{3}$	1	$\dfrac{2}{3}$	0	$\dfrac{2}{3}$	$\dfrac{2}{3}$	$\dfrac{11}{3}$
	$-z$	$-\dfrac{8}{3}$	0	$-\dfrac{19}{3}$	0	$-\dfrac{4}{3}$	$-\dfrac{7}{3}$	$-\dfrac{52}{3}$

得新最优解与新最优值为 $\boldsymbol{X}^* = \left(0, \dfrac{11}{3}, 0, \dfrac{8}{3}, 0, 0\right)^{\mathrm{T}}$, $z^* = \dfrac{52}{3}$.

(二) c_j 为基变量 x_j 的系数

由于 $\boldsymbol{C}_B$ 随之发生变化,故要重新计算所有检验数 $\sigma_j^{*\prime}$,当然,只须计算所有非基变量检验数即可.当所有的 $\sigma_j^{*\prime} \leqslant 0$ 时,原最优解不变;否则,至少有一个 $\sigma_j^{*\prime} > 0$,继续进行单纯形法迭代,求出新最优解.

例 1-17 在例 1-16 中,

(1) 当 $c_1 = 0$ 变为 $c_1' = 9$ 时,作灵敏度分析.

(2) c_1 在什么范围内变化,原最优解不变? 最优值又如何?

解 (1) 因为 x_1 在最终单纯形表中为基变量,故按新的价值系数重新计算检验数.因为 $\sigma_5^{*\prime} > 0$,故继续进行单纯形法迭代,如表 1-25 所示.

表 1-25

C_B	X_B	x_1	x_2	x_3	x_4	x_5	x_6	b
9	x_1	1	0	$\dfrac{1}{2}$	$\dfrac{3}{4}$	$-\dfrac{1}{4}$	$-\dfrac{1}{4}$	2
4	x_2	0	1	$\dfrac{1}{2}$	$-\dfrac{1}{4}$	$\left[\dfrac{3}{4}\right]$	$\dfrac{3}{4}$	3
	$-z$	0	0	$-\dfrac{19}{2}$	$-\dfrac{31}{4}$	$\dfrac{1}{4}$	$-\dfrac{3}{4}$	-30

C_B	X_B	x_1	x_2	x_3	x_4	x_5	x_6	b
9	x_1	1	$\frac{1}{3}$	$\frac{2}{3}$	$\frac{2}{3}$	0	0	3
1	x_5	0	$\frac{4}{3}$	$\frac{2}{3}$	$-\frac{1}{3}$	1	1	4
	$-z$	0	$-\frac{1}{3}$	$-\frac{29}{3}$	$-\frac{23}{3}$	0	-1	-31

得新最优解与新最优值为 $\boldsymbol{X}^* = (3, 0, 0, 0, 4, 0)^{\mathrm{T}}$，$z^* = 31$.

（2）仿上，按新的价值系数重新计算检验数，如表 1-26 所示.

表 1-26

C_B	X_B	x_1	x_2	x_3	x_4	x_5	x_6	b
c_1	x_1	1	0	$\frac{1}{2}$	$\frac{3}{4}$	$-\frac{1}{4}$	$-\frac{1}{4}$	2
4	x_2	0	1	$\frac{1}{2}$	$-\frac{1}{4}$	$\frac{3}{4}$	$\frac{3}{4}$	3
	$-z$	0	0	$-5-\frac{1}{2}c_1$	$-1-\frac{3}{4}c_1$	$-2+\frac{1}{4}c_1$	$-3+\frac{1}{4}c_1$	$-12-2c_1$

要使所有 $\sigma_j^{*\prime} \leqslant 0$，须有

$$
\begin{cases}
-5-\dfrac{1}{2}c_1 \leqslant 0, \\
-1-\dfrac{3}{4}c_1 \leqslant 0, \\
-2+\dfrac{1}{4}c_1 \leqslant 0, \\
-3+\dfrac{1}{4}c_1 \leqslant 0,
\end{cases}
\quad 即 \quad
\begin{cases}
c_1 \geqslant -10, \\
c_1 \geqslant -\dfrac{4}{3}, \\
c_1 \leqslant 8, \\
c_1 \leqslant 12.
\end{cases}
$$

故当 $-\dfrac{4}{3} \leqslant c_1 \leqslant 8$ 时，原最优解不变.

因最优值 $z^* = 12 + 2c_1$，故 z^* 与 c_1 的取值有关，变化范围为 $\dfrac{28}{3} \leqslant z^* \leqslant 28$.

三、资源系数 b_i 的变化分析

资源系数 b_i 发生变化，在最终单纯形表上只影响到 $\boldsymbol{b}$ 列和 $-z$ 的值. 设 $b_i' = b_i + \Delta b_i$,

于是，当 b 变化为 b' 时，计算 $B^{-1}b'=b^{*\prime}$. 当所有的 $b_i^{*\prime}\geqslant 0$ 时，原最优解中基变量的组成不变（即最优基不变），而取值可能变化；否则，当至少有一个 $b_i^{*\prime}<0$ 时，则用对偶单纯形法求出新最优解.

例 1-18 在例 1-16 中，

(1) 当 $b_1=\dfrac{9}{2}$ 变为 $b'_1=1$ 时，作灵敏度分析.

(2) 当 $b_1=\dfrac{9}{2}$ 变为 $b'_1=\dfrac{1}{4}$ 时，作灵敏度分析.

(3) b_1 在何范围内变化，原最优解中基变量的组成不变？

解 由最终单纯形表，得

$$B^{-1}=\begin{bmatrix}\dfrac{1}{2} & -\dfrac{1}{4}\\ \dfrac{1}{2} & \dfrac{3}{4}\end{bmatrix}.$$

(1) $B^{-1}b'=\begin{bmatrix}\dfrac{1}{2} & -\dfrac{1}{4}\\ \dfrac{1}{2} & \dfrac{3}{4}\end{bmatrix}\begin{bmatrix}1\\1\end{bmatrix}=\begin{bmatrix}\dfrac{1}{4}\\ \dfrac{5}{4}\end{bmatrix},$

故最优解中基变量的组成不变，得 $X^*=\left(\dfrac{1}{4},\dfrac{5}{4},0,0,0,0\right)^{\mathrm{T}}$，$z^*=5$.

(2) $B^{-1}b'=\begin{bmatrix}\dfrac{1}{2} & -\dfrac{1}{4}\\ \dfrac{1}{2} & \dfrac{3}{4}\end{bmatrix}\begin{bmatrix}\dfrac{1}{4}\\1\end{bmatrix}=\begin{bmatrix}-\dfrac{1}{8}\\ \dfrac{7}{8}\end{bmatrix}.$

因 $b^{*\prime}=-\dfrac{1}{8}<0$，故须用对偶单纯形法继续求解，如表 1-27 所示.

表 1-27

C_B	X_B	x_1	x_2	x_3	x_4	x_5	x_6	b
0	x_1	1	0	$\dfrac{1}{2}$	$\dfrac{3}{4}$	$\left[-\dfrac{1}{4}\right]$	$-\dfrac{1}{4}$	$-\dfrac{1}{8}$
4	x_2	0	1	$\dfrac{1}{2}$	$-\dfrac{1}{4}$	$\dfrac{3}{4}$	$\dfrac{3}{4}$	$\dfrac{7}{8}$
	$-z$	0	0	-5	-1	-2	-3	$-\dfrac{7}{2}$

C_B	X_B	x_1	x_2	x_3	x_4	x_5	x_6	b
1	x_5	-4	0	-2	-3	1	1	$\frac{1}{2}$
4	x_2	3	1	2	2	0	0	$\frac{1}{2}$
	$-z$	-8	0	-9	-7	0	-1	$-\frac{5}{2}$

得新最优解与新最优值为 $\boldsymbol{X}^* = \left(0, \frac{1}{2}, 0, 0, \frac{1}{2}, 0\right)^{\mathrm{T}}$，$z^* = \frac{5}{2}$.

（3）给 b_1 以增量 Δb_1，即 $\boldsymbol{b'_1} = \frac{9}{2} + \Delta b_1$，

$$\boldsymbol{B}^{-1}\boldsymbol{b'} = \begin{bmatrix} \frac{1}{2} & -\frac{1}{4} \\ \frac{1}{2} & \frac{3}{4} \end{bmatrix} \begin{bmatrix} \frac{9}{2} + \Delta b_1 \\ 1 \end{bmatrix} = \begin{bmatrix} 2 + \frac{\Delta b_1}{2} \\ 3 + \frac{\Delta b_1}{2} \end{bmatrix}.$$

由 $\begin{cases} 2 + \dfrac{\Delta b_1}{2} \geqslant 0, \\ 3 + \dfrac{\Delta b_1}{2} \geqslant 0, \end{cases}$ 得 $\Delta b_1 \geqslant -4$，

故当 $b_1 \geqslant \frac{1}{2}$ 时，原最优解中基变量的组成不变.

四、技术系数 a_{ij} 的变化分析

技术系数 a_{ij} 发生变化，导致系数矩阵 $\boldsymbol{A}$ 的第 j 列 $\boldsymbol{P}_j$ 变成 $\boldsymbol{P}'_j$. 由于在最终单纯形表中，$\boldsymbol{P}_j$ 或是非基变量对应的系数列向量，或是基变量对应的系数列向量，所以下面分两种情形讨论.

（1）$\boldsymbol{P}_j$ 为非基变量对应的系数列向量. 如果 $\sigma_j^{*\prime} = c_j - \boldsymbol{C}_B\boldsymbol{B}^{-1}\boldsymbol{P}'_j \leqslant 0$，则原最优解不变；否则，将最终单纯形表上第 j 列系数向量及检验数分别改为 $\boldsymbol{B}^{-1}\boldsymbol{P}'_j$ 及 $\sigma_j^{*\prime} = c_j - \boldsymbol{C}_B\boldsymbol{B}^{-1}\boldsymbol{P}'_j$ 后，继续进行单纯形法迭代，求出新最优解.

（2）$\boldsymbol{P}_j$ 为基变量对应的系数列向量. 设 $\boldsymbol{P}_j$ 中某个 a_{rj} 变为 a'_{rj}，其他分量保持不变，得 $\boldsymbol{P}'_j$，因为 $\boldsymbol{B}$ 变化为 $\boldsymbol{B}'$，故 $\boldsymbol{B}^{-1}$ 变化为 $\boldsymbol{B}'^{-1}$，使得最终单纯形表上的所有系数都受到影响. 可借助已知的 $\boldsymbol{B}^{-1}$ 来求出 $\boldsymbol{B}'^{-1}$，先计算

$$\boldsymbol{B}^{-1}\boldsymbol{P}'_j = \overline{\boldsymbol{P}'_j}.$$

一般地，$\overline{\boldsymbol{P}'_j}$ 不是单位列向量；再经初等行变换将 $\overline{\boldsymbol{P}'_j}$ 变成单位列向量（同时将对应的检

验数变为 0).这时,相应的 $\boldsymbol{B}^{-1}$ 便变换成 $\boldsymbol{B}'^{-1}$.

求 $\boldsymbol{B}'^{-1}$ 的运算过程(作行变换)如下:

$$(\boldsymbol{B}' \quad \boldsymbol{I}) = \begin{bmatrix} a_{11} & \cdots & a_{1j} & \cdots & a_{1m} \\ \vdots & & \vdots & & \vdots \\ a_{r1} & \cdots & a_{rj} & \cdots & a_{rm} & \boldsymbol{I} \\ \vdots & & \vdots & & \vdots \\ a_{m1} & \cdots & a_{mj} & \cdots & a_{mn} \end{bmatrix} \sim$$

$$\begin{bmatrix} 1 & \cdots & \bar{a}'_{1j} & \cdots & 0 \\ \vdots & & \vdots & & \vdots \\ 0 & \cdots & \bar{a}'_{rj} & \cdots & 0 & \boldsymbol{B}^{-1} \\ \vdots & & \vdots & & \vdots \\ 0 & \cdots & \bar{a}'_{mj} & \cdots & 1 \end{bmatrix} \sim (\boldsymbol{I} \quad \boldsymbol{B}'^{-1}).$$

于是,就可构造最终单纯形表,进而检验 $b^{*'}$ 是否非负,所有的 $\sigma_j^{*'}$ 是否都非正,据此判断最优解是否发生变化.

例 1-19 在例 1-16 中,

(1) $a_{14}=1$ 变为 $a'_{14}=2$.

(2) $a_{11}=\dfrac{3}{2}$ 变为 $a'_{11}=\dfrac{7}{2}$.

试作灵敏度分析.

解 (1) $\boldsymbol{P}'_4 = \begin{bmatrix} 2 \\ -1 \end{bmatrix}$,由于 $\boldsymbol{P}_4$ 为非基向量,只需修改最终单纯形表上第 4 列,

$$\boldsymbol{B}^{-1}\boldsymbol{P}'_4 = \begin{bmatrix} \dfrac{1}{2} & -\dfrac{1}{4} \\ \dfrac{1}{2} & \dfrac{3}{4} \end{bmatrix} \begin{bmatrix} 2 \\ -1 \end{bmatrix} = \begin{bmatrix} \dfrac{5}{4} \\ \dfrac{1}{4} \end{bmatrix},$$

$$\sigma_4^{*'} = c_4 - \boldsymbol{C}_B \boldsymbol{B}^{-1} \boldsymbol{P}'_4 = -2 - (0 \quad 4)\begin{bmatrix} \dfrac{5}{4} \\ \dfrac{1}{4} \end{bmatrix} = -3 < 0,$$

故最优解未变,$\boldsymbol{X}^* = (2, 3, 0, 0, 0, 0)^{\mathrm{T}}$,$z^* = 12$.

(2) $\boldsymbol{P}'_1 = \begin{bmatrix} \dfrac{7}{2} \\ -1 \end{bmatrix}$,由于 $\boldsymbol{P}_1$ 为基向量,先计算

$$\boldsymbol{B}^{-1}\boldsymbol{P}_1' = \begin{bmatrix} \dfrac{1}{2} & -\dfrac{1}{4} \\ \dfrac{1}{2} & \dfrac{3}{4} \end{bmatrix} \begin{bmatrix} \dfrac{7}{2} \\ -1 \end{bmatrix} = \begin{bmatrix} 2 \\ 1 \end{bmatrix} = \boldsymbol{P}_1^{*\prime}.$$

将 $\boldsymbol{P}_1^{*\prime}$ 填入最终单纯形表中,求出 $\sigma_1^{*\prime} = -4$;将 $\boldsymbol{P}_1'^{*}$ 化为单位列向量,$\sigma_1^{*\prime}$ 化为 0. 因 $\sigma_4^{*\prime} = \dfrac{1}{2} > 0$,故继续进行单纯形法迭代,得新最优解与新最优值为

$$\boldsymbol{X}^* = \left(0, \frac{11}{3}, 0, \frac{8}{3}, 0, 0\right)^{\mathrm{T}}, \quad z^* = \frac{28}{3}.$$

灵敏度分析的思想方法除适用于 a_{ij}、b_i、c_j 等数据发生变化后的问题外,还可用于范围更宽的优化后分析,如增加新的决策变量、增加新的约束条件等.

第六节　运　输　问　题

运输问题是一类特殊的线性规划,因最早产生于物资调运问题而得名.

一、产销平衡的运输问题

运输问题的一般提法为:设有 m 个产地 A_i,产量为 $a_i (i = 1, 2, \cdots, m)$,另有 n 个销地 B_j,销量为 $b_j (j = 1, 2, \cdots, n)$.已知各产地、销地的产量、销量及由 A_i 向 B_j 运输的运价 c_{ij},如表 1-28 所示,问:应怎样调运货物才能使总运费最少?

表 1-28

A_i	B_1	B_2	$\cdots$	B_n	a_i
A_1	c_{11}	c_{12}	$\cdots$	c_{1n}	a_1
A_2	c_{21}	c_{22}	$\cdots$	c_{2n}	a_2
$\vdots$	$\vdots$	$\vdots$	$\vdots$	$\vdots$	$\vdots$
A_m	c_{m1}	c_{m2}	$\cdots$	c_{mn}	a_m
b_j	b_1	b_2	$\cdots$	b_n	

其中,产销总量平衡,即 $\displaystyle\sum_{i=1}^{m} a_i = \sum_{j=1}^{n} b_j$.

设产地 A_i 运到销地 B_j 的运量为 $x_{ij} (i = 1, 2, \cdots, m; j = 1, 2, \cdots, n)$,运费为 z,则一般产销平衡运输问题的数学模型为

$$\min z = \sum_{i=1}^{m} \sum_{j=1}^{n} c_{ij} x_{ij}.$$

$$\text{s.t.} \begin{cases} \sum_{j=1}^{n} x_{ij} = a_i & (i = 1, 2, \cdots, m), \\ \sum_{i=1}^{m} x_{ij} = b_j & (j = 1, 2, \cdots, n), \\ x_{ij} \geqslant 0 & (i = 1, 2, \cdots, m; j = 1, 2, \cdots, n). \end{cases}$$

除了运输问题,还有诸如任务分派、农作物布局、设备平面布置等问题,都可化为运输问题的模型来研究.

二、表上作业法

运输问题的数学模型显然是一个线性规划,当然可用通常的单纯形法进行求解.但是由于其模型结构的特殊性,人们找到了一种更为简便易行的求解方法.由于是在一系列专门的表上进行计算,故被称作**表上作业法**.

习惯上,把经计算所得的解称为**调运方案**,简称方案.从某个方案出发经过计算而得出一个改进方案,称为**一次迭代**.把计算表中的一个运量或者其他元素所占的空间位置称为**一格**.从本质上而言,表上作业法的理论依据仍在单纯形法的框架内.这里,主要通过例子介绍具体求解方法,略去了有关的数学推导.

(一) 初始方案的确定

1. 最小元素法

最小元素法的基本思想是就廉分配,每次从当前的运价表上,优先取运价最小的格来确定供销关系,直至求出初始方案为止.

例 1-20 设有三座铁矿山 $A_i (i = 1, 2, 3)$ 生产矿石,另有四个炼铁厂 $B_j (j = 1, 2, 3, 4)$ 需要矿石.各矿日产量 a_i、各厂日需量 b_j 及对应的运价 c_{ij} 由产销—运价表(表 1-29)给出.问:应怎样调运矿石才能使总运费最小?

表 1-29

A_i	B_1	B_2	B_3	B_4	a_i
A_1	6	9	12	7	60
A_2	1	3	6	1	42
A_3	5	1	3	4	48
b_j	50	30	25	45	150

解 在运价表上中找出最小运价,如有多个相同的最小运价,则可任选其一.为体现规律性,可人为定一个准则,如取偏上偏左的一个.表 1-29 中,$c_{21} = c_{24} = c_{32} = 1$ 同时为最小,就让产地 A_2 尽可能满足销地 B_1 的需要:取 $x_{21} = \min\{50, 42\} = 42$. 这时,$A_2$ 的产量已供应完,所以 $x_{22} = x_{23} = x_{24} = 0$.

这里约定,在表 1-29 上 x_{21} 格右上角填数 42 并加括号,因 A_2 已供应完,故划去该行.这时，B_1 处销量还缺 $50-42=8$，如表 1-30 所示. 然后在尚未划去的各格再找出其中的最小运价，得 $c_{32}=1$，取 $x_{32}=\min\{30,48\}=30$. 这时，B_2 处销量已满足，所以 $x_{12}=x_{22}=0$. 在 x_{32} 格填数 30 并加括号，因 B_2 已满足，故划去该列. 这时，A_3 产量剩下 $48-30=18$，如表 1-31 所示.

表 1-30

A_i	B_1	B_2	B_3	B_4	$a_i-(x_{ij})$
A_1	6	9	12	7	60
A_2	1(42)	3	6	1	0
A_3	5	1	3	4	48
$b_j-(x_{ij})$	8	30	25	45	

表 1-31

A_i	B_1	B_2	B_3	B_4	$a_i-(x_{ij})$
A_1	6	9	12	7	60
A_2	1(42)	3	6	1	0
A_3	5	1(30)	3	4	18
$b_j-(x_{ij})$	8	0	25	45	

重复上述步骤：在 x_{33} 格填数 18 并加括号，划去该行；在 x_{11} 格填数 8 并加括号，划去该列；在 x_{14} 格填数 45 并加括号，划去该列；在 x_{13} 格填数 7 并加括号，划去该行与该列. 至此，已得到一个初始方案，如表 1-32 所示.

表 1-32

A_i	B_1	B_2	B_3	B_4	a_i
A_1	6(8)	9	12(7)	7(45)	60
A_2	1(42)	3	6	1	42
A_3	5	1(30)	3(18)	4	48
b_j	50	30	25	45	

由上易知，最小元素法求得的初始方案所对应的运费为

$$z_1=6\times 8+12\times 7+7\times 45+1\times 42+1\times 30+3\times 18=573.$$

使用最小元素法时需注意：每填一个数并加括号后，只划去一行或一列. 当出现填数后产销量同时满足的退化情况时，则应同时划去该行与该列，并且选该行或该列原先的任一空格处添一个数 0 并加括号，比如，可选最大运价对应的空格处添填数 0 并加括号，以保证加括号格的总数等于产地与销地个数之和减 1.

最小元素法的经济意义是按就廉供应的思想来得到较好的方案，运价越小当然越便宜，从这个角度而言，选优先供应运价最小的销地是合理的.

2. 最大差值法

最大差值法即伏格尔(Vogel)近似法,其基本思想是:每次从当前运价表上,计算各行各列中最小两个运价之差(行差值与列差值),优先取最大差值的行或列中运价最小的格来确定供销关系,直至求出初始方案为止.

考察例 1-20,行(列)运价差值,如表 1-33 所示.

表 1-33

A_i	B_1	B_2	B_3	B_4	a_i	行差值
A_1	6	9	12	7	60	1
A_2	1	3	6	1	42	0
A_3	5	1	3	4	48	2
b_j	50	30	25	45		
列差值	4	2	3	3		

在 1-33 表中,由于第一列有最大的差值 4,又 $c_{21}=c_{24}=1$ 是该列上最小运价,通常取偏左的 $x_{21}=\min\{50,42\}=42$,在 x_{21} 格填数 42 并加括号,划去该行,重新计算差值,如表 1-34 所示.

表 1-34

A_i	B_1	B_2	B_3	B_4	a_i	行差值
A_1	6	9	12	7	60	1
A_2	1(42)	3	6	1	42	
A_3	5	1	3	4	48	2
b_j	50	30	25	45		
列差值	1	8	9	3		

由于第 3 列有最大差值 9,又 $c_{33}=3$ 是该列上最小运价,因此取 $x_{33}=\min\{25,48\}=25$,在 x_{33} 格填数 25 并加括号,划去该列,重复上述步骤:在 x_{32} 格填数 23 并加括号,划去该行;在 x_{11}、x_{14}、x_{12} 格依次填数 8、45、7 并加括号.至此,已得到一个初始方案,如表 1-35 所示.

表 1-35

A_i	B_1	B_2	B_3	B_4	a_i
A_1	6(8)	9(7)	12	7(45)	60
A_2	1(42)	3	6	1	42
A_3	5	1(23)	3(25)	4	48
b_j	50	30	25	45	

由上易知,用最大差值法求得的初始方案所对应的运费为

$$z_2=6\times8+9\times7+7\times45+1\times42+1\times23+3\times25=566.$$

显见，$z_2 < z_1$，用最大差值法求得的初始方案优于用最小元素法求得的初始方案.

应用最大差值法时需注意：若一次至少有两个相同的最大差值，则取对应各行列中最小运价.同行（或列）至少有两个相同的最小运价时，对应的最大差值为 0.只剩一行或一列时，停止计算差值，按最小元素法逐个分配.退化情况可填 0 并加括号，以保证加括号格的总数等于产地与销地个数之和减 1.

最大差值法的经济意义是考虑最小与次小运价的上升幅度，幅度大者优先满足供销关系.大量计算实践表明，该方法所得的初始方案往往优于用其他方法得到的初始方案，从而减少迭代的次数.

（二）判别最优方案

求出初始方案后，接着就要检验当前方案是否最优.由于运输问题数学模型是求目标函数的最小值，因此与以往正好相反，若所有检验数非负，则当前方案就是最优方案.否则，若至少有一个检验数为负，则当前方案就有可能改进.

下面，通过对表 1-35 所示的初始方案作详细讨论，来介绍一种用于求检验数的位势法.

在有 $m+n-1$ 个加括号格的初始方案表上，引进两组数，称为位势：对产地 A_i 引进的数称为行位势，记作 $u_i(i=1, 2, \cdots, m)$；对销地 B_j 引进的数称为列位势，记作 $v_j(j=1, 2, \cdots, n)$. u_i 与 v_j 分别填在表右与表下所增加的一列与一行中.

引进位势后，对每个加括号格，按公式

$$u_i + v_j = c_{ij} \quad (i=1, 2, \cdots, m; j=1, 2, \cdots, n)$$

来求出相应的位势 u_i、v_j.由于方程个数是 $m+n-1$ 个，但变量个数为 $m+n$ 个，因此，其中有一个位势值须事先设定（通常取 $u_1=0$），其余位势值则可唯一求得，整个过程可直接在表上进行.

取 $u_1=0$，x_{11}、x_{12}、x_{14} 处是加括号格，由 $0+v_1=6$, $0+v_2=9$, $0+v_4=7$，得 $v_1=6$, $v_2=9$, $v_4=7$；因 $v_1=6$，x_{21} 处是加括号格，由 $u_2+6=1$，得 $u_2=-5$；因 $v_2=9$，x_{32} 处是加括号格，由 $u_3+9=1$，得 $u_3=-8$；因 $u_3=-8$，x_{33} 处是加括号格，由 $-8+v_3=3$，得 $v_3=11$.求出所有的位势后，对每个空格，按公式

$$\sigma_{ij} = c_{ij} - u_i - v_j$$

来求出相应的检验数 σ_{ij}，并将其填在相应格的右上角处，如表 1-36 所示.

由于表 1-36 中出现了负的检验数，因此，初始方案不是最优方案，需要进行改进.

表 1-36

A_i	B_1	B_2	B_3	B_4	a_i	u_i
A_1	$6^{(8)}$	$9^{(7)}$	12^1	$7^{(45)}$	60	0
A_2	$1^{(42)}$	3^1	6^0	1^{-1}	42	-5
A_3	5^7	$1^{(23)}$	$3^{(25)}$	4^5	48	-8
b_j	50	30	25	45		
v_j	6	9	11	7		

(三) 改进当前方案

先在所有 $\sigma_{ij} < 0$ 的检验数中,选出 $|\sigma_{ij}|$ 的最大者(同时有几个最大时可任取其一).在表 1-36 中 $\sigma_{22} = \sigma_{24} = -1$,不妨选 σ_{24}.

接着,从 σ_{24} 所在格出发,作一个由水平及垂直线段组成的闭回路,要求闭回路上除出发点外,其余角点都是加括号格.不难看出,这是由 x_{11}、x_{14}、x_{24}、x_{21} 为角点的矩形回路,并且除了 x_{24} 外,其余角点都是加括号格.

然后将 x_{24} 作为第 1 角点,按顺时针(或逆时针)方向,将其余角点依次编号.例如,将 x_{21}、x_{11}、x_{14} 依次作为第 2、3、4 角点.再找出闭回路上所有偶数号角点格中最小加括号数(称为调整量),记作 δ,易知,$\delta = 42$.

最后,将闭回路上所有偶数号角点格中各加括号数减去 δ,同时将 σ_{24} 所在格及闭回路上所有奇数号角点格中各加括号数加上 δ,就可得到一个新的方案,如表 1-37 所示,称上述调整方法为闭回路法.

表 1-37

A_i	B_1	B_2	B_3	B_4	a_i	u_i
A_1	$6^{(50)}$	$9^{(7)}$	12^1	$7^{(3)}$	60	0
A_2	1^1	3^0	6^1	$1^{(42)}$	42	-6
A_3	5^7	$1^{(23)}$	$3^{(25)}$	4^5	48	-8
b_j	50	30	25	45		
v_j	6	9	11	7		

仿此对新的方案再进行检验、改进,直至求得最优方案.由于表中所有检验数都已非负,因此,所得的方案已是最优方案.

最优方案为

$$x_{11} = 50, \ x_{12} = 7, \ x_{14} = 3, \ x_{24} = 42, \ x_{32} = 23, \ x_{33} = 25, \text{其余} \ x_{ij} = 0;$$

最小运费为

$$z^* = 6 \times 50 + 9 \times 7 + 7 \times 3 + 1 \times 42 + 1 \times 23 + 3 \times 25 = 524.$$

例 1-21 已知初始方案(表 1-32),检验并改进至最优方案.

解 位势、检验数及由 $\sigma_{22} = -2$ 所在格出发的闭回路,如表 1-38 所示.

表 1-38

A_i	B_1	B_2	B_3	B_4	a_i	u_i
A_1	$6^{(8)}$	9^{-1}	$12^{(7)}$	$7^{(45)}$	60	0
A_2	$1^{(42)}$	3^{-2}	6^{-1}	1^{-1}	42	-5
A_3	5^8	$1^{(30)}$	$3^{(18)}$	4^6	48	-9
b_j	50	30	25	45		
v_j	6	10	12	7		

易知 $\delta=7$，经调整后，得新方案、位势、检验数及由 $\sigma_{24}=-1<0$ 所在格出发的闭回路，如表 1-39 所示.

表 1-39

A_i	B_1	B_2	B_3	B_4	a_i	u_i
A_1	$6_1^{(15)}$ ------ 9^1 ------ 12^2 ------ $7^{(45)}$				60	0
A_2	$1_1^{(35)}$ ------ $3^{(7)}$ ------ 6^1 ------ 1^{-1}				42	-5
A_3	5^6	$1^{(23)}$	$3^{(25)}$	4^1	48	-7
b_j	50	30	25	45		
v_j	6	8	10	7		

易知 $\delta=35$，经调整后，得又一新方案.

经检验知，所得的当前方案已是最优方案，如表 1-40 所示.

表 1-40

A_i	B_1	B_2	B_3	B_4	a_i	u_i
A_1	$6^{(50)}$	9^0	12^1	$7^{(10)}$	60	0
A_2	1^1	$3^{(7)}$	6^1	$1^{(35)}$	42	-6
A_3	5^7	$1^{(23)}$	$3^{(25)}$	4^5	48	-8
b_j	50	30	25	45		
v_j	6	9	11	7		

最优方案为

$x_{11}=50$, $x_{14}=10$, $x_{22}=7$, $x_{24}=35$, $x_{32}=23$, $x_{33}=25$，其余 $x_{ij}=0$；

最小运费为

$$z^*=6\times50+7\times10+3\times7+1\times35+1\times23+3\times25=524.$$

由上可知，运输问题的最优解不一定是唯一的，因而决策者可以考虑更多的实际因素，从中选取更理想的方案.在以上具体计算过程中，用差值法求解减少了迭代的次数.

(四) 表上作业法的解题步骤

用表上作业法求解产销平衡运输问题的步骤归纳如下：

Step 1. 编制产销—运价表.

Step 2. 用最小元素法或最大差值法，求出初始方案.

Step 3. 用位势法求出当前方案中空格的检验数；若所有检验数非负，则当前方案为最优方案；否则，若至少有一个检验数为负，则当前方案须作改进.转 Step 4.

Step 4. 取绝对值最大的负检验数格，用闭回路法进行调整，得出改进方案，转 Step 3.

三、产销不平衡的运输问题

在现实问题中,因生产过剩而出现产大于销,或因供不应求而出现销大于产时,此时的运输问题称为产销不平衡的运输问题.求解方法是先将问题化为产销平衡的运输问题,然后用表上作业法进行讨论.

(一) 产大于销的运输问题

为将问题化为产销平衡问题,只需增设一假想(虚拟)的销地,用以表示各产地多余的物资就地库存,因货不外运,无须运费,故运价都应取 0,然后即可按常规的平衡问题进行求解.从最终最优解中删去虚拟点,即为原问题的最优解.

例 1-22　已知产销—运价表如表 1-41 所示.

表 1-41

A_i	B_1	B_2	B_3	B_4	a_i
A_1	20	18	35	13	180
A_2	13	16	21	14	150
A_3	2	6	30	3	170
b_j	80	90	130	140	440/500

解　因为总产量 500,而总销量 440,这是产大于销(差量为 60)的运输问题.为此,增设假想销地 B_5(实际是就地库存多余物资),销量(库存量)60,对应运价为 0,如表 1-42 所示.

表 1-42

A_i	B_1	B_2	B_3	B_4	B_5	a_i
A_1	20	18	35	13	0	180
A_2	13	16	21	14	0	150
A_3	2	6	30	3	0	170
b_j	80	90	130	140	60	500

则表 1-42 为产销平衡的运输问题,用表上作业法求解后,删去假想销地,得最优方案为

$x_{14}=120$, $x_{22}=20$, $x_{23}=130$, $x_{31}=80$, $x_{32}=70$, $x_{34}=20$,其余 $x_{ij}=0$;

最小运费为

$$z^*=13\times120+16\times20+21\times130+2\times80+6\times70+3\times20=5\,250.$$

(二) 销大于产的运输问题

为将问题化为产销平衡的运输问题,只需增设一假想(虚拟)的产地,因无货可运,无须运费,故运价都应取 0,然后即可按常规的平衡问题进行求解.从最终最优解中删去虚拟点,即为原问题的最优解.

例 $1-23$ 已知产销—运价表如表 $1-43$ 所示.

表 $1-43$

A_i	B_1	B_2	a_i
A_1	200	250	200
A_2	100	150	300
A_3	350	300	400
b_j	450	550	1 000/900

解 因为总产量900,而总销量1 000,这是销大于产(差量为100)的运输问题.为此,增设假想产地 A_4,产量100,对应运价为0,如表 $1-44$ 所示.

表 $1-44$

A_i	B_1	B_2	a_i
A_1	200	250	200
A_2	100	150	300
A_3	350	300	400
A_4	0	0	100
b_j	450	550	1 000

则表 $1-44$ 为产销平衡的运输问题,用表上作业法求解后,删去假想产地,得最优方案

$$x_{11}=150, \quad x_{12}=50, \quad x_{21}=300, \quad x_{32}=400, 其余 x_{ij}=0;$$

最小运费

$$z^* =200\times150+250\times50+100\times300+300\times400=192\,500.$$

第七节 补充阅读材料——内点法

线性规划是运筹学中应用广泛、理论相对成熟的分支,单纯形法也一直是几十年来实际求解中执牛耳的算法.但是在 1972 年,克利(V.Klee)和明蒂(G.J.Minty)构造了一个特殊结构的线性规划实例(Klee-Minty 问题),利用单纯形法求解所需耗费的时间将随问题规模的增加而呈指数增长.因为单纯形法的求解过程是从一个顶点出发,遍历顶点搜寻最优解,即搜索路径始终沿着多面体边界.那么,当初始点离最优点很远时,单纯形法的搜索效率会大大降低,导致单纯形法不是一个多项式算法,即在现实有限的计算时间内无法求得所需的结果.计算复杂性理论用严格、精细的数学语言描述和刻画了一个算法的所谓

"好"和"坏",即用算法中的加、减、乘、除和比较等基本运算的总次数(计算时间)来加以衡量.于是,在实际应用中只有具有好算法的问题才是真正可计算的,因此,好算法的概念给出了理论可计算与实际可计算的区别.这些概念的提出一方面促使我们去寻找求解问题的好算法,另一方面则促使我们审查已有的算法是否是好算法.

在计算复杂性理论的考察下,我们熟悉而又实用有效的单纯形法并不是一个严格意义下的好算法,于是就产生了一个十分严肃的问题:线性规划究竟有没有好算法?

1982年,在美国贝尔实验室工作的印度数学家卡马卡(Karmarkar)从对椭球法的研究中发现了一个新的求解线性规划的好算法,为便于处理,Karmarkar 算法的描述是针对一种特殊形式的线性规划进行的,这种特殊形式的线性规划称为 Karmarkar 标准型,而一般形式的线性规划问题都可化成 Karmarkar 标准型.Karmarkar 标准型是在一个有齐次方程组约束的标准单纯形 S 上、已知目标函数的最小值为 0 的线性规划问题,S 的中心为可行解.算法的基本思想是通过迭代,从第一个可行解(即 S 的中心)出发,依次得到一系列可行解,直到满足精度要求而终止.利用标准单纯形的性质,算法能够保证每一次迭代得到新解的目标值几乎按一个固定的比例下降.

在 Karmarkar 算法问世后的六七年内,出现了一系列内点法.这些内点法和共同特点是从可行域内部直接逼近最优点.内点法的根本思想是将线性问题非线性化,然后利用非线性方法加以处理,这就足以引起线性和非线性两方面专家的共同兴趣.非线性问题通过线性化来寻求解答是传统的做法,微积分就是一个典型的例子.而内点法则反其道而行之,借助非线性化来解线性问题,其成功对数学思想亦是一种革新.今天的内点法已不局限于在线性规划中发展,在非线性规划、组合优化以及其他领域中都有着很好的发展前景.Release 2 进行了对比测试,对比实例是规模庞大的 8 个大问题(上万行和几十万列).结果表明,除了一个特殊问题,对其他问题而言,内点法比单纯形法快2.5~20倍.更为壮观的是,有效解决了 99 533×117 117 和 270 796×30 396 规模的两个大问题,而这种大问题是单纯形法过去从未涉足过的.

目前,基于内罚函数的原始对偶内点法是一种最简单和实用的内点方法.该内点法包括大步方法和小步方法两种.进入 21 世纪后,随着大数据和人工智能的发展,如何高效求解大规模优化问题是关注的热点问题.考虑到内点法的计算性能,其将在稀疏优化、张量优化、流形上的优化、机器学习中的优化等领域有巨大的应用前景.

　练习题

1. 食品 A、B 中都含有维生素、淀粉和蛋白质,但单位含量各不相同,价格也各不相同,数据如表 1-45 所示.

表 1-45

成　分	食品 A	食品 B	最低需要
维生素	1	3	90
淀　粉	5	1	100
蛋白质	3	2	120
价　格	1.2	1.9	

今有一消费者购买上述两种食品,要求其中维生素、淀粉、蛋白质的单位数不能低于 90、100、120.问:该消费者应购买 A、B 各多少,才能使营养适当而价格最低? 试建立此问题的数学模型.

2. 将长为 500 cm 的钢筋,分别截成长为 98 cm 和 78 cm 两种规格的材料.长 98 cm 的需 10 000 根,长 78 cm 的需 20 000 根.问:怎样截才能使所用的钢筋根数最少?

3. 某厂生产甲、乙、丙三类产品.每类产品要经过 A、B 两道工序加工.设该厂有两种规格的设备能完成 A 工序,各以 A_1、A_2 表示;有 3 种规格的设备能完成 B 工序,各以 B_1、B_2、B_3 表示.产品甲可在 A、B 任何一种规格的设备上加工;产品乙可在 A 任何一种规格的设备上加工,当进入 B 工序时,只能在 B_1 设备上加工;产品丙只能在 A_2 与 B_2 设备上加工.已知三类产品在各种规格设备上加工的单件工时、单件原料费、单件销售价格、各种设备有效台时及满负荷操作时设备的费用,如表 1-46 所示.

表 1-46

设　备	产品甲	产品乙	产品丙	设备有效台时	满负荷设备费
A_1	5	10		6 000	300
A_2	7	9	12	10 000	321
B_1	6	8		4 000	250
B_2	4		11	7 000	783
B_3	7			4 000	200
原料费	0.25	0.35	0.50		
单　价	1.25	2.00	2.80		

问:如何安排三类产品的生产,才能使该厂获得的利润最大?

4. 用图解法求解下列线性规划:

(1) $\min z = x_1 - 2x_2$.
$$\text{s.t.} \begin{cases} 3x_1 - x_2 \geqslant 1, \\ 2x_1 + x_2 \leqslant 6, \\ \qquad x_2 \leqslant 2, \\ x_1, x_2 \geqslant 0. \end{cases}$$

(2) $\max z = 3x_1 + 6x_2$.
$$\text{s.t.} \begin{cases} x_1 - x_2 \geqslant -2, \\ x_1 + 2x_2 \leqslant 6, \\ x_1, x_2 \geqslant 0. \end{cases}$$

(3) $\max z = x_1 + 2x_2$.
$$\text{s.t.} \begin{cases} 2x_1 + x_2 \geqslant 30, \\ x_1 + x_2 \geqslant 10, \\ x_1, x_2 \geqslant 0. \end{cases}$$

(4) $\max z = 2x_1 + 2x_2$.
$$\text{s.t.} \begin{cases} x_1 - x_2 \geqslant 1, \\ 2x_1 - x_2 \leqslant 0, \\ x_1, x_2 \geqslant 0. \end{cases}$$

5. 用图解法求解第 1 题的最优解.

6. 将下列线性规划化成标准型:

(1) $\min z = -2x_1 - x_2$.
$$\text{s.t.} \begin{cases} 2x_1 - 5x_2 \leqslant 10, \\ x_1 - 3x_2 \geqslant -5, \\ x_1, x_2 \geqslant 0. \end{cases}$$

(2) $\max z = 2x_1 - 5x_3$.
$$\text{s.t.} \begin{cases} 2x_1 + x_2 - 2x_3 = 6, \\ x_1 + \qquad x_3 \geqslant 2, \\ x_1, x_2 \geqslant 0, x_3 \text{ 为自由变量}. \end{cases}$$

7. 设点集 $K = \{\boldsymbol{X} = (x_1, x_2, \cdots, x_n)^{\mathrm{T}}\} \subseteq E^n$, 在 K 中任取两点 $\boldsymbol{X}^{(1)}$、$\boldsymbol{X}^{(2)}$, 若对任意数 $\alpha (0 \leqslant \alpha \leqslant 1)$, 有点 $\boldsymbol{X} = \alpha \boldsymbol{X}^{(1)} + (1 - \alpha) \boldsymbol{X}^{(2)} \in K$, 则称 K 为一个凸集. 试证: 线性规划的可行域 $R = \{\boldsymbol{X} | \boldsymbol{AX} = \boldsymbol{b}, \boldsymbol{X} \geqslant \boldsymbol{0}\}$ 是一个凸集.

8. 用单纯形法求解下列线性规划:

(1) $\max z = x_1 + 2x_2 + 3x_3 + 4x_4$.
$$\text{s.t.} \begin{cases} 2x_1 + x_2 + 3x_3 + 2x_4 \leqslant 20, \\ x_1 + 2x_2 + 2x_3 + 3x_4 \leqslant 20, \\ x_j \geqslant 0 \quad (j = 1, 2, 3, 4). \end{cases}$$

(2) $\min z = 3x_1 + 4x_3 + 50x_5$.
$$\text{s.t.} \begin{cases} \dfrac{1}{2}x_1 - \dfrac{2}{3}x_2 + \dfrac{1}{2}x_3 + x_4 \quad = 2, \\ \dfrac{3}{4}x_1 + \qquad \dfrac{3}{2}x_3 + \qquad x_5 = 3, \\ x_j \geqslant 0 \quad (j = 1, 2, 3, 4, 5). \end{cases}$$

(3) $\min z = -2x_1 + 5x_3$.
$$\text{s.t.} \begin{cases} 2x_1 + x_2 - 2x_3 = 6, \\ x_1 + 2x_2 + x_3 \geqslant 2, \\ x_j \geqslant 0 \quad (j = 1, 2, 3). \end{cases}$$

(4) $\max z = 3x_1 - x_2 - x_3.$

$$\text{s.t.} \begin{cases} x_1 - 2x_2 + x_3 \leqslant 11, \\ -4x_1 + x_2 + 2x_3 \geqslant 3, \\ 2x_1 - \quad x_3 = -1, \\ x_j \geqslant 0 \quad (j = 1, 2, 3). \end{cases}$$

9. 写出下列线性规划的对偶规划:

(1) $\max z = -2x_1 + 3x_2 - 6x_3.$

$$\text{s.t.} \begin{cases} 3x_1 - 4x_2 - 6x_3 \leqslant 2, \\ 2x_1 + x_2 + 2x_3 \geqslant 11, \\ x_1 + 3x_2 - 2x_3 \leqslant 5, \\ x_j \geqslant 0 \quad (j = 1, 2, 3). \end{cases}$$

(2) $\min z = 7x_1 - 14x_2 - 3x_3.$

$$\text{s.t.} \begin{cases} x_1 + 6x_2 + 28x_3 \leqslant 5, \\ -2x_1 + 3x_2 - 17x_3 \geqslant 6, \\ -x_1 + x_2 - x_3 = 7, \\ x_1 + 7x_2 + 2x_3 = -1, \\ x_1 \text{ 自由变量}, x_2, x_3 \geqslant 0. \end{cases}$$

10. 用对偶单纯形法求解下列线性规划:

(1) $\min z = 2x_1 + 2x_2.$

$$\text{s.t.} \begin{cases} 2x_1 + x_2 \geqslant 4, \\ x_1 + 7x_2 \geqslant 7, \\ x_1, x_2 \geqslant 0. \end{cases}$$

(2) $\min z = 2x_1 + 3x_2 + 5x_3 + 6x_4.$

$$\text{s.t.} \begin{cases} x_1 + 2x_2 + 3x_3 + x_4 \geqslant 2, \\ -2x_1 + x_2 - x_3 + 3x_4 \leqslant -3, \\ x_j \geqslant 0 \quad (j = 1, 2, 3, 4). \end{cases}$$

11. 设有线性规划:

$$\max z = x_1 + 2x_2 + x_3.$$

$$\text{s.t.} \begin{cases} 2x_1 + x_2 - x_3 \leqslant 2, \\ 2x_1 - x_2 + 5x_3 \leqslant 6, \\ 4x_1 + x_2 + x_3 \leqslant 6, \\ x_j \geqslant 0 \quad (j = 1, 2, 3). \end{cases}$$

分析在下列各种情况下,最优解分别有什么变化?

(1) $c_1 = 1$ 变为 $c_1' = 8.$

(2) $c_2 = 2$ 变为 $c_2' = 4.$

(3) $b_3 = 6$ 变为 $b_3' = 3.$

(4) $a_{21}=2$ 变为 $a'_{21}=1$.

12. 某公司用两种资源(劳动力和原材料)来制造三种产品 A、B、C,确定最大利润(单位:元)生产计划的数学模型为

$$\max z = 3x_1 + x_2 + 5x_3.$$

$$\text{s.t.}\begin{cases} 6x_1 + 3x_2 + 5x_3 \leqslant 45, (\text{劳动力}) \\ 3x_1 + 4x_2 + 5x_3 \leqslant 30, (\text{原材料}) \\ x_j \geqslant 0 \quad (j=1,2,3). \end{cases}$$

其中,x_1、x_2、x_3 是产品 A、B、C 的产量.经单纯形法运算,最终单纯形表(其中 x_4、x_5 为松弛变量)如表 1-47 所示.

表 1-47

C_B	X_B	x_1	x_2	x_3	x_4	x_5	b
3	x_1	1	$-\frac{1}{3}$	0	$\frac{1}{3}$	$-\frac{1}{3}$	5
5	x_3	0	1	1	$-\frac{1}{5}$	$\frac{2}{5}$	3
	$-z$	0	-3	0	0	-1	-30

讨论:

(1) 欲使已得的最优解不变,求产品 A 单位利润的允许变化范围,并写出 $c_1=2$ 时的最优解.

(2) 假定能以高于原价格 10 元的新价格,另外买进 15 单位的原材料,这样做是否有利?

13. 求解表 1-48、表 1-49 和表 1-50 中的运输问题.

表 1-48

A_i	B_1	B_2	B_3	B_4	a_i
A_1	3	5	9	1	3
A_2	4	2	3	8	7
A_3	2	7	6	4	4
b_j	2	1	5	6	

表 1 - 49

A_i	B_1	B_2	B_3	B_4	a_i
A_1	15	14	26	10	100
A_2	10	12	16	11	120
A_3	11	21	27	23	80
b_j	80	90	130	140	

表 1 - 50

A_i	B_1	B_2	B_3	B_4	a_i
A_1	10	5	6	7	30
A_2	8	2	7	6	30
A_3	9	3	4	8	55
b_j	15	20	30	35	

第二章　整　数　规　划

学习目标

1. 理解整数规划的基本概念
2. 掌握求解整数规划的分枝定界法
3. 会用 0-1 规划进行数学建模
4. 会用隐枚举法求解 0-1 规划
5. 理解分配问题的数学模型,会用匈牙利法求解分配问题

> 以正合,以奇胜.
> ——《孙子兵法·势篇》

有为数不少的一类实际问题,其线性规划模型的变量取值要求整数.例如,生产计划问题中所要求的产品数(件数、台数等),货运问题中要确定的货物数(箱数、包数等),投资决策问题中所要确定的方案数等.通常,将变量全部或部分取整数的线性规划统称为整数线性规划,简称整数规划(integer programming),简记作 IP.

整数规划按其变量全部或部分限制为非负整数而分成两类:前者称为纯整数规划,后者称为混合整数规划.纯整数规划中一类重要的特例是,其变量只取 0 或 1,称为 **0-1 整数规划**.

求解整数规划一个很自然的想法,就是先不考虑变量为整数的限制条件,直接先求出问题的最优解,再把其中的非整数变量用"舍入取整"方法化为整数.但大量实践表明,此法不一定有效.由于人为地取整,其结果往往不是破坏了解的可行性,就是破坏了解的最优性.

整数规划是数学规划中一个尚未完善解决的分支,至今只能求解中等规模的线性整数规划问题,而非线性整数规划问题,仍没有好的办法.

例 2-1 讨论纯整数规划:

$$\max z = x_1 + 2x_2.$$

$$\text{s.t.} \begin{cases} 2x_1 + 5x_2 \leqslant 15, \\ 2x_1 - 2x_2 \leqslant 5, \\ x_1, x_2 \geqslant 0 \text{ 且为整数}. \end{cases}$$

解　要讨论的整数规划称为原规划.若忽略变量为整数的限制条件,则成为一个通常的线性规划,称为原规划对应的松弛规划.对此,用图解法或单纯形法易求出其最优解与最优值为

$$x_1 = 3\frac{13}{14}, \ x_2 = 1\frac{3}{7}, \ z = 6\frac{11}{14}.$$

若将此非整数解经舍入取整,如取 $x_1 = 3$, $x_2 = 1$,则满足所有的约束条件,对应的 $z = 5$.但实际上,本例最优整数解对应的 $z = 6$(参见例 2 - 2),所以此解虽可行但不是最优解.

同理,若取 $x_1 = 4$, $x_2 = 1$ 或 $x_1 = 4$, $x_2 = 2$ 或 $x_1 = 3$, $x_2 = 2$ 时,它们都不满足所有约束条件,所以都不是可行解.

由此可见,不能贸然用"舍入取整"的简单化方法来求解一般的整数规划.但有一点可以肯定:原整数规划的最优值不会优于对应线性规划的最优值.这是由于前者的可行域被包含于后者的可行域中.

第一节　分支定界法

一、分支定界法的基本思想

分支定界法是求解一般整数规划的通用算法,既可用于纯整数规划,又可用于混合整数规划.其基本思想是:先不考虑整数限制,求出对应松弛规划的最优解,若不符合整数要求,则设法去掉不含整数解的部分可行域,将可行域 R 分解成 R_1、R_2 两部分,然后分别求解这两部分可行域对应的松弛规划,如果它们的解仍不是整数解,则继续设法去掉不含整数解的部分可行域,将可行域 R_1 或 R_2 分解成 R_3 与 R_4 两部分,再求解 R_3 与 R_4 对应的松弛规划.仿此进行,在计算中若已得到一个整数可行解 $\boldsymbol{X}^0$,则以该解的目标函数值 z_0 作为分支的界限.若某一松弛规划的目标值 z 不优于 z_0,则无须继续分支,因分支(增加约束)后所得最优结果只能比 z_0 更差;反之,若 z 优于 z_0,则该松弛规划分支后,有可能产生比 z_0 更好的整数解,一旦找到一个更好的整数解,就能以这个更好的整数解目标值定为新的界限,继续进行分支,直至产生不出更好的整数解为止.

二、分支定界法的求解步骤

用分支定界法求解整数规划的一般步骤可概括如下:

Step 1.　求解与整数规划相对应的松弛规划 L,若 L 无可行解,则整数规划也无可行解,计算停止;若 L 的最优解为整数解,则该解即为整数规划的最优解,计算停止;若 L 的最优解不是整数解,则转 Step 2.

Step 2. （分支）在松弛规划最优解中任选一个不符合整数条件的变量 x_{B_i}，其值为 $(\boldsymbol{B}^{-1}\boldsymbol{b})_i$，并记 $\lfloor(\boldsymbol{B}^{-1}\boldsymbol{b})_i\rfloor$ 为小于 $(\boldsymbol{B}^{-1}\boldsymbol{b})_i$ 的最大整数.

构造两个约束条件：

$$x_{B_i}\leqslant\lfloor(\boldsymbol{B}^{-1}\boldsymbol{b})_i\rfloor\ 和\ x_{B_i}\geqslant\lfloor(\boldsymbol{B}^{-1}\boldsymbol{b})_i\rfloor+1$$

分别加在规划 L 的约束条件上，形成两个子规划 L_1 和 L_2，并分别求解.

Step 3. （定界）检查两子规划，在有或无整数最优解的各种情况下，以最大目标值为上界来决定：或取对应的整数解为最优解，或进一步分支. 亦即重复 Step 2、Step 3，直至所有分支都不能再分解为止，此时界限值 z 对应的整数解即为原问题的最优解.

由于分支定界法仅在一部分可行的整数解中寻求最优解，因此计算量比穷举法少，具有一定的优越性. 但若问题规模很大，其相应的计算工作量也是相当可观的，甚至根本就无法求解.

下面，结合例子来进一步理解分支定界法的解题步骤. 其中，将原规划以(0)表示，后继一连串子规划依次以(1)，(2)，……表示. 为简便起见，原规划与子规划一并简称为规划.

例 2-2　求解例 2-1.

解　不考虑整数限制条件，用图解法解得规划(0)对应松弛规划的最优解与最优值为

$$(0)\ \boldsymbol{X}=\left(3\frac{13}{14},\ 1\frac{3}{7}\right)^{\mathrm{T}},\ z=6\frac{11}{14}.$$

考察 $\boldsymbol{X}$ 的某一非整数分量，不妨选 x_2.

因为 $1<x_2<2$，为使 x_2 取整数，故剔除 $1<x_2<2$ 所对应的可行域. 为此，增加约束条件 $x_2\leqslant1$ 及 $x_2\geqslant2$，即保证 x_2 永不可能取 1 与 2 之间的值.

于是，可行域 R_0 分解为两个子可行域 R_1 和 R_2，原规划(0)分解为规划(1)与规划(2)：

(1) $\max z=x_1+2x_2$.　　　　　(2) $\max z=x_1+2x_2$.

$$\text{s.t.}\begin{cases}2x_1+5x_2\leqslant15,\\2x_1-2x_2\leqslant5,\\x_2\leqslant1,\\x_1,x_2\geqslant0\ 且为整数.\end{cases}\qquad\text{s.t.}\begin{cases}2x_1+5x_2\leqslant15,\\2x_1-2x_2\leqslant5,\\x_2\geqslant2,\\x_1,x_2\geqslant0\ 且为整数.\end{cases}$$

仿上求解，得规划(1)、规划(2)对应松弛规划的最优解与最优值为

(1) $\boldsymbol{X}=\left(3\frac{1}{2},\ 1\right)^{\mathrm{T}},\ z=5\frac{1}{2}$.　　　(2) $\boldsymbol{X}=\left(2\frac{1}{2},\ 2\right)^{\mathrm{T}},\ z=6\frac{1}{2}$.

显然，规划(1)、规划(2)对应松弛规划的最优解中，x_2 已是整数，而 x_1 仍是非整数. 由于整数规划的最优值不会优于对应松弛规划的最优值，故对应松弛规划的 z 值，应分别是规划(1)、规划(2)z 值的上界.

考察规划(1)、规划(2)，因规划(2)对应松弛规划的 z 值优于规划(1)对应松弛规划的 z 值，故先求解规划(2).

因 $2 < x_1 < 3$，故增加约束条件 $x_1 \leqslant 2$ 及 $x_1 \geqslant 3$. 于是，可行域 R_2 分解为 R_3 与 R_4，规划 (2) 分解为规划 (3) 与规划 (4)：

(3) $\max z = x_1 + 2x_2$.

$$\text{s.t.} \begin{cases} 2x_1 + 5x_2 \leqslant 15, \\ 2x_1 - 2x_2 \leqslant 5, \\ x_2 \geqslant 2, \\ x_1 \leqslant 2, \\ x_1, x_2 \geqslant 0 \text{ 且为整数.} \end{cases}$$

(4) $\max z = x_1 + 2x_2$.

$$\text{s.t.} \begin{cases} 2x_1 + 5x_2 \leqslant 15, \\ 2x_1 - 2x_2 \leqslant 5, \\ x_2 \geqslant 2, \\ x_1 \geqslant 3, \\ x_1, x_2 \geqslant 0 \text{ 且为整数.} \end{cases}$$

仿上求解，得规划 (3)、(4) 对应松弛规划的最优解与最优值为

(3) $\boldsymbol{X} = \left(2, 2\dfrac{1}{5}\right)^{\mathrm{T}}, z = 6\dfrac{2}{5}$.

(4) 无可行解，剪枝.

其中，R_4 为空集，所以无可行解. 删除规划 (4)，称为**剪枝**.

考察尚未分解的规划 (1)、规划 (3)，由于规划 (3) 对应松弛规划的 z 值优于规划 (1) 对应松弛规划的 z 值，所以先求解规划 (3). 因为 $2 < x_2 < 3$，故增加约束条件 $x_2 \leqslant 2$ 及 $x_2 \geqslant 3$，于是，R_3 分解为 R_5 与 R_6，规划 (3) 分解为规划 (5) 与规划 (6)：

(5) $\max z = x_1 + 2x_2$.

$$\text{s.t.} \begin{cases} 2x_1 + 5x_2 \leqslant 15, \\ 2x_1 - 2x_2 \leqslant 5, \\ x_2 \geqslant 2, \\ x_1 \leqslant 2, \\ x_2 \leqslant 2, \\ x_1, x_2 \geqslant 0 \text{ 且为整数.} \end{cases}$$

(6) $\max z = x_1 + 2x_2$.

$$\text{s.t.} \begin{cases} 2x_1 + 5x_2 \leqslant 15, \\ 2x_1 - 2x_2 \leqslant 5, \\ x_2 \geqslant 2, \\ x_1 \leqslant 2, \\ x_2 \geqslant 3, \\ x_1, x_2 \geqslant 0 \text{ 且为整数.} \end{cases}$$

仿上求解，得规划 (5)、规划 (6) 对应松弛规划的最优解与最优值为

(5) $\boldsymbol{X} = (2, 2)^{\mathrm{T}}, z = 6$.

(6) $\boldsymbol{X} = (0, 3)^{\mathrm{T}}, z = 6$.

至此，规划 (5)、规划 (6) 同时得到整数解，且两者目标函数值相等. 此外，因规划 (1) 的 z 值劣于规划 (5)、规划 (6) 的 z 值，故可将其剪枝. 于是，所求整数规划的最优解与最优值为 $\boldsymbol{X}^* = (2, 2)^{\mathrm{T}}$ 或 $(0, 3)^{\mathrm{T}}, z^* = 6$.

第二节　0-1 整数规划

一、0-1 整数规划的概念

变量只取 0 或 1 两个值之一的变量称为 **0-1 变量**，全部由 0-1 变量构成的纯整数规划称为 **0-1 整数规划**，简称 0-1 规划. 这类问题在任务分配、投资决策、选址定点等问题中

有着广泛的应用,其共同特征为:面临若干项活动需选择,对其中每项活动必须作出选或不选的决策.对此,可引进 0-1 变量来刻画这一特征.

设 x_j 对应第 j 项活动:若选择第 j 项活动,就令 $x_j=1$;否则,就令 $x_j=0$.

例 2-3 (最大分配问题)有 n 个人 A_i ($i=1,2,\cdots,n$)和 n 项工作 B_j ($j=1,2,\cdots,n$),设 A_i 做 B_j 时可产生价值 c_{ij}.现要按一人一事与一事一人的规则来进行分配,问:应如何分配,才能使总价值 z 最大?

解 引进 0-1 变量

$$x_{ij}=\begin{cases}1, & \text{当 } A_i \text{ 做 } B_j \text{ 时;}\\0, & \text{当 } A_i \text{ 弃 } B_j \text{ 时,}\end{cases} \quad (i,j=1,2,\cdots,n).$$

构造数学模型为

$$\max z=\sum_{i=1}^{n}\sum_{j=1}^{n}c_{ij}x_{ij}.$$

$$\text{s.t.}\begin{cases}\sum_{i=1}^{n}x_{ij}=1 & (j=1,2,\cdots,n),\\\sum_{j=1}^{n}x_{ij}=1 & (i=1,2,\cdots,n),\\x_{ij}\in\{0,1\} & (i,j=1,2,\cdots,n).\end{cases}$$

例 2-4 (选址问题)某公司拟在东、西、南三个区建立超市连锁店,共有 7 个地点 A_j ($j=1,2,\cdots,7$)可供选择,东区含 A_1、A_2、A_3,西区含 A_4、A_5,南区含 A_6、A_7.选址时需满足下列条件:东区至多选 2 个点,西区至少选 1 个点,南区至少选 1 个点.据测算,选 A_j 点建立超市连锁店,需投资 a_j 元,获年利 c_j 元,投资总额不能超过 b 元.问:应怎样选点,才能使公司的年利 z 最大?

解 引进 0-1 变量

$$x_j=\begin{cases}1, & \text{当选 } A_j \text{ 时;}\\0, & \text{当弃 } A_j \text{ 时,}\end{cases} \quad (j=1,2,\cdots,7).$$

构造数学模型为

$$\max z=\sum_{j=1}^{7}c_jx_j.$$

$$\text{s.t.}\begin{cases}\sum_{j=1}^{7}a_jx_j\leqslant b,\\x_1+x_2+x_3\leqslant 2,\\x_4+x_5\geqslant 1,\\x_6+x_7\geqslant 1,\\x_j\in\{0,1\} & (j=1,2,\cdots,7).\end{cases}$$

例 2-5 (投资问题)某公司有机会对五个项目 B_j $(j=1, 2, \cdots, 5)$进行投资,3年内每年可投资 25 万元,已知每个项目所需年投资额和所获利润如表 2-1 所示,问:应怎样投资,才能使公司利润 z 最大?

表 2-1   单位:万元

项目	第1年	第2年	第3年	利润
B_1	5	1	8	20
B_2	4	7	10	40
B_3	3	9	2	20
B_4	7	4	1	15
B_5	8	6	10	30

解 引进 0-1 变量

$$x_j = \begin{cases} 1, & \text{当投资于 } B_j \text{ 时;} \\ 0, & \text{当不投资 } B_j \text{ 时,} \end{cases} \quad (j=1, 2, \cdots, 5).$$

构造数学模型为

$$\max z = 20x_1 + 40x_2 + 20x_3 + 15x_4 + 30x_5.$$

$$\text{s.t.} \begin{cases} 5x_1 + 4x_2 + 3x_3 + 7x_4 + 8x_5 \leqslant 25, \\ x_1 + 7x_2 + 9x_3 + 4x_4 + 6x_5 \leqslant 25, \\ 8x_1 + 10x_2 + 2x_3 + x_4 + 10x_5 \leqslant 25, \\ x_j \in \{0, 1\} \quad (j=1, 2, \cdots, 5). \end{cases}$$

二、用 0-1 变量构成约束条件

由以上范例可知,选择合适的 0-1 变量对建模有着举足轻重的作用,在构成有特殊要求的约束条件中可体现出很强的功能.

(一) 选项约束条件

设有三项活动 A_j $(j=1, 2, 3)$. 引进 0-1 变量

$$x_j = \begin{cases} 1, & \text{当选 } A_j \text{ 时;} \\ 0, & \text{当弃 } A_j \text{ 时,} \end{cases} \quad (j=1, 2, 3).$$

若从中只能选择一项,则可表为 $x_1 + x_2 + x_3 = 1$;
若从中至少选择一项,则可表为 $x_1 + x_2 + x_3 \geqslant 1$;
若从中至多选择一项,则可表为 $x_1 + x_2 + x_3 \leqslant 1$;
若从中至多选择两项,则可表为 $x_1 + x_2 + x_3 \leqslant 2$.
如此等等.

例 2 - 6　设变量 x 只能取四值 0，3，7，13 中之一，试用 0-1 变量来表示此要求.

解　引进 0-1 变量 x_j（$j=1,2,3$），则得

$$x = 3x_1 + 7x_2 + 13x_3.$$

$$\begin{cases} x_1 + x_2 + x_3 \leqslant 1, \\ x_j \in \{0,1\} \quad (j=1,2,3). \end{cases}$$

(二) 互斥约束条件

例 2 - 7　两个约束条件 $2x_1+3x_2 \geqslant 8$ 与 $x_1+x_2 \leqslant 2$ 只能有一个出现.试用 0-1 变量来表示此要求.

解　引进 0-1 变量 y 与大正数 M，有

$$\begin{cases} 2x_1 + 3x_2 \geqslant 8 - M(1-y), \\ x_1 + x_2 \leqslant 2 + My, \\ y \in \{0,1\}. \end{cases}$$

事实上，由正数 M 的巨大性知：当 $y=0$ 时，得 $x_1+x_2 \leqslant 2$，而 $2x_1+3x_2 \geqslant 8-M$ 自然成立；当 $y=1$ 时，得 $2x_1+3x_2 \geqslant 8$，而 $x_1+x_2 \leqslant 2+M$ 自然成立.

(三) 互斥条件约束

例 2 - 8　若 $x_1 \leqslant 4$，则 $x_2 \geqslant 0$，若 $x_1 > 4$，则 $x_2 \leqslant 3$.试用 0-1 变量表示此要求.

解　引进 0-1 变量 y 与大正数 M，得

$$\begin{cases} x_1 \leqslant 4 + yM, \\ x_1 > 4 - (1-y)M, \\ x_2 \geqslant -yM, \\ x_2 \leqslant 3 + (1-y)M, \\ y \in \{0,1\}. \end{cases}$$

事实上，由所取正数 M 的巨大性知：当 $y=0$ 时，$x_1 \leqslant 4$ 且 $x_2 \geqslant 0$；当 $y=1$ 时，$x_1 > 4$ 且 $x_2 \leqslant 3$.

(四) 多重选择约束

例 2 - 9　以下四个约束条件中至少满足两个：
$$x_1+x_2 \leqslant 2, \ x_1 \leqslant 1, \ x_2 \leqslant 5, \ x_1+x_2 \geqslant 3.$$

试用 0-1 变量来表示此要求.

解 引进 0-1 变量 y_j （$j=1,2,3,4$）与大正数 M，有

$$\begin{cases} x_1 + x_2 \leqslant 2 + y_1 M, \\ x_1 \qquad \leqslant 1 + y_2 M, \\ \qquad x_2 \leqslant 5 + y_3 M, \\ x_1 + x_2 \geqslant 3 - y_4 M, \\ y_1 + y_2 + y_3 + y_4 \leqslant 2, \\ y_j \in \{0,1\} \quad (j=1,2,3,4). \end{cases}$$

例 2-10 某高校篮球队人员更新，准备按预定条件从 6 名预备队员（如表 2-2 所示）中选拔 3 名为正式队员. 问：应怎样挑选，才能使队员平均身高 z 尽可能高？

表 2-2

预备队员	号码(j)	身高/cm	位置
张	1	193	中锋
李	2	191	中锋
王	3	187	前锋
赵	4	186	前锋
田	5	180	后卫
周	6	185	后卫

队员挑选须满足下列条件：

① 至少补充一名后卫队员；② 李与田两人必入选一名；③ 最多补充一名中锋队员；④ 李或赵入选，则周不能入选.

试建立此问题的数学模型.

解 引进 0-1 变量

$$y_j = \begin{cases} 1, & \text{当选中第 } j \text{ 号时;} \\ 0, & \text{当不选第 } j \text{ 号时.} \end{cases}$$

则有

$$\max z = 193 y_1 + 191 y_2 + 187 y_3 + 186 y_4 + 180 y_5 + 185 y_6.$$

$$\text{s.t.} \begin{cases} y_1 + y_2 + y_3 + y_4 + y_5 + y_6 = 3, \\ y_5 + y_6 \geqslant 1, \\ y_2 + y_5 = 1, \\ y_1 + y_2 \leqslant 1, \\ y_2 + y_6 \leqslant 1, \\ y_4 + y_6 \leqslant 1, \\ y_j \in \{0,1\} \quad (j=1,2,\cdots,6). \end{cases}$$

三、0-1 规划的解法

对于 0-1 规划,由于每个变量只取 0 和 1 两个值,人们自然会想到用穷举法来求解,即排出变量取值为 0 或 1 的每一种组合,验证是否满足约束条件,再算出每个可行解的目标函数值,比较各函数值以求得最优解.显然,当 n 较大时,计算量是非常庞大的.因此,设计一些方法以求检查变量取值组合的一部分,即能求得问题的最优解,这类方法称为隐枚举法.下面,借助算例来介绍隐枚举法的基本思想.

例 2 - 11 求解 0-1 规划

$$\max z = 3x_1 - 2x_2 + 5x_3.$$

$$\text{s.t.} \begin{cases} x_1 + 2x_2 - x_3 \leqslant 2, & (1) \\ x_1 + 4x_2 + x_3 \leqslant 4, & (2) \\ x_1 + 3x_2 \qquad \leqslant 3, & (3) \\ \qquad 4x_2 + 3x_3 \leqslant 6, & (4) \\ x_j \in \{0, 1\} \quad (j = 1, 2, 3). \end{cases}$$

解 按二进位制穷举 0-1 变量构成的解 $\boldsymbol{X} = (x_1, x_2, x_3)^{\mathrm{T}}$,共有 8 种可能组合.先检查可行解,再从中选最优解.这种穷举所有解的做法为显枚举法,如表 2 - 3 所示.

表 2 - 3

序号	(x_1, x_2, x_3)	约束条件左端值				可行性	z 值
		(1)	(2)	(3)	(4)		
1	(0, 0, 0)	0	0	0	0	$+$	0
2	(0, 0, 1)	-1	1	0	3	$+$	5
3	(0, 1, 0)	2	4	3	4	$+$	-2
4	(0, 1, 1)	1	(5)	3	(7)	$-$	3
5	(1, 0, 0)	1	1	1	0	$+$	3
6	(1, 0, 1)	0	2	1	3	$+$	8
7	(1, 1, 0)	(3)	(5)	(4)	4	$-$	1
8	(1, 1, 1)	2	(6)	(4)	(7)	$-$	6

表 2 - 3 中,凡不满足约束条件的值皆用"( )"括出,满足或违反可行性分别以"$+$"或"$-$"表示.比较 5 个可行解的目标函数值,得

$$\boldsymbol{X} = (1, 0, 1)^{\mathrm{T}}, \quad z = 8.$$

分析上述求解过程,发现显枚举法可以作以下改进:

（1）非可行解对应的 z 值不必计算.

（2）对一个解依次检验至某约束条件不满足时,随后的约束条件不必检查.

（3）先计算 z 值,后检查可行性,若当前解的 z 值小于前面某一可行解的 z 值,则此解的可行性不必检验.

改进后的计算如表 2-4 所示.

表 2-4

| 序号 | (x_1, x_2, x_3) | z 值 | 约束条件左端值 | | | | 可行性 |
			(1)	(2)	(3)	(4)	
1	(0, 0, 0)	0	0	0	0	0	+
2	(0, 0, 1)	5	−1	1	0	3	+
3	(0, 1, 0)	−2					
4	(0, 1, 1)	3					
5	(1, 0, 0)	3					
6	(1, 0, 1)	8*	0	2	1	3	+
7	(1, 1, 0)	1					
8	(1, 1, 1)	6					

计算到第 3、4、5 这三个解,皆因其 z 值小于前面某个可行解的 z 值,故可行性不必检查,对此以空格表示.第 6 个解的 z 值超过前面所有可行解的 z 值,故需检查可行性,知其亦为可行解.相仿,第 7、8 两个解不必检查.最终得

$$\boldsymbol{X} = (1, 0, 1)^{\mathrm{T}}, \quad z = 8.$$

由此可见,前面可行解的 z 值可作为后面解的可行性是否要检查的一个参照值,因而,可将 z 值作为一个约束,称为过滤约束,以简化计算.当然,在计算过程中,起把关作用的 z 值逐步改进.为进一步减少计算工作量,可有意识地按目标函数中系数递增顺序,重新排列各项,于是得

$$\max z = -2x_2 + 3x_1 + 5x_3.$$

$$\text{s.t.} \begin{cases} 2x_2 + x_1 - x_3 \leqslant 2, & (1) \\ 4x_2 + x_1 + x_3 \leqslant 4, & (2) \\ 3x_2 + x_1 \leqslant 3, & (3) \\ 4x_2 + 3x_3 \leqslant 6, & (4) \\ x_j \in \{0, 1\} \quad (j = 1, 2, 3). \end{cases}$$

计算如表 2-5 所示.

表 2-5

序号	(x_2, x_1, x_3)	z 值	约束条件左端值 (1)	(2)	(3)	(4)	可行性
1	(0, 0, 0)	0	0	0	0	0	+
2	(0, 0, 1)	5	−1	1	0	3	+
3	(0, 1, 0)	3					
4	(0, 1, 1)	8*	0	2	1	3	+

由于目标函数中第一个系数是 −2,所以按二进制排列,可行解 $(0, 1, 1)^T$ 已对应最大 z 值,随后的 4 个可能解就不必考察,实现了隐枚举的目的.最后有

$$\boldsymbol{X}^* = (1, 0, 1)^T, \quad z^* = 8.$$

第三节　分 配 问 题

一、分配问题的数学模型

在实际中,常常会碰到这样的问题,即分配 n 个人去完成 n 项不同任务,每个人须完成其中一项且仅仅一项.但由于个人专长不同,任务难易程度不一样,所以完成不同任务的效率就不同,应分配每个人去完成何种任务,才能使总的效率最好,这就是典型的分配问题.例 2-3 中,已经构造了一个求最大分配问题的数学模型.这里,再考虑最小分配问题.

例 2-12　某车间要加工四种零件 B_j $(j = 1, 2, 3, 4)$,可由车间的四台机床 A_i $(i = 1, 2, 3, 4)$ 加工.已知各机床加工零件的工时如表 2-6 所示,问:应如何合理安排,才能使加工总工时最少?

表 2-6　　　　　　　　　　　　　　　　　　　　单位:h

机床	零 件 B_1	B_2	B_3	B_4
A_1	2.0	4.2	3.4	4.0
A_2	3.5	4.5	1.0	3.6
A_3	3.6	1.8	2.5	1.9
A_4	3.0	2.1	1.8	3.0

解 令

$$x_{ij} = \begin{cases} 1, & \text{当 } A_i \text{ 加工 } B_j \text{ 时;} \\ 0, & \text{当 } A_i \text{ 不加工 } B_j \text{ 时,} \end{cases} \quad (i, j = 1, 2, 3, 4)$$

得数学模型为

$$\min z = 2.0x_{11} + 4.2x_{12} + 3.4x_{13} + 4.0x_{14} + 3.5x_{21} + 4.5x_{22}$$
$$+ 1.0x_{23} + 3.6x_{24} + 3.6x_{31} + 1.8x_{32} + 2.5x_{33} + 1.9x_{34}$$
$$+ 3.0x_{41} + 2.1x_{42} + 1.8x_{43} + 3.0x_{44}.$$

$$\text{s.t.} \begin{cases} \sum_{j=1}^{4} x_{ij} = 1 & (i = 1, 2, 3, 4), \\ \sum_{i=1}^{4} x_{ij} = 1 & (j = 1, 2, 3, 4), \\ x_{ij} \in \{0, 1\} & (i, j = 1, 2, 3, 4). \end{cases}$$

一般地,求最小分配问题的数学模型为

$$\min z = \sum_{i=1}^{n} \sum_{j=1}^{n} c_{ij} x_{ij}.$$

$$\text{s.t.} \begin{cases} \sum_{j=1}^{n} x_{ij} = 1 & (i = 1, 2, \cdots, n), \\ \sum_{i=1}^{n} x_{ij} = 1 & (j = 1, 2, \cdots, n), \\ x_{ij} \in \{0, 1\} & (i, j = 1, 2, \cdots, n). \end{cases}$$

由价值系数 c_{ij} 构成的 n 阶方阵 $\boldsymbol{C} = [c_{ij}]_{n \times n}$ 称为价值矩阵,由 0-1 变量 x_{ij} 构成的 n 阶方阵称为解矩阵.在分配问题中,恒设价值系数非负.

目标函数最大的分配问题可化为目标函数最小的分配问题来求解.事实上,可取一个比所有 c_{ij} 都大的正数 M,用 $M - c_{ij}$ $(i, j = 1, 2, \cdots, n)$ 替换原来的 c_{ij},则最大分配问题就可化为最小分配问题.

二、分配问题的解法

从模型看,分配问题是特殊的 0-1 规划,也是特殊的运输问题,可以用这两种问题的求解方法求解.

分配问题最优解性质:如果将分配问题价值矩阵的每一行(列)的各元素都减去该行(列)的最小元素,得一新的矩阵 $\boldsymbol{C}'$,则以 $\boldsymbol{C}'$ 为价值矩阵的分配问题,其最优解与原问题最优解相同.

利用该性质,可使原价值矩阵变换为含有多个 0 元素的新价值矩阵,而最优解不变.若能在新的价值矩阵中找到 n 个不同行且不同列的 0 元素,则可令其对应的 x_{ij} 等于 1,其他 x_{ij} 为 0,显然,该解一定是最优解.

1955 年,库恩(W.W.Kuhn)利用匈牙利数学家康尼格(D.könig)的一个定理构造了匈牙利算法,其基本思想正是指出一条选满 n 个异行异列 0 元素的途径.

下面,通过例 2-12 来叙述求解最小分配问题的匈牙利算法步骤:

Step 1.　缩减矩阵

在价值矩阵 C 中,每行元素减去该行最小元素,称为行缩减,在行缩减后得到的矩阵中,每列元素减去该列最小元素,称为列缩减,完成行、列缩减后得到的新矩阵称为缩减矩阵.显然,缩减矩阵中每行每列均含有 0 元素.

考察例 2-12 的价值矩阵,作行缩减和列缩减,得

$$
\begin{bmatrix}
2.0 & 4.2 & 3.4 & 4.0 \\
3.5 & 4.5 & 1.0 & 3.6 \\
3.6 & 1.8 & 2.5 & 1.9 \\
3.0 & 2.1 & 1.8 & 3.0
\end{bmatrix}
\begin{matrix}
-2.0 \\ -1.0 \\ -1.8 \\ -1.8
\end{matrix}
\rightarrow
\begin{bmatrix}
0 & 2.2 & 1.4 & 2.0 \\
2.5 & 3.5 & 0 & 2.6 \\
1.8 & 0 & 0.7 & 0.1 \\
1.2 & 0.3 & 0 & 1.2
\end{bmatrix}
$$

$$
-0.1
$$

$$
\rightarrow
\begin{bmatrix}
0 & 2.2 & 1.4 & 1.9 \\
2.5 & 3.5 & 0 & 2.5 \\
1.8 & 0 & 0.7 & 0 \\
1.2 & 0.3 & 0 & 1.1
\end{bmatrix}.
$$

Step 2.　初始分配

在缩减矩阵中,按"先少后多,先上后下,先左后右"的规则圈出 0 元素,每行每列至多圈一个,圈出者记作◎;同时划去同行同列的其他 0 元素,划去者记作⊘.此时,称该行有一分配,圈出的◎必异行异列.当◎数满 n 个时,则已得最优分配,否则,转 Step 3.

对例 2-12 中的缩减矩阵作初始分配,得

$$
\begin{bmatrix}
◎ & 2.2 & 1.4 & 1.9 \\
2.5 & 3.5 & ◎ & 2.5 \\
1.8 & ◎ & 0.7 & ⊘ \\
1.2 & 0.3 & ⊘ & 1.1
\end{bmatrix}.
$$

因◎的个数 <4,故须转向 Step 3.

Step 3.　行列标号

(1) 无◎行标以字母 s.

(2) 已标行 i 中,⊘所在列 j 处标以 i.

(3) 已标列 j 中,◎所在行 i 处标以 j.

交替进行(2)和(3),直至无法标号.

此时,若有一无◎列标上号,称为该列突破,转 Step 5;否则,转 Step 4.

对例 2-12 中的初始分配标号,得

$$\begin{bmatrix} ⓪ & 2.2 & 1.4 & 1.9 \\ 2.5 & 3.5 & ⓪ & 2.5 \\ 1.8 & ⓪ & 0.7 & \emptyset \\ 1.2 & 0.3 & \emptyset & 1.1 \end{bmatrix}\begin{matrix} \\ 3 \\ \\ s \end{matrix}$$
$$\qquad\qquad 4$$

因无⓪列仍未标上号,故转 Step 4.

Step 4. 继续缩减

(1) 用直线覆盖未标行及已标列.

(2) 取未被覆盖元素中的最小元素 δ 为调整量.

(3) 已标行各元素减去 δ,已标列各元素加上 δ,新出现 0 元素记作 $\emptyset$,抹去直线,转 Step 3.

对例 2-12 中的已标号矩阵继续缩减,得

$$\begin{bmatrix} ⓪ & 2.2 & 1.4 & 1.9 \\ 2.5 & 3.5 & ⓪ & 2.5 \\ 1.8 & ⓪ & 0.7 & \emptyset \\ 1.2 & 0.3 & \emptyset & 1.1 \end{bmatrix}\begin{matrix} \\ 3 \\ \\ s \end{matrix} \xrightarrow{\delta=0.3} \begin{bmatrix} ⓪ & 2.2 & 1.7 & 1.9 \\ 2.2 & 3.2 & ⓪ & 2.2 \\ 1.8 & ⓪ & 1.0 & \emptyset \\ 0.9 & \emptyset & \emptyset & 0.8 \end{bmatrix}\begin{matrix} \\ 3 \\ 2 \\ s \end{matrix}$$
$$\qquad\quad 4 \qquad\qquad\qquad\qquad\qquad\qquad 4 \quad 4 \quad 3$$

因无⓪列已被标上号,列 4 突破,故转 Step 5.

Step 5. 调整分配

(1) 若无⓪列 j_1 标号为 i_1,则 (i_1,j_1) 处的 $\emptyset$ 改为 ⓪.

(2) 若得⓪行 i_1 标号为 j_2,则 (i_1,j_2) 处的 ⓪ 改为 $\emptyset$.

交替进行(1)和(2),直至标号 s 的行中得⓪,显然,⓪数增加 1 个,此时,当⓪数满 n 个时,则已得最优分配;否则,转 Step 3.

对例 2-12 中的初始分配进行调整:

因为无⓪列 4 标号 3,故 $(3,4)$ 处的 $\emptyset$ 改为⓪;又有⓪行 3 标号 2,故 $(3,2)$ 处的⓪改为 $\emptyset$;现无⓪列 2 标号 4,故 $(4,2)$ 处的 $\emptyset$ 改为⓪;因 s 行已得⓪,故调整结束,得

$$\begin{bmatrix} ⓪ & 2.2 & 1.7 & 1.9 \\ 2.2 & 3.2 & ⓪ & 2.2 \\ 1.8 & \emptyset & 1.0 & ⓪ \\ 0.9 & ⓪ & \emptyset & 0.8 \end{bmatrix}\begin{matrix} \\ 3 \\ 2 \\ s \end{matrix}$$
$$\qquad\quad 4 \quad 4 \quad 3$$

而今⓪已满 4 个,故得最优分配,最优解为

$$\boldsymbol{X}^* = \begin{bmatrix} 1 & 0 & 0 & 0 \\ 0 & 0 & 1 & 0 \\ 0 & 0 & 0 & 1 \\ 0 & 1 & 0 & 0 \end{bmatrix},$$

即 $A_1 \rightarrow B_1$，$A_2 \rightarrow B_3$，$A_3 \rightarrow B_4$，$A_4 \rightarrow B_2$.

最小加工总工时为

$$z^* = 2.0 + 1.0 + 1.9 + 2.1 = 7(\text{h}).$$

例 2-13　某房产公司有 6 幢豪华住宅可出售给 5 位顾客，每位顾客只打算购买其中一幢，顾客们根据对各幢住宅的偏好，愿出的房价如表 2-7 所示.

表 2-7　　　　　　　　　　　　　　　　　　　　　　　　　　　单位：百万元

顾客	住　宅					
	1	2	3	4	5	6
A	12	14	9	13	10	16
B	11	13	15	17	13	11
C	9	15	9	14	12	13
D	10	12	11	13	14	14
E	13	10	15	10	16	15

问：房产公司应如何制订售房方案，才能使总收入 z 最大？

解　因顾客数少于住宅数，故增设一位虚顾客 F，使两者个数相等. 事实上，住宅是不可能卖给 F 的，即，F 的出价肯定低得房产公司无法接受，故与之相应的住宅愿出价可合理地取为 0. 由此，价值矩阵为

$$
\begin{bmatrix}
12 & 14 & 9 & 13 & 10 & 16 \\
11 & 13 & 15 & 17 & 13 & 11 \\
9 & 15 & 9 & 14 & 12 & 13 \\
10 & 12 & 11 & 13 & 14 & 14 \\
13 & 10 & 15 & 10 & 16 & 15 \\
0 & 0 & 0 & 0 & 0 & 0
\end{bmatrix}.
$$

再用此价值矩阵中最大元素 17 减去各元素，得

$$
\begin{bmatrix}
5 & 3 & 8 & 4 & 7 & 1 \\
6 & 4 & 2 & 0 & 4 & 6 \\
8 & 2 & 8 & 3 & 5 & 4 \\
7 & 5 & 6 & 4 & 3 & 3 \\
4 & 7 & 2 & 7 & 1 & 2 \\
17 & 17 & 17 & 17 & 17 & 17
\end{bmatrix}.
$$

于是,原问题就可作为最小分配问题来求解.

用匈牙利算法,经行、列缩减后,圈 0,得初始分配,标号,作直线覆盖,得

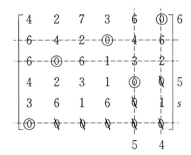

$\delta=1$,继续缩减,重新标号,调整,得

$$\begin{bmatrix} 3 & 1 & 6 & 2 & 6 & ⓪ \\ 6 & 4 & 2 & ⓪ & 5 & 7 \\ 6 & ⓪ & 6 & 1 & 4 & 3 \\ 3 & 1 & 2 & \not0 & ⓪ & \not0 \\ 2 & 5 & \not0 & 5 & \not0 & 1 \\ ⓪ & \not0 & \not0 & \not0 & 1 & 1 \end{bmatrix} \begin{matrix} 6 \\ 4 \\ \\ 5 \\ s \\ \\ \end{matrix} \quad\to\quad \begin{bmatrix} 3 & 1 & 6 & 2 & 6 & ⓪ \\ 6 & 4 & 2 & ⓪ & 5 & 7 \\ 6 & ⓪ & 6 & 1 & 4 & 3 \\ 3 & 1 & 2 & \not0 & ⓪ & \not0 \\ 2 & 5 & ⓪ & 5 & \not0 & 1 \\ ⓪ & \not0 & \not0 & \not0 & 1 & 1 \end{bmatrix}.$$

$$\begin{matrix} 5 \quad 4 \quad 5 \quad 4 \end{matrix}$$

⓪数满 6 个,已得最优分配,最优解为

$$\boldsymbol{X}^{*}=\begin{bmatrix} 0 & 0 & 0 & 0 & 0 & 1 \\ 0 & 0 & 0 & 1 & 0 & 0 \\ 0 & 1 & 0 & 0 & 0 & 0 \\ 0 & 0 & 0 & 0 & 1 & 0 \\ 0 & 0 & 1 & 0 & 0 & 0 \\ 1 & 0 & 0 & 0 & 0 & 0 \end{bmatrix}.$$

去除虚顾客 F,得最优售房方案为

$$A\to6,\ B\to4,\ C\to2,\ D\to5,\ E\to3.$$

最大售房总收入为

$$z^{*}=16+17+15+14+15=77(百万元).$$

大量计算实践表明,对匈牙利算法作以下变通往往能减少工作量:

(1) 先作列缩减,后作行缩减,有时可更快得出最优分配.

(2) 继续缩减后,因 0 元素往往增多,可先转向 Step 2,重新圈 0,常可得最优分配(省去了重新标号与调整分配两个步骤).

上面两个例子用这些变通方法都可以成功.

第四节 补充阅读材料——割平面算法

整数规划的割平面算法(cutting plane algorithm)最早由戈莫里(R. E. Gomory)于1958年提出,其方法基础仍是用线性规划去解整数规划,即在非整数解的松弛规划中,依次增加新的约束条件(割平面),从而割去原松弛可行域中一块不含整数解的区域,直至最终得到这样的可行域,其整数坐标的极点为原整数规划的最优解.

割平面算法的关键在于如何寻找这些附加的约束条件(即割平面),使得能够较快地去除不含整数最优解的区域.该方法提出之后,陆续出现了多种从不同角度来构造割平面的求解思路.该算法的基本求解思路如下:

Step 1. 令 $k \leftarrow 0$,用单纯形法求解整数规划的松弛规划,得最优解 X_k.

Step 2. 若 X_k 符合整数要求,则已得到原问题的最优解,停止计算;否则,按 X_k 的某个非整数分量在单纯形表中所处的行(记为 i 行),构造源于该行的割平面:

$$q_i - \sum_{j \in J} p_{ij} x_j \leqslant 0.$$

其中,$J = \{j \mid x_j$ 为当前非基变量$\}$;q_i 为 i 行对应的右侧项元素 b_i 之小数部分,满足 $0 < q_i < 1$;p_{ij} 为 i 行对应的系数 a_{ij} 之小数部分,满足 $0 \leqslant p_{ij} < 1$.

引入松弛变量 x_{n+k+1},得

$$-\sum_{j \in J} p_{ij} x_j + x_{n+k+1} = -q_i.$$

Step 3. 将上述新约束添入单纯形表,并增加相应 x_{n+k+1} 的列;用对偶单纯形法继续迭代,求得新的最优解 X_{k+1};令 $k \leftarrow k+1$,转 Step 2.

尽管割平面算法是较早提出的一种求解整数规划的算法,具有重要的理论意义,但由于其收敛缓慢,实际效率低,因而应用中完全采用该方法的场合并不多.20世纪90年代以来,割平面算法与分支定界法以及问题的预处理技术等巧妙地结合在一起,产生了一种新的用于求解整数规划的方法,分支-切割算法(branch and cut algorithm).计算实验表明,该方法甚至能成功地解决相当大规模的一般整数规划问题,以及一些困难的组合优化问题.

 练习题

1. 今用货船装载 5 种货物,已知各种货物的单位质量 w_i、单位体积 v_i、单位价格 r_i ($i = 1, 2, \cdots, 5$)如表 2-8 所示.

表 2-8

i	w_i	v_i	r_i
1	5	1	4
2	8	8	7
3	3	6	6
4	2	5	5
5	7	4	4

货船的最大载重量和体积分别为 $W = 112$ 和 $V = 109$. 问:如何装运各种货物,才能使装运的价值最大? 建立此问题的整数规划模型.

2. 用分支定界法解下列整数规划.

(1) $\min z = x_1 + 4x_2$.

$$\text{s.t.} \begin{cases} 2x_1 + x_2 \leqslant 8, \\ x_1 + 2x_2 \geqslant 6, \\ x_1, x_2 \geqslant 0 \text{ 且为整数.} \end{cases}$$

(2) $\max z = x_1 + x_2$.

$$\text{s.t.} \begin{cases} -2x_1 + x_2 \leqslant \dfrac{1}{3}, \\ x_1 + \dfrac{9}{14}x_2 \leqslant \dfrac{51}{14}, \\ x_1, x_2 \geqslant 0 \text{ 且为整数.} \end{cases}$$

3. 以下四个约束条件中至少满足两个:

$$\begin{cases} 5x_1 + 3x_2 \leqslant 4, \\ 2x_1 - 5x_2 \leqslant -3, \\ x_1 + 3x_2 \leqslant 7, \\ 3x_1 - x_2 \geqslant -5. \end{cases}$$

试用 0-1 变量来表示此要求.

4. 某钻井队要从 10 个可供选择的井位中确定 5 个钻井探油,问:应怎样选择,才能使钻探总费用最小? 已知 10 个井位的代号为 $s_j (j = 1, 2, \cdots, 10)$,相应的钻探费用为 $c_j (j = 1, 2, \cdots, 10)$,并且井位选择须满足下列限制条件:

(1) 或选择 s_1 和 s_7,或选择 s_8.

(2) 选择了 s_3 或 s_4 就不能选 s_5,反之亦然.

(3) 在 s_5、s_6、s_7、s_8 中最多只能选两个.

试建立此问题的 0-1 规划模型.

5. 四项工作要甲、乙、丙、丁四人去完成,每项工作只允许一个人完成,每个人只完成其中一项工作.已知每个人完成各项工作所需时间如表 2-9 所示,问:应如何分配,才能使所需总时间最少?

表 2-9　　　　　　　　　　　　　　　　　　　　　　单位:h

人员	工　作			
	1	2	3	4
甲	15	18	21	24
乙	19	23	22	18
丙	26	17	16	19
丁	19	21	23	17

6. 四个工厂 A_1、A_2、A_3、A_4,生产四种产品 B_1、B_2、B_3、B_4,相应利润如表 2-10 所示.试求使总利润最大的分配方案.

表 2-10　　　　　　　　　　　　　　　　　　　　　单位:万元

工 厂	产　品			
	B_1	B_2	B_3	B_4
A_1	88	84	87	85
A_2	78	72	76	74
A_3	64	59	66	60
A_4	53	50	58	51

7. 已知 5 名运动员,其各种姿势的 50 m 游泳成绩如表 2-11 所示.问:如何选拔一支 200 m 混合泳接力队,使预期比赛成绩最好?

表 2-11　　　　　　　　　　　　　　　　　　　　　单位:s

项目	运 动 员				
	赵	钱	张	王	周
仰　泳	37.7	32.9	33.8	37.0	35.4
蛙　泳	43.4	33.1	42.2	34.7	41.8
蝶　泳	33.3	28.5	38.9	30.4	33.6
自 由 泳	29.2	26.4	29.6	28.5	31.1

第三章 目标规划

 学习目标

1. 理解目标规划的基本概念
2. 会用图解法求解两个变量的目标规划问题
3. 掌握目标规划的扩展单纯形法

> 未济,亨,小狐汔济,濡其尾.
>
> ——《易经·未济卦第六十四》

线性规划处理的是线性单目标优化问题,但在生产实践中,常常需要同时考虑多个目标的优化问题.例如,工厂制订一个年度生产计划,既要考虑产值高、利润大,又要追求能源及原材料消耗低、设备和人员的利用率高等多个目标.只有尽量满足各项目标要求时,才能获得一个理想的生产计划.又如,企业要制订一个投资计划,既要考虑投资少,又要追求收益高,只有当两者尽量满足时,才能获得一个理想的投资方案.诸如此类具有至少两个目标函数的优化问题,统称为多目标优化问题.

本章所要讨论的**目标规划**(goal programming),简记作 GP,是多目标最优化研究中一类重要的数学方法,作为入门,这里仅限于讨论线性结构的目标规划.实际上,线性目标规划是一种特殊类型的线性规划,其特点是寻求使各目标值尽可能接近其预定期望值的满意解.

目标规划由美国数学家查恩斯(Charnes)和库珀(Cooper)于 1961 年首先提出,他们在研究不可行 LP 问题的近似解时形成此概念.随着计算机技术的不断发展,目标规划的应用日益广泛,在诸如企业管理、市场营销、交通运输、能源利用、医疗保健、综合开发等许多领域中,都取得了显著的经济效益.

第一节　数 学 模 型

一、目标规划的基本思想

目标规划的基本思想是对每个目标函数引进一个期望值(预期希望达到的目标值).由于受到各种条件的限制与影响,各期望值往往不能同时正好达到,所以,又引进了相应的正、负偏差变量,以描述目标值超过或低于期望值的程度.而各目标的重要程度也不尽相同,故还可对各目标配上各自的优先级和权系数.

在完善了上述步骤后,把所有目标函数都化为相应的约束方程,与原来的约束条件一起,合并组成新的约束条件.于是,问题变为在新的约束条件下,寻求各目标值与期望值的偏差最小的解.由于是多个目标,往往存在互相牵制的内在关系,所以,不能使每个目标都同时达到期望值就在所难免.有鉴于此,人们就从寻找理想中的"最优解"转变为寻求符合当前现实的"满意解".

下面,通过实例分析来介绍目标规划的重要概念与建模过程.

二、目标规划的重要概念与建模过程

例 3-1　某工厂生产 A、B 两种产品,每种产品都须经过甲、乙两道工序.已知数据如表 3-1 所示.

表 3-1

工序	产　品		最高总工时/min
	A	B	
甲	2	1	20 000
乙	2	3	36 000
单位产品利润/元	9	12	

根据市场预测、用户合同及设备条件等情况,工厂作出如下考虑:

(1) 第一目标——利润不小于 165 000 元.

(2) 第二目标——两道工序的加班费最少.

(3) 按合同生产 A、B 产品共 16 000 个.

已知工序甲加班费 0.60 元/min,工序乙加班费 0.72 元/min.试建立工厂生产的数学模型.

设 x_1、x_2 为决策变量,分别表示 A、B 产品的产量.为建立上述问题的数学模型,先叙述几个有关的概念.

（一）偏差变量

设有 m 个目标,对每个目标引进一对偏差变量,分别记作 d_i^+、d_i^-　($i=1,2,\cdots,m$).

d_i^+ 称为正偏差变量,表示第 i 目标值超过期望值的盈余量.

d_i^- 称为负偏差变量,表示第 i 目标值低于期望值的不足量.

显见,正、负偏差变量至少有一个为 0,即 $d_i^+ d_i^- =0$.

例 3-1 中的利润目标,有

$$9x_1+12x_2+d_1^- - d_1^+ = 165\,000,$$

其中,d_1^+、d_1^- 分别表示目标值超过和低于利润期望值的差额.

例 3-1 中的加班时间目标,有

（工序甲）　　　　$$2x_1+x_2+d_2^- - d_2^+ = 20\,000,$$

其中,d_2^+、d_2^- 分别表示超过和低于工序甲最高总工时的差额时间,d_2^+ 就是在工序甲上的实际加班时间.

（工序乙）　　　　$$2x_1+3x_2+d_3^- - d_3^+ = 36\,000,$$

其中,d_3^+、d_3^- 分别表示超过和低于工序乙最高总工时的差额时间,d_3^+ 就是在工序乙上的实际加班时间.

（二）绝对约束和相对约束

由目标函数转化成的约束方程称为目标约束,共分两类:

(1) 绝对约束(硬约束或刚性约束),是必须不折不扣满足的约束.

例 3-1 中生产 A、B 产品共 16 000 个就是绝对约束,即

$$x_1+x_2=16\,000.$$

(2) 相对约束(软约束或柔性约束),是希望尽可能去满足的约束.它可能正好满足,也允许出现差额.因此,都引入了正、负偏差变量.绝对约束也可写成相对约束.

本例中的绝对约束可写成

$$x_1+x_2+d_0^- - d_0^+ = 16\,000,$$

其中,只要 d_0^+ 与 d_0^- 同时取 0 就保证仍是绝对约束.

（三）目标优先级与权系数

目标优先级是指,由于多目标中的各目标有主次之分,决策者应根据各目标的重要程度,从高到低将其分成不同层次的优先级,"属第 k 层优先级"这一术语就记作 P_k(仅作为符号使用,不能参加运算,但可代表所对应的目标约束,并写入目标函数中).

若有 k、j 两个层次的优先级,且 $k<j$,则 P_k 对应的目标重要性高于 P_j 对应的目标重要性.因此,只有前者对应的目标得到满足之后,才轮到考虑后者的目标.

处于同一优先级中的目标可以有多个,它们之间重要程度的差别,则用各自对应的非负权系数来刻画.若有 a、b 两个权系数,且 $a<b$,则 b 对应的目标重要性高于 a 对应的

目标重要性.

例 3 - 1 中的第一、第二目标分两个优先级：

P_1——利润不小于 165 000 元；

P_2——两道工序的加班费最少.

由于绝对约束必属最高优先级，故有：

P_0——生产 A、B 两种产品 16 000 个.

(四) 目标函数

目标规划要求决策结果所得的各目标值对应的各期望值总偏差量为最小.因此,目标函数 f 中只能包含正、负偏差变量,且永远是求极小,其基本形式有下述三种：

(1) 达到期望值.为此,要求正、负偏差量同时尽可能小,即

$$\min f = f(d^- + d^+).$$

(2) 低于期望值.为此,要求正偏差量尽可能小,即

$$\min f = f(d^+).$$

(3) 超过期望值.为此,要求负偏差量尽可能小,即

$$\min f = f(d^-).$$

目标规划的目标函数一般表示式为

$$\min f = \sum_{i=0}^{r} P_i \left[\sum_{j=1}^{h} (w_{ij}^+ d_j^+ + w_{ij}^- d_j^-) \right],$$

其中, w_{ij}^+、w_{ij}^- $(j = 1, 2, \cdots, h)$ 为 d_j^+、d_j^- 的权系数.

例 3 - 1 中,第二目标可选加班费作为权系数,来刻画两个目标的轻重,以此反映出厂方的意愿.

于是,例 3 - 1 的目标规划数学模型可写成：

$$\min f = P_0(d_0^- + d_0^+) + P_1(d_1^-) + P_2(0.60d_2^+ + 0.72d_3^+).$$

$$\text{s.t.} \begin{cases} x_1 + x_2 + d_0^- - d_0^+ = 16\,000, \\ 9x_1 + 12x_2 + d_1^- - d_1^+ = 165\,000, \\ 2x_1 + x_2 + d_2^- - d_2^+ = 20\,000, \\ 2x_1 + 3x_2 + d_3^- - d_3^+ = 36\,000, \\ x_1, x_2 \geqslant 0; d_i^+, d_i^- \geqslant 0 \quad (i = 0, 1, 2, 3). \end{cases}$$

例 3 - 2 某厂生产鼠标和键盘,两种产品均需经过甲、乙两个车间的加工.已知数据如表 3 - 2 所示.

表 3 - 2

项目	鼠标	键盘
甲车间/(h/个)	2	4
乙车间/(h/个)	2.5	1.5
月库存成本/(元/个)	16	30
销售利润/(元/个)	40	46
市场需求量/个	1 500	1 000

甲车间有 12 台机器,每台每天工作 8 h、每月正常工作 22 天、运转成本 36 元/h;乙车间有 7 台机器,每台每天工作 16 h、每月正常工作 22 天、运转成本 30 元/h.

工厂已确定下个月中有关生产与销售目标的优先等级:

P_1——库存成本不超过 46 000 元;

P_2——鼠标销售量不少于 1 500 个;

P_3——两个车间的设备应充分运用,以避免空闲时间,并按两个车间机器运转成本比例作为相应的权系数;

P_4——键盘销量不少于 1 000 个;

P_5——甲车间的全月加班时间不超过 30 h;

P_6——按两个车间机器的运转成本比例作为相应的权系数来限制其总加班时间.

试建立工厂生产的目标规划模型.

解　设 x_1、x_2 分别表示下个月鼠标与键盘的生产量. d_i^+、d_i^- （$i = 1, 2, \cdots, 6$）为相应目标约束的正、负偏差变量.

(1) 设备运转时间约束.

甲车间机器每月总工作时间为

$$8 \times 12 \times 22 = 2\ 112 (\text{h}).$$

乙车间机器每月总工作时间为

$$16 \times 7 \times 22 = 2\ 464 (\text{h}).$$

相应目标约束为

$$2x_1 + 4x_2 + d_1^- - d_1^+ = 2\ 112,$$
$$2.5x_1 + 1.5x_2 + d_2^- - d_2^+ = 2\ 464.$$

(2) 库存成本约束.

$$16x_1 + 30x_2 + d_3^- - d_3^+ = 46\ 000.$$

(3) 销售目标约束.

$$x_1 + d_4^- - d_4^+ = 1\ 500,$$
$$x_2 + d_5^- - d_5^+ = 1\ 000.$$

（4）甲车间加班时间约束.

$$d_1^+ + d_6^- - d_6^+ = 30.$$

（5）目标函数.

$$\min f = P_1(d_3^+) + P_2(d_4^-) + P_3(6d_1^- + 5d_2^-) + P_4(d_5^-) +$$
$$P_5(d_6^+) + P_6(6d_1^+ + 5d_2^+).$$

综上所述，目标规划模型为

$$\min f = P_1(d_3^+) + P_2(d_4^-) + P_3(6d_1^- + 5d_2^-) + P_4(d_5^-) +$$
$$P_5(d_6^+) + P_6(6d_1^+ + 5d_2^+).$$

$$\text{s.t.} \begin{cases} 2x_1 + 4x_2 + d_1^- - d_1^+ = 2\,112, \\ 2.5x_1 + 1.5x_2 + d_2^- - d_2^+ = 2\,464, \\ 16x_1 + 30x_2 + d_3^- - d_3^+ = 46\,000, \\ x_1 + d_4^- - d_4^+ = 1\,500, \\ x_2 + d_5^- - d_5^+ = 1\,000, \\ d_1^+ + d_6^- - d_6^+ = 30, \\ x_1, x_2 \geqslant 0;\ d_i^+, d_i^- \geqslant 0 \quad (i = 1, 2, \cdots, 6). \end{cases}$$

第二节 图 解 法

对只有两个决策变量的目标规划来说，可借助平面直角坐标系，用几何作图的方法来求解，称为图解法.

例 3-3 求解例 3-1 中的目标规划.

$$\min f = P_0(d_0^- + d_0^+) + P_1(d_1^-) + P_2(0.60d_2^+ + 0.72d_3^+).$$

$$\text{s.t.} \begin{cases} x_1 + x_2 + d_0^- - d_0^+ = 16\,000, \\ 9x_1 + 12x_2 + d_1^- - d_1^+ = 165\,000, \\ 2x_1 + x_2 + d_2^- - d_2^+ = 20\,000, \\ 2x_1 + 3x_2 + d_3^- - d_3^+ = 36\,000, \\ x_1, x_2 \geqslant 0;\ d_i^+, d_i^- \geqslant 0 \quad (i = 0, 1, 2, 3). \end{cases}$$

解 首先考虑最高优先级 P_0 的目标.在 Ox_1x_2 平面直角坐标系的第一象限中作直线 AB：$x_1 + x_2 = 16\,000$，并在 $x_1 + x_2 < 16\,000$ 的一侧标上 d_0^-，在 $x_1 + x_2 > 16\,000$ 的一侧标上 d_0^+，见图 3-1.

显然,线段 AB 上的所有点均满足 $d_0^- = d_0^+ = 0$,此时,P_0 级目标函数取到最小值,故线段 AB 组成满足 P_0 级目标的解集,记为 R_0.

其次,在 R_0 上考虑优先级 P_1 的目标.仿上,作直线 CD：$9x_1 + 12x_2 = 165\,000$,并在其两侧标上 d_1^-、d_1^+,则满足 P_1 级目标的点位于线段 CD 及其上侧,与 R_0 的交集为线段 AM,其上的所有点同时实现了 P_0 与 P_1 级的目标,将由这些点组成的解集记作 R_1.

最后,在 R_1 上考虑优先级 P_2 的两个目标.分别作直线 EF：$2x_1 + x_2 = 20\,000$ 及直线 GH：$2x_1 + 3x_2 = 36\,000$,并在其两侧标上 d_2^-、d_2^+ 及 d_3^-、d_3^+.因 $0.60 < 0.72$,故应优先考虑 P_2 级目标函数中权系数大者所对应的那部分目标函数,满足 $\min d_3^+ = 0$ 的点位于 GH 及其下侧,且与 R_1 无交集.在 R_1 上只有点 M 离 GH 最近,即该点处 d_3^+ 最小.因 $\min d_3^+ > 0$,故对应目标未达到,于是权系数小者对应的那部分目标函数不再考虑.

如图 3-1 所示,点 M 即为所求的满意解,得 $\boldsymbol{X}^* = (9\,000,\ 7\,000)^{\mathrm{T}}$,即工厂应生产 A 产品 9\,000 个,B 产品 7\,000 个.

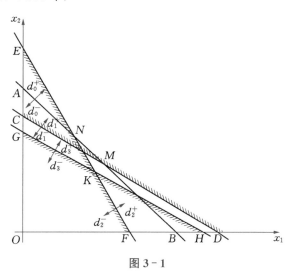

图 3-1

例 3-4　求解例 3-2 中的目标规划.

$$\min f = P_1(d_3^+) + P_2(d_4^-) + P_3(6d_1^- + 5d_2^-) + P_4(d_5^-) +$$
$$P_5(d_6^+) + P_6(6d_1^+ + 5d_2^+).$$

$$\text{s.t.}\begin{cases} 2x_1 + 4x_2 + d_1^- - d_1^+ = 2\,112, \\ 2.5x_1 + 1.5x_2 + d_2^- - d_2^+ = 2\,464, \\ 16x_1 + 30x_2 + d_3^- - d_3^+ = 46\,000, \\ x_1 + d_4^- - d_4^+ = 1\,500, \\ x_2 + d_5^- - d_5^+ = 1\,000, \\ d_1^+ + d_6^- - d_6^+ = 30, \\ x_1,\ x_2 \geqslant 0;\ d_i^+,\ d_i^- \geqslant 0 \quad (i = 1,\ 2,\ \cdots,\ 6). \end{cases}$$

解 如图 3-2 所示,同时满足 P_1、P_2、P_3 诸目标的解集为 $\triangle ABC$ 所围阴影区域 R.

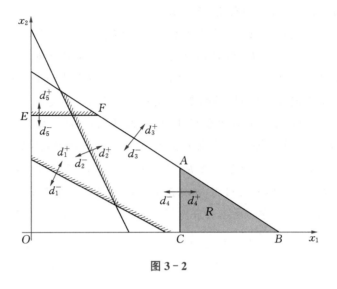

图 3-2

考虑 P_4 时,满足 $\min d_5^-$ 的点应位于线段 EF 及其上侧,在 R 中只有点 A 使 d_5^- 取值最小.因 $\min d_5^- > 0$,故 P_5、P_6 不再考虑.

于是,点 A 即为所求之满意解,得 $\boldsymbol{X}^* = (1500, 733.3333)^{\mathrm{T}}$,取整后得工厂应生产鼠标 1 500 台,键盘 733 台.

第三节 扩展单纯形法

对一般形式的目标规划来说,结合其数学结构的特点,合理运用线性规划的单纯形法,是求解的途径之一.事实上,只要把目标规划模型中求 min 化为求 max 后,即为一个标准的线性规划模型,且系数矩阵中已含有一个所需的单位阵,此单位阵由负偏差变量的系数构成,所以可用单纯形法来求解.当然,为体现优先级,始终保留符号 P_k,并将其安排在计算表的合适位置上,虽不能直接参加运算,却能提供必要的优先级信息.

注意 在价值系数位置上的 cP_k 就表示该处的价值系数为 c;特殊地,若 $c = 0$,则 $0P_k$ 就简记为 0.

下面,通过实例求解来介绍目标规划的扩展单纯形法.

例 3-5 求解例 3-1 中的目标规划.

$$\min f = P_0(d_0^- + d_0^+) + P_1(d_1^-) + P_2(0.60d_2^+ + 0.72d_3^+).$$

$$\text{s.t.}\begin{cases} x_1 + x_2 + d_0^- - d_0^+ = 16\,000, \\ 9x_1 + 12x_2 + d_1^- - d_1^+ = 165\,000, \\ 2x_1 + x_2 + d_2^- - d_2^+ = 20\,000, \\ 2x_1 + 3x_2 + d_3^- - d_3^+ = 36\,000, \\ x_1,\ x_2 \geqslant 0;\ d_i^+,\ d_i^- \geqslant 0 \quad (i=0,\ 1,\ 2,\ 3). \end{cases}$$

解　建立初始单纯形表.此处的单纯形表与以往有所不同,主要体现在:目标函数有几个优先级,表中就有几行检验数,从上至下的次序为按优先级由高到低排列.迭代时,先按第一优先级的检验数行作第一轮单纯形法运算,求出相应的最优解;再转入第二优先级的检验数行,作第二轮单纯形法运算,寻找相应的最优解.在第二轮运算中选取入基变量时,要求第一优先级位于该入基变量列处的检验数为 0;否则,终止迭代.这时,当前表上的解就是所求的满意解.当第二优先级目标也求出最优解后,才可转入第三优先级的检验数行……依次类推,逐步进行到更低的优先级,其中,每次选取入基变量时,都要求前一优先级位于该入基变量列处的检验数为 0,否则,结束运算.

本例的扩展单纯形法迭代过程如表 3-3 所示(其中,已令 $z=-f$,化为 $\max z$,权系数为 0.60、0.72).

表 3-3

C_B	X_B	x_1	x_2	d_0^-	d_0^+	d_1^-	d_1^+	d_2^-	d_2^+	d_3^-	d_3^+	b
$-P_0$	d_0^-	1	1	1	-1	0	0	0	0	0	0	16 000
$-P_1$	d_1^-	9	12	0	0	1	-1	0	0	0	0	165 000
0	d_2^-	2	1	0	0	0	0	1	-1	0	0	20 000
0	d_3^-	2	[3]	0	0	0	0	0	0	1	-1	36 000
	P_0	1	1	0	-2	0	0	0	0	0	0	16 000
$-z$	P_1	9	12	0	0	0	-1	0	0	0	0	165 000
	P_2	0	0	0	0	0	0	0	-0.60	0	-0.72	0
$-P_0$	d_0^-	$\frac{1}{3}$	0	1	-1	0	0	0	0	$-\frac{1}{3}$	$\frac{1}{3}$	4 000
$-P_1$	d_1^-	1	0	0	0	1	-1	0	0	-4	[4]	21 000
0	d_2^-	$\frac{4}{3}$	0	0	0	0	0	1	-1	$-\frac{1}{3}$	$\frac{1}{3}$	8 000
0	x_2	$\frac{2}{3}$	1	0	0	0	0	0	0	$\frac{1}{3}$	$-\frac{1}{3}$	12 000
	P_0	$\frac{1}{3}$	0	0	-2	0	0	0	0	$-\frac{1}{3}$	$\frac{1}{3}$	4 000
$-z$	P_1	1	0	0	0	0	-1	0	0	-4	4	21 000
	P_2	0	0	0	0	0	0	0	-0.60	0	-0.72	0

C_B	X_B	x_1	x_2	d_0^-	d_0^+	d_1^-	d_1^+	d_2^-	d_2^+	d_3^-	d_3^+	b
$-P_0$	d_0^-	$\frac{1}{4}$	0	1	-1	$-\frac{1}{12}$	$\frac{1}{12}$	0	0	0	0	2 250
$-0.72P_2$	d_3^+	$\frac{1}{4}$	0	0	0	$\frac{1}{4}$	$-\frac{1}{4}$	0	0	-1	1	5 250
0	d_2^-	$\left[\frac{5}{4}\right]$	0	0	0	$-\frac{1}{12}$	$\frac{1}{12}$	1	-1	0	0	6 250
0	x_2	$\frac{3}{4}$	1	0	0	$\frac{1}{12}$	$-\frac{1}{12}$	0	0	0	0	13 750
	P_0	$\frac{1}{4}$	0	0	-2	$-\frac{1}{12}$	$\frac{1}{12}$	0	0	0	0	2 250
$-z$	P_1	0	0	0	0	-1	0	0	0	0	0	0
	P_2	0.18	0	0	0	0.18	-0.18	0	-0.60	-0.72	0	3 780
$-P_0$	d_0^-	0	0	1	-1	$-\frac{1}{15}$	$\frac{1}{15}$	$-\frac{1}{5}$	$\left[\frac{1}{5}\right]$	0	0	1 000
$-0.72P_2$	d_3^+	0	0	0	0	$\frac{4}{15}$	$-\frac{4}{15}$	$-\frac{1}{5}$	$\frac{1}{5}$	-1	1	4 000
0	x_1	1	0	0	0	$-\frac{1}{15}$	$\frac{1}{15}$	$\frac{4}{5}$	$-\frac{4}{5}$	0	0	5 000
0	x_2	0	1	0	0	$\frac{2}{15}$	$-\frac{2}{15}$	$-\frac{3}{5}$	$\frac{3}{5}$	0	0	10 000
	P_0	0	0	0	-2	$-\frac{1}{15}$	$\frac{1}{15}$	$-\frac{1}{5}$	$\frac{1}{5}$	0	0	1 000
$-z$	P_1	0	0	0	0	-1	0	0	0	0	0	0
	P_2	0	0	0	0	$\frac{24}{125}$	$-\frac{24}{125}$	$-\frac{18}{125}$	$-\frac{57}{125}$	-0.72	0	2 880
$-0.60P_2$	d_2^+	0	0	5	-5	$-\frac{1}{3}$	$\frac{1}{3}$	-1	1	0	0	5 000
$-0.72P_2$	d_3^+	0	0	-1	1	$\frac{1}{3}$	$-\frac{1}{3}$	0	0	-1	1	3 000
0	x_1	1	0	4	-4	$-\frac{1}{3}$	$\frac{1}{3}$	0	0	0	0	9 000
0	x_2	0	1	-3	3	$\frac{1}{3}$	$-\frac{1}{3}$	0	0	0	0	7 000

续　表

C_B	X_B	x_1	x_2	d_0^-	d_0^+	d_1^-	d_1^+	d_2^-	d_2^+	d_3^-	d_3^+	b
	P_0	0	0	-1	-1	0	0	0	0	0	0	0
$-z$	P_1	0	0	0	0	-1	0	0	0	0	0	0
	P_2	0	0	2.28	-2.28	0.04	-0.04	-0.60	0	-0.72	0	5 160

　　至此,表 3-3 中最末的 P_2 行上最大正检验数为 2.28,但同列对应的 P_0 行上检验数为 $-1 \neq 0$,又该行上另一正检验数 0.04,其所在列对应的 P_1 行上检验数为 $-1 \neq 0$,所以终止迭代.于是得满意解 $x_1 = 9\,000$,$x_2 = 7\,000$.此时该厂应生产 A 产品 9 000 个,B 产品 7 000 个.所获利润为 165 000 元,加班费为 5 160 元.

　　进一步查阅最终表的检验数,发现所有非基变量均为正,这就意味着已求得满意解.

第四节　补充阅读材料——改进单纯形法与反射 P 空间法

一、改进单纯形法

(一) 单纯形表的改进

　　设有五个变量和三个约束条件的线性规划,其初始(a_{32} 为主元)与迭代一次后的单纯形表如表 3-4 所示.

表 3-4

C_B	X_B	x_1	x_2	x_3	x_4	x_5	b
c_1	x_1	1	a_{12}	0	0	a_{15}	b_1
c_3	x_3	0	a_{22}	1	0	a_{25}	b_2
c_4	x_4	0	$[a_{32}]$	0	1	a_{35}	b_3
	$-z$	0	σ_2	0	0	σ_5	
c_1	x_1	1	0	0	$-\dfrac{a_{12}}{a_{32}}$	$a_{15} - \dfrac{a_{35}a_{12}}{a_{32}}$	$b_1 - \dfrac{b_3 a_{12}}{a_{32}}$
c_3	x_3	0	0	1	$-\dfrac{a_{22}}{a_{32}}$	$a_{25} - \dfrac{a_{35}a_{22}}{a_{32}}$	$b_2 - \dfrac{b_3 a_{22}}{a_{32}}$
c_2	x_2	0	1	0	$-\dfrac{1}{a_{32}}$	$\dfrac{a_{35}}{a_{32}}$	$\dfrac{b_3}{a_{32}}$
	$-z$	0	0	0	$-\dfrac{\sigma_2}{a_{32}}$	$\sigma_5 - \dfrac{a_{35}\sigma_2}{a_{32}}$	

由于单纯形表中基变量所在列的系数列向量恒为单位列向量,所以可从表上略去而不致引起混乱.

经单纯形法迭代后,入基变量成为出基变量,其系数列向量正好替代迭代前出基变量系数列向量的位置,而出基变量成为非基变量,其系数列向量正好对应迭代前入基变量系数列向量的位置.即迭代后入基变量列替代迭代前出基变量列,而出基变量列对应迭代前入基变量列.

于是,表 3-4 可简化改进,如表 3-5 所示.

表 3-5

C_B	X_B	x_2	x_5	b
c_1	x_1	a_{12}	a_{15}	b_1
c_3	x_3	a_{22}	a_{25}	b_2
c_4	x_4	$[a_{32}]$	a_{35}	b_3
	$-z$	σ_2	σ_5	
c_1	x_1	$-\dfrac{a_{12}}{a_{32}}$	$a_{15}-\dfrac{a_{35}a_{12}}{a_{32}}$	$b_1-\dfrac{b_3a_{12}}{a_{32}}$
c_3	x_3	$-\dfrac{a_{22}}{a_{32}}$	$a_{25}-\dfrac{a_{35}a_{22}}{a_{32}}$	$b_2-\dfrac{b_3a_{22}}{a_{32}}$
c_2	x_2	$\dfrac{1}{a_{32}}$	$\dfrac{a_{35}}{a_{32}}$	$\dfrac{b_3}{a_{32}}$
	$-z$	$-\dfrac{\sigma_2}{a_{32}}$	$\sigma_5-\dfrac{a_{35}\sigma_2}{a_{32}}$	

单纯形法作上述改进后,称为改进单纯形法.

(二) 改进单纯形法的步骤

设主元为 $a_{i_0j_0}$,则计算迭代步骤如下:

(1) $a_{ij_0}:=-\dfrac{a_{ij_0}}{a_{i_0j_0}}$ $(i=1,2,\cdots,m,i\neq i_0)$,

$\sigma_{j_0}:=-\dfrac{\sigma_{j_0}}{a_{i_0j_0}}$.

(2) $a_{ij}:=a_{ij}+a_{i_0j}a_{ij_0}$ $(i=1,2,\cdots,m,i\neq i_0;j=1,2,\cdots,n,j\neq j_0)$,

$\sigma_j:=\sigma_j+a_{i_0j}\sigma_{j_0}$ $(j=1,2,\cdots,n,j\neq j_0)$,

$b_i:=b_i+b_{i_0}a_{ij_0}$ $(i=1,2,\cdots,m,i\neq i_0)$.

(3) $a_{i_0j}:=\dfrac{a_{i_0j}}{a_{i_0j_0}}$ $(i=1,2,\cdots,n,j\neq j_0)$,

$$b_{i_0} := \frac{b_{i_0}}{a_{i_0 j_0}}.$$

（4）$a_{i_0 j_0} := \dfrac{1}{a_{i_0 j_0}}.$

二、反射 P 空间法

（一）反射 P 空间法的要点

目标规划模型中，由于要引进正、负偏差变量，所以随着问题规模的扩展，变量数急剧增长，于是需要考虑如何节省计算机内存空间的要求.

美国学者伊格尼齐奥（J.P.Ignizio）发现，正、负偏差变量对应的系数列向量各元素成双结对且互为相反数，就将这种特性称为反射性，该特性在单纯形法迭代过程中自始至终不会改变.从中得到启示，可形成反射 P 空间法，具有减少计算元素、缩短计算时间、扩大解题规模等明显效果.这里，给出算法要点：

（1）删除初始单纯形表中所有基变量列，保留非基变量列（设为 n 个决策变量与 m 个正偏差变量）.在表中，省去正偏差变量对应的系数列向量，但须写上对应的检验数.非基变量行中，从左到右，先写决策变量，后写正偏差变量.

（2）每迭代一次，按换入换出的常规法则相应更换基变量列及非基变量行中有关的元素.

（3）迭代后的出基变量列置于迭代前的入基变量列.若 $d_{i_0}^-$ 为出基变量，则由反射性知，迭代后 $d_{i_0}^+$ 列与 $d_{i_0}^-$ 列的元素互为相反数，将 $d_{i_0}^-$ 列的元素填入运算表中.

（4）若 $d_{j_0}^+$ 为入基变量，则迭代后的出基变量列置于迭代前的 $d_{j_0}^-$ 列，且迭代后 $d_{j_0}^-$ 置于迭代前的 $d_{j_0}^+$ 处.

（二）反射 P 空间法的步骤

计算迭代步骤如下（$i = m+1, \cdots, m+r$ 对应 $P_1, \cdots, P_r$ 行；$j = n+1$ 对应 b 列）：

（1）按优先级选主元 $a_{i_0 j_0}$.

（2）若 $j_0 \leqslant n$，则

① $a_{i j_0} := -\dfrac{a_{i j_0}}{a_{i_0 j_0}}$ 　$(i = 1, 2, \cdots, m+r, i \neq i_0)$；

② $a_{ij} := a_{ij} + a_{i_0 j} a_{i j_0}$ 　$(i = 1, 2, \cdots, m+r, i \neq i_0; j = 1, 2, \cdots, n+1, j \neq j_0)$；

③ $a_{i_0 j} := \dfrac{a_{i_0 j}}{a_{i_0 j_0}}$ 　$(j = 1, 2, \cdots, n+1, j \neq j_0)$；

④ $a_{i_0 j_0} := \dfrac{1}{a_{i_0 j_0}}$；

⑤ 据反射性读出 d_j^+ 对应的系数列向量，按②计算该列中诸检验数.

（3）若 $j_0 > n$，则

① 据反射性读出 $d_{j_0}^+$ 对应的系数列向量，按(2)②计算该列中诸检验数；

② 按(2)①计算 a_{ij_0}，置于原 $d_{j_0}^-$ 列上；

③ 按(2)②计算 a_{ij}；

④ 按(2)③、④计算 a_{i_0j}，$a_{i_0j_0}$；

⑤ 按(2)⑤计算诸检验数.

 练习题

1. 某工厂生产 A、B 两种型号的电脑，每种型号的电脑均需经过甲、乙两道工序.已知每台电脑所需的加工时间、销售利润及工厂每周最大加工能力的数据如表 3-6 所示.

表 3-6

工序	产品		每周最大加工能力/h
	A	B	
甲	4	6	150
乙	3	2	70
利润/(元/台)	300	450	

工厂经营目标的期望值及优先级如下：

P_1——每周总利润不得低于 10 000 元；

P_2——因合同要求，A 型机每周至少生产 10 台，B 型机每周至少生产 15 台；

P_3——充分利用工厂的生产能力，但工序甲的每周生产时间必须恰好为 150 h. 而工序乙的生产时间可适当超过其最大加工能力（即允许适当加班）.

　对此构造相应的目标规划模型.

2. 用图解法求解目标规划：

$$\min f = P_1(d_1^+ + d_2^+) + P_2(d_3^-) + P_3(d_4^-).$$

$$\text{s.t.} \begin{cases} x_1 + x_2 + d_1^- - d_1^+ = 400, \\ x_1 + 2x_2 + d_2^- - d_2^+ = 500, \\ x_1 + d_3^- - d_3^+ = 300, \\ 0.4x_1 + 0.3x_2 + d_4^- - d_4^+ = 240, \\ x_1, x_2 \geqslant 0; d_i^-, d_i^+ \geqslant 0 \quad (i = 1, 2, 3, 4). \end{cases}$$

3. 用扩展单纯形法求解目标规划：

$$\min f = P_1(d_1^-) + P_2(d_2^+) + P_3(8d_3^- + 5d_4^-) + P_4(d_1^+).$$

$$\text{s.t.} \begin{cases} x_1 + x_2 + d_1^- - d_1^+ = 100, \\ x_1 + x_2 + d_2^- - d_2^+ = 90, \\ x_1 + \quad\quad d_3^- - d_3^+ = 80, \\ x_2 + \quad\quad d_4^- - d_4^+ = 55, \\ x_1, x_2 \geqslant 0;\ d_i^-, d_i^+ \geqslant 0 \quad (i = 1, 2, 3, 4). \end{cases}$$

4. 某工厂在某工段生产甲、乙两种关键零件. 甲零件生产时间 2 h, 获利 4 元; 乙零件生产时间 1 h, 获利 6 元. 每月用于这两种零件的生产时间为 120 h, 因还有其他生产任务, 规定每月这两种零件总产量不能超过 100 个. 工段优先考虑这两种零件的利润至少要达到 480 元, 其次考虑使生产时间得到充分利用且不宜加班. 问: 应如何规划这两种零件的生产?

(1) 建立数学模型.

(2) 用图解法求解.

(3) 用扩展单纯形法求解.

(4) 用反射 P 空间法求解.

第四章 动态规划

学习目标

1. 熟悉用动态规划解决多阶段决策问题的特点
2. 理解动态规划的基本概念和基本原理
3. 掌握动态规划模型的构造和求解方法

> 谦,亨,君子有终.
> ——《易经·谦卦第十五》

1951 年,以美国数学家贝尔曼(R.Bellman)为首的一个学派发展起了在经济、管理、军事、工程技术等方面都有广泛应用的一个运筹学重要分支——**动态规划**(dynamic programming),简记作 DP.由于现实中存在这样一类多阶段决策过程:将一个复杂问题按时间(或空间)分成若干阶段,每个阶段都需要作出决策,以便得到整个过程的最优结果.由于每个阶段作出的决策与时间有关,且前一阶段作出的决策,不仅与该阶段的结果有关,还影响以后各阶段的结果,因此,这类多阶段决策问题是一个动态问题,用于解决该类问题的方法称为**动态规划**.当然,动态规划也可以处理一些本身与时间没有关系的静态模型.只须在静态模型中人为地引入"时间"因素,并划分时段,就可看作是多阶段的动态模型,然后用动态规划去处理.

尽管动态规划对于解决多阶段决策问题有明显效果,但也有一定的局限.一方面,它没有统一的处理方法,必须根据问题的各种性质并结合一定的技巧来处理;另一方面,当问题规模增大时,总计算量及所需存储量急剧上升,受目前计算机能力限制,无法解决较大规模的问题,这就是"维数障碍".

由于各种多阶段决策问题,往往具有不同的特点,例如,阶段数有限或无限、一定或不定,时间参数离散或连续,决策过程确定或随机等,因此,动态规划有多种模型.这里,着重讨论的多阶段决策问题是阶段数有限的离散确定性过程.

第一节　多阶段决策问题

下面,通过对几个典型实例的分析,来说明可用动态规划解决的多阶段决策问题的一些特点.

例4-1 (最短路线问题)由若干城市及其单向道路组成的交通图如图4-1所示,图中数字表示城市之间的距离.问:应如何选择行进路线,才能使 A 到 G 的路程最短?

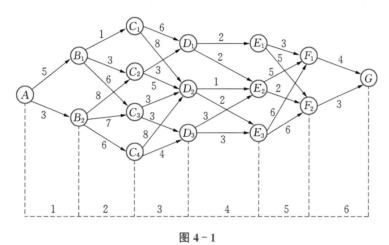

图4-1

由图4-1的结构可以看出,在空间上自首至尾恰好划分成6段.当实际行进时,可看作在时间上自始至终也划分成6段.在动态规划的应用中,不论具体问题是否与时间有关,经适当处理,总可采用时间段作为阶段.例4-1是具有6个阶段的决策问题,图中还附上了反映各个阶段的直线划分段.

求解最短路线问题的方法很多,本章讨论的是动态规划方法,下一章将用图论方法作更完备的讨论,至于两类方法所依据的理论基础则是相通的.

例4-2 (负荷分配问题)已知机器在高、低两种负荷下的年度生产情况如表4-1所示.

表4-1

负荷情况	完好机器台数	产品年产量	机器年完好率
高	w_1	$s_1 = cw_1$	a
低	w_2	$s_2 = dw_2$	b

其中,机器年完好率指年末完好机器台数与年初完好机器台数之比值.常数 a、b、c、d 满足 $0<a<b<1,0<d<c$,问:应如何在年初决定完好机器在两种负荷下工作的台数,才能使 n 年中总产量最多?

这是在时间上展开的典型的多阶段决策问题.把 n 年作为 n 个阶段,规定这一年初相当于上一年末,于是第 1 年初看作第 0 年末,第 2 年初看作第 1 年末,……,第 n 年初看作第 $n-1$ 年末,第 n 年末看作第 $n+1$ 初.这里,第 0 年与第 $n+1$ 年都是为讨论问题方便而引进的.

例 4-3　(投资问题)现有资金 7 亿元,可在三个项目上投资:项目 A 的投资额不得超过 3 亿元;项目 B 与项目 C 的投资额合计不得低于 2 亿元,但不得超过 4 亿元,或者可以不投资.投资方式与预期收益如表 4-2 所示(其中,"—"表示不允许发生的情况.单位:亿元).

表 4-2

项目	投资方式				
	0	1	2	3	4
A	0	5	8	10	—
B	0	—	3	9	11
C	0	—	7	11	13

问:应如何分配在三个项目上的投资额,才能使总收益最大?

解　可按项目顺序来确定阶段数,第 k 阶段就是指要确定第 k 个项目的投资额 x_k $(k=1,2,3)$ 这一步骤.注意:问题本身带有约束条件.

设 A、B、C 分别称为第 1、2、3 项目,则

$$\begin{cases} 0 \leqslant x_1 \leqslant 3, \\ x_2 = 0 \text{ 或 } 2 \leqslant x_2 \leqslant 4, \\ x_3 = 0 \text{ 或 } 2 \leqslant x_3 \leqslant 4. \end{cases}$$

第二节　动态规划的基本概念与模型构造

下面,结合取离散值的最短路线问题(例 4-1)与取连续值的负荷分配问题(例 4-2),介绍构造动态规划模型的全过程.

一、动态规划的基本概念

(一) 阶段

阶段是指按问题的时间演变或空间特征对过程进行划分的结果.从第一个(初始)阶

段到最后一个(终结)阶段,不断相连,就构成动态规划的全过程.

描写阶段序数的变量称为**阶段变量**,记作 k. $k=1$,2,$\cdots$,n 分别表示第 1,第 2,$\cdots$,第 n 阶段.

全过程中从第 k 阶段到第 n 阶段的那部分称为**后部 k 子过程**,常简称为 k 子过程.当 $k=1$ 时,k 子过程就是全过程.全过程中从第 1 阶段到第 k 阶段的那部分称为**前部 k 子过程**.当 $k=n$ 时,前部 k 子过程就是全过程.

例 4 - 1 中共有 6 个阶段:$k=1$,2,$\cdots$,6.例如,$B_1 \rightarrow C_1$、C_2、C_3 及 $B_2 \rightarrow C_2$、C_3、C_4,都处于 $k=2$ 的阶段.

例 4 - 2 中共有 n 个阶段:$k=1$,2,$\cdots$,n.例如,$k=3$ 就表示第 3 年度.

(二) 状态

状态是指阶段开始的各种可能情况,一种情况就是一个状态.动态规划要求过程的发展只受当前阶段特定状态的影响(称为**无后效性**),所以在确定状态时,必须注意到这一点.

描写状态特征的变量称为**状态变量**,反映第 k 阶段多种状态的状态变量记作 s_k.由于阶段开始时往往有多种状态,所以,s_k 相应有多个取值,其全体组成第 k 阶段的状态集合,记作 S_k. S_k 可以是有限集,也可以是无限集.

为方便讨论,可引进虚设的第 $n+1$ 阶段,此时就可将第 n 阶段的终结情况作为第 $n+1$ 阶段的初始状态.

例 4 - 1 中,状态变量 x_k 为第 k 阶段的行进起始城市,借用阶段数与字母代号下标,将表示城市的符号数量化,则各阶段的状态变量如表 4 - 3 所示.

表 4 - 3

k		s_k
1	A	11
2	B_1,B_2	21,22
3	C_1,C_2,C_3,C_4	31,32,33,34
4	D_1,D_2,D_3	41,42,43
5	E_1,E_2,E_3	51,52,53
6	F_1,F_2	61,62
7	G	71

注意,第 7 阶段是虚设的.表 4 - 3 中右列各数就是将 s_k 的取值数量化后状态集合 S_k 所含的元素.为便于与图 4 - 1 对照,以下有关例 4 - 1 的讨论,状态仍沿用字母代号表示.

例 4 - 2 中,状态变量 s_k 为第 k 年初完好机器台数.按理,机器台数应取离散的非负整数值,但实际情形却不尽然.例如,有两台在年初完好的机器,一台机器正常工作时间只有 6 个月,另一台全年正常工作,这两台机器在当年的生产情况显然大不一样.为能反映出这种区别,以尽量符合客观实际,自然认为只能工作半年的那台机器应该算作 0.5 台.因此,在构造模型时,把 s_k 取作连续的非负实数.

(三) 决策

决策是指依据当前阶段的特定状态,为达到下阶段某一状态所作出的选择方案.描写决策方案的变量称为**决策变量**,依据第 k 阶段已给状态 s_k 来作出决策的决策变量记作 $u_k(s_k)$.显见,决策变量依赖于状态变量.由于一个阶段的状态可有多种,所以作出的决策也可有多种.这里有两层含义:一是在当前阶段的状态集合中,取出任一状态都可作为特定状态,据此作出种种决策;二是当下一阶段也有多种状态时,依据当前阶段已给状态所允许作出的决策方案也可能有多种.依据状态变量 s_k 所允许作出的决策方案的全体,也即决策变量 $u_k(s_k)$ 取值的全体组成第 k 阶段的决策集合,记作 $D_k(s_k)$ 或 $\{u_k(s_k)\}$.当前阶段决策的结果,将决定下一阶段将达到哪种状态.第 n 阶段决策的结果,确定了虚设的第 $n+1$ 阶段的状态.在不会引起混淆的情况下,分别将 $u_k(s_k)$ 与 $D_k(s_k)$ 简记为 u_k 与 D_k.

例 4-1 中,决策变量 u_k 为第 k 阶段的行进终结城市.各阶段的决策变量如表 4-4 所示.

表 4-4

k	1	2		3			
x_k	A	B_1	B_2	C_1	C_2	C_3	C_4
u_k	B_1, B_2	C_1, C_2, C_3	C_2, C_3, C_4	D_1, D_2	D_1, D_2	D_2, D_3	D_2, D_3

	4			5		6	
	D_1	D_2	D_3	E_1	E_2	E_3	F_1	F_2
	E_1, E_2	E_2, E_3	E_2, E_3	F_1, F_2	F_1, F_2	F_1, F_2	G	G

由表 4-4 可得出任一 $D_k(s_k)$,将表 4-3 右列各数对应代入表 4-4 中,就可得出 s_k 与 u_k 数量化后的形式.

例 4-2 中,决策变量 u_k 为第 k 年初投入高负荷生产的完好机器台数,于是,s_k-u_k 就是第 k 年初投入低负荷生产的完好机器台数.与状态变量 s_k 同理,也把 u_k 取作连续的非负实数.按题意可推知,在第 k 年初有 s_k 台完好机器的前提下,具体决策则在下述范围内作出:最少是没有完好机器投入高负荷生产(即全部投入低负荷生产),最多是所有完好机器投入高负荷生产.因此,得到 $D_k(s_k)=\{u_k \mid 0 \leqslant u_k \leqslant s_k\}$.

阶段、状态、决策这三个概念称为**动态规划的三要素**.为叙述简便,将阶段变量、状态变量、决策变量简称为**阶段**、**状态**、**决策**.

(四) 策略

策略是依据第一阶段的给定状态,由全过程中每一阶段的决策所组成的决策序列.

设有 n 个阶段,$s_1 \in S_1$ 为第 1 阶段的给定状态,则对应的策略为决策序列 $\{u_k(s_k) \mid k=1, 2, \cdots, n\}$,记作 $p_{1n}(s_1)$,即

$$p_{1n}(s_1)=\{u_k(s_k) \mid k=1, 2, \cdots, n\}.$$

其中,第 $k+1$ 阶段的状态 s_{k+1} 是从先被确定的第 k 阶段的状态 s_k 出发,通过决策 $u_k(s_k)$ 而达到的当前状态 $(k=1,2,\cdots,n-1)$. 依据第 k 阶段的给定状态,由 k 子过程中每一阶段的决策所组成的决策序列,称为 **k 子策略**,记作 $p_{kn}(s_k)$,即

$$p_{kn}(s_k)=\{u_j(s_j)\,|\,j=k,k+1,\cdots,n\}\quad(s_k\in S_k).$$

当 $k=1$ 时,k 子策略就是全过程上的策略.

类似地,$p_{1k}(s_1)=\{u_j(s_j)\,|\,j=1,2,\cdots,k\}$ 称为依据 s_1 的**前部 k 子策略**.

由决策的不唯一性知,从同一状态出发所允许作出的策略也具有不唯一性.依据给定状态所得策略的全体组成了策略集合,记作 $P_{1n}(s_1)$.k 子策略集合记作 $P_{kn}(s_k)$.类似地,前部 k 子策略集合记作 $P_{1k}(s_1)$.

由上述各概念,易知成立下列递推关系:

$$p_{kn}(s_k)=\{u_k(s_k),p_{k+1},n(s_{k+1})\}\quad(k=1,2,\cdots,n-1).$$

全过程可表示为如下的状态-决策序列:

$$\{s_1,u_1,s_2,u_2,\cdots,u_n,s_{n+1}\}.$$

k 子过程则可表示为

$$\{s_k,u_k,s_{k+1},u_{k+1},\cdots,u_n,s_{n+1}\}.$$

过程永远是始于状态终于状态.在不至引起混淆的情况下,将 $p_{1n}(s_1)$,$p_{1k}(s_1)$ 与 $p_{kn}(s_k)$ 分别简记为 p_{1n}、p_{1k} 与 p_{kn},相应的策略集亦如此简记之.

例 4-1 中,策略之一是 $p_{16}(A)=\{B_1,C_1,D_1,E_1,F_1,G\}$,表示始终沿图 4-1 所示交通图的最上面一条路线行进.

如果通过求出所有策略来进行比较而得最优方案,则要考察全部从 A 到 G 的多条路线.显见,这种穷举法的计算工作量很大.但是,采用动态规划方法,计算量将大为减少.

例 4-2 中,策略之一是 $p_{1n}(s_1)=\{u_1,u_2,\cdots,u_n\}=\{0,0,\cdots,0\}$,表示始终让所有完好机器在低负荷下工作.

如果一开始完好机器的台数很多,例如,有 1 000 台,即使限制第一阶段决策 u_1 只取非负整数值,那么也已多达 1 001 种选择方案.后续各阶段的决策同样有成百上千种选择方案,而由各阶段决策所组成的策略个数则更为巨大.当决策是取连续实数值时,更无法列出所有可能方案.在此,穷举法完全失效,而动态规划方法却能有效地解决这类问题.

(五)转移方程

转移方程是指给定当前阶段的状态并且作出决策以后,反映由当前阶段到达下一阶段状态转移规律的关系式.

不同阶段中状态转移规律有所不同,以 T_k 来表示由第 k 阶段到第 $k+1$ 阶段的状态转移规律,于是转移方程可表示为

$$s_{k+1} = T_k\big[s_k,\, u_k(s_k)\big].$$

此式表示由第 k 阶段的某一状态 s_k 出发,采用了依据 s_k 而作出的某一决策 u_k,经过转移规律 T_k,达到了第 $k+1$ 阶段的某一状态 s_{k+1}.

例 4-1 中,因为当前阶段的决策正是下一阶段的行进起始城市,亦即决策结果直接成为下一阶段的状态,所以得转移方程为

$$s_{k+1} = u_k.$$

例 4-2 中,因为本年度在两种负荷下工作的完好机器经过折损后的台数,正是下一年初完好机器台数,所以得转移方程为

$$s_{k+1} = au_k + b(s_k - u_k) = bs_k + (a-b)u_k.$$

(六) 目标函数

目标函数是多阶段决策问题衡量方案效果优劣的数量指标,所以又称为**指标函数**,是定义在全过程与所有后部子过程上的数量函数,记作

$$V_{kn} = V_{kn}(s_k,\, u_k,\, s_{k+1},\, u_{k+1},\, \cdots,\, u_n,\, s_{n+1}) \quad (k=1,\, 2,\, \cdots,\, n).$$

只要依据给定的状态 s_k,当作出决策 u_k 后,则通过转移方程就能确定下一阶段的状态 s_{k+1},再依据刚确定的状态 s_{k+1},又可作出决策 u_{k+1},且通过转移方程就能确定 s_{k+2},…于是,在已知转移方程的条件下,目标函数可等价地表示为

$$V_{kn} = V_{kn}(s_k,\, p_{kn}) \quad (k=1,\, 2,\, \cdots,\, n).$$

把 V_{kn} 关于 p_{kn} 的最优值记作 $f_k(s_k)$,称为依据给定状态 s_k 的目标函数 V_{kn} 的最优值.使 V_{kn} 取得 $f_k(s_k)$ 所对应的 k 子策略称为在给定状态 s_k 下的最优 k 子策略,记作 p_{kn}^*.

当 $k=1$ 时,最优 k 子策略就是在给定状态 s_1 下,全过程上的最优策略.因此成立关系式

$$f_k(s_k) = \text{opt}\, V_{kn}(s_k,\, p_{kn}) = V_{kn}(s_k,\, p_{kn}^*),$$

其中,符号"opt"是 optimization(最优化)的缩写.在具体问题中,opt 或指 min,或指 max.$p_{kn} \in P_{kn}$,p_{kn}^* 中的各个决策则称为对应于该最优 k 子策略的最优决策,记作 u_j^* ($j = k,\, k+1,\, \cdots,\, n$).

目标函数具有递推性和单调性.在不至引起混淆的情况下,把 $f_k(s_k)$ 与 $v_j(s_j,\, u_j)$ 分别简记为 f_k 与 v_j.

例 4-1 中,阶段指标 v_j 是第 j 阶段行进始点 m_j 与某个行进终点 n_j 之间的距离,得目标函数为

$$V_{k6} = V_{k6}(s_k,\, p_{k6}) = \sum_{j=k}^{6} v_j(s_j,\, u_j) \quad (k=1,\, 2,\, \cdots,\, 6).$$

当 $k=1$ 时,取策略 $p_{16}(A) = \{B_1,\, C_1,\, D_1,\, E_1,\, F_1,\, G\}$,得目标函数值为

$$V_{16} = 5 + 1 + 6 + 2 + 3 + 4 = 21.$$

例 4－2 中,阶段指标 v_j 是第 j 年度的产品产量,有

$$v_j(s_j, u_j) = cu_j + d(s_j - u_j) = ds_j + (c - d)u_j.$$

得目标函数为

$$V_{kn} = V_{kn}(s_k, p_{kn}) = \sum_{j=k}^{n} v_j(s_j, u_j)$$

$$= \sum_{j=k}^{n} [ds_j + (c - d)u_j] \quad (k = 1, 2, \cdots, n).$$

当 $k = 1$ 时,取策略 $p_{1n}(s_1) = \{0, 0, \cdots, 0\}$,得目标函数值为

$$V_{1n} = \sum_{j=1}^{n} ds_j.$$

二、最优化原理

为能找到对应于目标函数最优值的最优策略,贝尔曼(R.Bellman)等人在分析了大量多阶段决策问题的基础上,归纳出一条反映其共同特征的规则,称为**最优化原理**,叙述如下:作为整个过程的最优策略具有这样的性质,即无论过去的状态和决策如何,对前面的决策所形成的状态而言,余下的诸决策必然构成余下子过程的最优子策略.

其实,在人们的日常生活中,大家亲身感受到的经验已完全体现出最优化原理的正确性.例如,考察从家里出发途径公园,最终到达工厂的过程,如果走的已是一条距离最短的路线,那么其中从公园到工厂所走的那一段,也必定是从公园到工厂所有可能路线中距离最短的路线.这样一段接一段走下去的行动,就构成了一个行走的最优策略.例 4－1 即属此类问题.

最优化原理启发人们,寻求最优策略可采取从终点到始点,即与阶段演变相反的方向来进行,这被称为逆序求解.例如,在例 4－1 的求最短路线问题中,行进方向是从第 1 阶段到第 6 阶段,而寻优途径则是反过来从第 6 阶段到第 1 阶段.在具体求解时,其关键将取决于动态规划方法中最重要的基本方程的建立.

三、动态规划的模型构造

(一) 动态规划的基本方程

设最优策略存在,且目标函数为和的形式,则按逆序求解的动态规划基本方程为

$$\begin{cases} f_k(s_k) = \underset{u_k \in D_k}{\mathrm{opt}} [v_k(s_k, u_k) + f_{k+1}(s_{k+1})], \\ f_{n+1}(s_{n+1}) = 0 \quad (k = n, n-1, \cdots, 1). \end{cases}$$

其中,$f_{n+1}(s_{n+1}) = 0$ 称为边界条件.

从基本方程的结构可见,它是综合了当前第 k 阶段的指标值与后部 $k+1$ 子过程上目

标函数最优值的双重效果,再从中选优而得 k 子过程上目标函数最优值.在具体计算时,第 $k+1$ 阶段的状态 s_{k+1} 则以转移方程 $T_k(s_k, u_k)$ 来代替.

例 4-1 中,基本方程为

$$\begin{cases} f_k(s_k) = \min_{u_k \in D_k} [d_{m_k n_k} + f_{k+1}(u_k)], \\ f_7(s_7) = 0 \quad (k=6, 5, \cdots, 1). \end{cases}$$

例 4-2 中,基本方程为

$$\begin{cases} f_k(s_k) = \max_{u_k \in D_k} \{[ds_k + (c-d)u_k] + f_{k+1}[bs_k + (a-b)u_k]\}, \\ f_{n+1}(s_{n+1}) = 0 \quad (k=n, n-1, \cdots, 1). \end{cases}$$

对动态规划进一步研究发现,动态规划的基本方程和最优化原理不完全等价,最优化原理仅仅是多阶段决策策略最优性的必要条件.能够有效刻画动态规划的基本方程是最优性定理,是策略最优性的充要条件.

动态规划的最优性定理:设阶段数为 n 的多阶段决策过程,策略 $p_{1,n}^* = (u_1^*, u_2^*, \cdots, u_n^*)$ 是最优策略的充要条件是对于任意的 $k(1 < k < n)$ 和 $s_1 \in S_1$,有

$$V_{1,n}(s_1, p_{1,n}^*) = opt_{p1,k-1 \in P_{1,k-1}(s_1)} \{V_{1,k-1}(s_1, p_{1,k-1}) + opt_{pk,n \in P_{k,n}(\widetilde{s_k})} V_{k,n}(\widetilde{s_k}, p_{k,n})$$

其中,$p_{1,n}^* = (p_{1,k-1}, p_{k,n})$,$\widetilde{s_k} = T_{k-1}(s_{k-1}, u_{k-1})$ 是由初始状态 s_1 和子策略 $p_{1,k-1}$ 所确定的第 k 段状态.

最优性定理为采用动态规划法求解多阶段决策问题提供了理论支持,在实际应用时基于基本方程,还需要构建完整的动态规划模型.

(二) 动态规划模型的构造步骤

动态规划模型的构造步骤可总结为:

(1) 划分阶段变量,选择状态变量.

(2) 确定决策变量,写出决策集合.

(3) 建立转移方程,构造目标函数.

(4) 列出基本方程,注明边界条件.

必须指出,只有对原问题了解透彻以后,才能确定出合适的状态变量,而对状态集合通常不必进行讨论.

例 4-4 根据例 4-1 最短路线问题,建立动态规划模型并进行逆序求解.

解 (1) 建立动态规划模型.

阶段变量 k 表示城市的自然空间位置($k=1, 2, \cdots, 6$),状态变量 s_k 表示第 k 阶段的始点位置,决策变量 u_k 表示第 k 阶段的终点位置,其对应的决策集合 $D_k(s_k)$ 是第 k 阶段终点集,如图 4-1 所示.

转移方程 $\qquad\qquad\qquad\qquad\qquad s_{k+1} = u_k.$

目标函数 $\qquad V_{k6} = \sum_{j=k}^{6} d_{m_j n_j} \quad (k=1, 2, \cdots, 6)$.

基本方程

$$\begin{cases} f_k(s_k) = \min_{u_k}[d_{m_k n_k} + f_{k+1}(u_k)], \\ f_7(s_7) = 0 \quad (k=6, 5, \cdots, 1). \end{cases}$$

(2) 作出递序计算表(表 4-5).

表 4-5

k	s_k	u_k	$d_{m_k n_k}$	$f_{k+1}(u_k)$	$d_{m_k n_k} + f_{k+1}(u_k)$	$f_k(s_k)$	u_k^*
6	F_1	G	4	0	4	4	G
	F_2	G	3	0	3	3	G
5	E_1	F_1	3	4	7	7	F_1
		F_2	5	3	8		
	E_2	F_1	5	4	9	5	F_2
		F_2	2	3	5		
	E_3	F_1	6	4	10	9	F_2
		F_2	6	3	9		
4	D_1	E_1	2	7	9	7	E_2
		E_2	2	5	7		
	D_2	E_2	1	5	6	6	E_2
		E_3	2	9	11		
	D_3	E_2	3	5	8	8	E_2
		E_3	3	9	12		
3	C_1	D_1	6	7	13	13	D_1
		D_2	8	6	14		
	C_2	D_1	3	7	10	10	D_1
		D_2	5	6	11		
	C_3	D_2	3	6	9	9	D_2
		D_3	3	8	11		
	C_4	D_2	8	6	14	12	D_3
		D_3	4	8	12		
2	B_1	C_1	1	13	14	13	C_2
		C_2	3	10	13		
		C_3	6	9	15		

k	s_k	u_k	$d_{m_k n_k}$	$f_{k+1}(u_k)$	$d_{m_k n_k} + f_{k+1}(u_k)$	$f_k(s_k)$	u_k^*
2	B_2	C_2	8	10	18	16	C_3
		C_3	7	9	16		
		C_4	6	12	18		
1	A	B_1	5	13	18	18	B_1
		B_2	3	16	19		

可得最优策略为

$$p_{16}^*(A) = \{B_1, C_2, D_1, E_2, F_2, G\}.$$

最短路线为

$$A \rightarrow B_1 \rightarrow C_2 \rightarrow D_1 \rightarrow E_2 \rightarrow F_2 \rightarrow G,$$

对应的最短距离为 18.

例 4-5　根据例 4-2 负荷分配问题,建立动态规划模型,并进行逆序求解.

解　(1) 建立动态规划模型.

阶段变量 k 表示年度 $(k=1, 2, \cdots, n)$,状态变量 s_k 表示第 k 年初完好机器台数.决策变量 u_k 表示第 k 年初投入高负荷生产的完好机器台数,对应的决策集合

$$D_k(s_k) = \{u_k \,|\, 0 \leqslant u_k \leqslant s_k\}.$$

转移方程

$$s_{k+1} = b s_k + (a - b) u_k.$$

目标函数

$$V_{kn} = \sum_{j=k}^{n} [d s_j + (c - d) u_j] \quad (k = 1, 2, \cdots, n).$$

基本方程

$$\begin{cases} f_k(s_k) = \max\limits_{u_k} \{[d s_k + (c - d) u_k] + f_{k+1}[b s_k + (a - b) u_k]\}, \\ f_{n+1}(s_{n+1}) = 0 \quad (k = n, n-1, \cdots, 1). \end{cases}$$

(2) 作出逆序计算表,如表 4-6 所示.

设 $n = 5$, $a = 0.7$, $b = 0.9$, $c = 8$, $d = 5$, $s_1 = 1\,000$.

表 4-6

k	s_k	$D_k(s_k)$	$5 s_k + 3 u_k$	$f_{k+1}(0.9 s_k - 0.2 u_k)$	$(5 s_k + 3 u_k) + f_{k+1}(0.9 s_k - 0.2 u_k)$	$f_k(s_k)$	u_k
5	s_5	$0 \leqslant u_5 \leqslant s_5$	$5 s_5 + 3 u_5$	0	$5.0 s_5 + 3.0 u_5$	$8.0 s_5$	s_5
4	s_4	$0 \leqslant u_4 \leqslant s_4$	$5 s_4 + 3 u_4$	$8.0(0.9 s_4 - 0.2 u_4)$	$12.2 s_4 + 1.4 u_4$	$13.6 s_4$	s_4

k	s_k	$D_k(s_k)$	$5s_k+3u_k$	$f_{k+1}(0.9s_k-0.2u_k)$	$(5s_k+3u_k)+$ $f_{k+1}(0.9s_k-0.2u_k)$	$f_k(s_k)$	u_k
3	s_3	$0\leqslant u_3\leqslant s_3$	$5s_3+3u_3$	$13.6(0.9s_3-0.2u_3)$	$17.2s_3+0.3u_3$	$17.5s_3$	s_3
2	s_2	$0\leqslant u_2\leqslant s_2$	$5s_2+3u_2$	$17.5(0.9s_2-0.2u_2)$	$20.8s_2-0.5u_2$	$20.8s_2$	0
1	s_1	$0\leqslant u_1\leqslant s_1$	$5s_1+3u_1$	$20.8(0.9s_1-0.2u_1)$	$23.7s_1-1.2u_1$	$23.7s_1$	0

可得最优策略为

$$p_{15}^*=\{0,0,s_3,s_4,s_5\}.$$

已知 $s_1=1\,000$(台),则五年中产品最高总产量为

$$f_1(s_1)=23.7\times1\,000=23\,700(件).$$

在最优策略下,各年初的完好机器台数如表 4-7 所示,其中第 6 年初(第 5 年末)留存的完好机器尚有 278 台.

表 4-7

k	$0.9s_{k-1}-0.2u_{k-1}^*$	s_k
2	$0.9s_1$	900
3	$0.9s_2$	810
4	$0.9s_3-0.2s_3$	567
5	$0.9s_4-0.2s_4$	397
6	$0.9s_5-0.2s_5$	278

第三节　补充阅读材料——工件排序问题

　　一批品种不同的工件,按工艺要求,每个工件都须经过多道工序后才成为产品,因而,要先后在多台机器上加工.不同品种的工件在同一台机器上加工的工时可以不同,对在多台机器上同时加工的多个工件不重复计算工时.应如何确定各工件的加工顺序,才能使所有工件完成全部工序的加工总工时最少? 这就是著名的工件排序问题.

　　显见,如果是单品种的工件,由于每个工件的每道工序工时一样,所以无所谓排序问题.如果只用一台机器来完成只需一道工序的工件加工,那么无论是单品种还是多品种的工件,都可以按任意加工顺序把工件一个接一个不间歇地由这台机器加工,所需的总工时恒相同,因此,也不存在排序问题.这里,要研究的是多品种工件用多台机器加工的排序问题,不言而喻,第一台机器不应该出现工件等待的情形.

　　经研究发现,一批工件中品种的多少不是主要的,所以为方便起见,可将每个工件看

作一个品种,对原属同一品种的两个工件,则可由它们各道工序时间对应相同这一事实来反映.但是,机器的多少(等价于工序的多少)却是决定问题能否求解的关键.迄今为止,对三台及三台以上的机器加工问题,尚无有效的求解方法,而两台机器的排序问题则已于1954 年由约翰逊(Johnson)用动态规划的方法(约翰逊法)解决.

这里仅讨论 n 个工件在两台机器上加工的工件排序问题,为简便起见,称为双机 n 件排序问题,记作 $2 \times n$ 排序问题.

设有 n 个工件,每个工件都要经过先 A 后 B 两台机器加工.第 i 个工件在 A 与 B 上的加工时间各为 a_i 与 b_i($i = 1, 2, \cdots, n$),如表 4-8 所示.

表 4-8

工序	工 件					
	1	2	$\cdots$	i	$\cdots$	n
A	a_1	a_2	$\cdots$	a_i	$\cdots$	a_n
B	b_1	b_2	$\cdots$	b_i	$\cdots$	b_n

根据最优排序规则,确定各工件的加工顺序,使总的加工工时最少.约翰逊法的步骤如下:

Step 0. 初始工件集 $W = \{a_1, a_2, \cdots, a_n; b_1, b_2, \cdots, b_n\}$.

Step 1. 求 $m = \min W$(W 中最小元素).

Step 2. 当 $m = a_i$ 时,则将工件 i 排在首位,并从初始工件集 W 中去掉工件 i(工件 i 不唯一时,可任选一个).

Step 3. 当 $m = b_i$ 时,则将工件 i 排在末位,并从初始工件集 W 中去掉工件 i(工件 i 不唯一时,可任选一个).

Step 4. 对新得工件集 $W - \{i\}$ 重复步骤 1、2、3,直至 W 成为空集.

由此可见,在 B 上加工时间越短的工件应越往后排.

例 4-6 设有 2×5 排序问题,数据如表 4-9 所示,求最优加工顺序.

表 4-9

工序	工 件				
	1	2	3	4	5
A	2	4	8	6	2
B	5	1	4	8	5

解 按最优排序规则,可得两种最优顺序:

$$1 \to 5 \to 4 \to 3 \to 2 \text{ 或 } 5 \to 1 \to 4 \to 3 \to 2.$$

练习题

1. 施工图(图 4-2)中,结点(A、B、C、D、E)表示地点,箭线上的数字表示距离.现要从 A 铺设管道到 E.应如何选择铺管路线,才能使由 A 到 E 的管道总长最短?

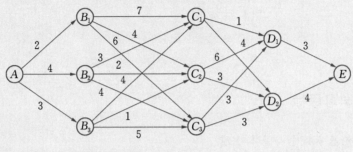

图 4-2

2. 求解例 4-3 的投资问题.

3. 设有 2×5 排序问题,数据如表 4-10 所示.

表 4-10

工序	工件				
	1	2	3	4	5
A	3	7	4	5	7
B	6	2	7	3	4

求最优加工顺序.

第五章　图论与网络优化

　学习目标

1. 理解图论基本概念与基本性质
2. 掌握求解最小支撑树问题的两种算法
3. 掌握求解有向图和无向图的最短路算法
4. 理解最大流问题的基本原理,会用标号法求解最大流问题
5. 理解最小费用流问题的基本概念,掌握求最小费用流问题的算法
6. 理解中国邮递员问题的基本原理,会用图上作业法求解中国邮递员问题

> 权,然后知轻重;
> 度,然后知长短.
> ——《孟子·梁惠王章句上》

关于图论的研究已有几百年的历史,但将其广泛应用于自然科学、工程技术和生产管理等领域却是近几十年的事,各种通信网络和计算机网络的优化设计、交通网的合理分布和大型工程项目的计划管理等都需要运用图论与网络分析方法才能有效解决.此外,图论在化学、物理学、遗传学、控制论、信息论、人工智能、情报检索、经济学、系统工程乃至社会科学与人文领域等方面亦有着大量的应用,因此,图论是运筹学一个十分重要的分支.而且,计算机技术的飞速发展,更是给图论注入了强盛的生命力,许多用人工难以分析的复杂图形,可借助计算机来完成,使得用图论工具成功地解决重大理论与实际问题成为现实.

本章将对图论与网络优化的基本概念与理论作初步的介绍.需要指出的是,不同文献中所使用的图论术语与符号都不尽相同,缺乏统一的标准,因此,此处尽量使用较普遍的术语与符号.

第一节　图论问题

图论的研究历史悠久,一些经典的图论问题及其研究对这门学科的建立和发展起到

十分重要甚至是里程碑式的作用,如七桥问题、四色问题、旅行商问题.

一、七桥问题

图论的奠基人是瑞士数学家欧拉(Euler)(1707—1783),他于 1736 年发表了图论方面的第一篇论文 Solutio problematis ad geometriam situs pertinentis,其中讨论了著名的七桥问题:

哥尼斯堡(现为俄罗斯的加里宁格勒)有一条普莱格尔河,河中有两个岛屿,河上建有七座桥,将岛(标记为 A、D)与两岸(标记为 B、C)相连,如图 5-1 所示.当地居民喜欢散步,并提出这样一个问题:从岸上或岛上任一处陆地出发,怎样才能不重复、不遗漏地一次走完七座桥,最后回到原地.

若将陆地抽象为点,桥抽象为线,于是问题归结为图 5-2 所示图形的一笔画问题,即能否从某一点开始,一笔不重复地画出这个图形,最后回到出发点.

图 5-1　　　　　　　　　　　　　　图 5-2

欧拉经过深入研究,在其论文中否定了这个可能性,本质上的原因是图中每个点所关联的都是奇数条线,从而彻底解决了这个长期困惑全城民众的难题.

二、四色问题

四色问题的提出来自英国,1852 年,毕业于伦敦大学的格思里(Francis Guthrie)来到一家科研单位搞地图着色工作时,发现了一种有趣的现象:每幅地图都可以用四种颜色着色,使得有共同边界的国家着上不同的颜色.这个结论能不能从数学上加以严格证明呢?他与在大学念书的弟弟决心试一试.兄弟两人为证明这一问题使用了一大叠稿纸,可研究工作没有任何进展.1852 年 10 月 23 日,他的弟弟拿这个问题请教其老师——著名数学家德·摩尔根(Augustus de Morgan),摩尔根也没有能找到解决这个问题的途径,于是写信向自己的好友——著名数学家哈密尔顿爵士(Sir William Hamilton)请教.但直到 1865 年哈密尔顿逝世,这个问题也没有得到解决.

1878 年 6 月 13 日,英国著名的数学家凯利(Arthur Cayley)正式向伦敦数学学会提出这个问题,之后,四色问题开始成了世界数学界关注的问题.许多一流的数学家纷纷加入研究,1879 年,著名的律师兼数学家肯普(Alfred Bray Kempe)提交论文宣布证明了四色问题,大家都认为四色问题从此解决了.1890 年,数学家赫伍德(Percy John Heawood)

以自己的精确计算指出肯普的证明是错误的,但该方法经补救后可用来证明五色问题.后来,越来越多的数学家虽然对此绞尽脑汁,但一无所获.于是,人们开始认识到,这个貌似容易的题目,其实是一个可与费马(Fermat)猜想相媲美的难题.

进入 20 世纪以后,科学家们对四色问题的证明基本上是按照肯普的想法在进行.美国数学家富兰克林(Franklin)于 1922 年证明了 25 国以下的地图都可以用四色着色,于 1926 年将结果推进到 27 国,于 1938 年,推进到 31 国,于 1940 年,推进到 35 国,于 1970 年推进到 40 国,随后又推进到了 96 国.后来,由于计算机性能的迅速提高,以及人机对话的出现,大大加快了四色问题证明的进程.1976 年 6 月,美国数学家阿佩尔(Kenneth Appel)与哈肯(Wolfgang Haken)经过整整 4 年的紧张工作,在伊利诺斯大学的两台不同计算机上,花费了 1 200 个小时,作了 100 亿个判断,终于完成了四色问题的证明.

四色问题的计算机证明,轰动了世界.它不仅解决了一个历时一百多年的难题,而且有可能成为数学史上一系列新思维的起点.不过也有一些数学家并不满足于计算机取得的成就,他们仍在寻找着简洁明快的纯数学证明方法.

拓展阅读

莱昂哈德·欧拉(Leonhard Euler, 1707—1783),1707 年 4 月 15 日出生于瑞士巴塞尔,13 岁时入读巴塞尔大学,15 岁大学毕业,16 岁获硕士学位.欧拉是 18 世纪数学界最杰出的人物之一,他不但为数学作出贡献,更把数学推至几乎整个物理领域.此外,他是数学史上最多产的数学家,在其一生中,为人类留下了 886 篇论文和著作,几乎在当时数学的每个领域都留下了他的工作.1735 年,欧拉 28 岁,一目失明,1766 年,双目失明,但他仍坚韧不拔地从事数学研究.晚年,他口述其发现,由别人笔录,为人类文明史谱写了极其光辉的篇章.在欧拉生前发表的 530 部作品,其中有不少是力学、分析学、几何学、变分法方面的教科书,《无穷小分析引论》(1748)、《微分学原理》(1755)和《积分学原理》(1768—1770)等都已成为数学中的经典著作.尤其值得一提的是他所编写的平面三角课本,采用了近代记号 sin、cos 等,实际上,三角学在他手中已完全成熟.此外,他还相当精确地计算出了后来以其名字命名的欧拉常数.由于欧拉解决了历史上流传甚久的哥尼斯堡七桥问题,因而被后人誉为"拓扑学的鼻祖".

第二节　图论的基本概念

一、图的定义

图论中所考察的图不同于以往几何学与分析学中的图形,这里的图只考虑点与点之间由线连接的关系.至于画成直线还是曲线,画得长些还是短些,画在这里还是那里,都无关紧要.也就是说,点线位置可随意安排,线长不代表实际长度.

定义 5.1　非空点集 V 与连接点的某个线集 E 的二元组称为**图**,记作 $G=(V,E)$. V 中的元素 v 称为**顶点**, E 中的元素 e 称为**边**. V 与 E 所含元素个数各记作 $p(G)$ 与 $q(G)$,简记为 p 与 q.

由于 G 中每条边都是点与点之间的连线,所以采用记号 $e=[u,v]$ 表示,其中, u、v 是 e 的端点. e 亦可表为 $[v,u]$.此时称 e 是 u 与 v 的**关联边**,而 u 与 v 互为邻点.对任一点 u,其所有邻点构成邻点集,记为 $N(u)$.若两条边仅有一个公共端点,称此两条边相邻.特殊地,当 u 重合于 v,则 $e=[u,v]$ 只有一个端点,称为**环**.当 u 与 v 之间有多条边相连时,称为**多重边**.边 $[v_i,v_j]$ 也常记作 e_{ij}.

有多重边的图称为**多重图**,无环且无多重边的图称为**简单图**.这里,主要研究简单图.为便于讨论,尽量避免边与边交叉或自交的情形.

定义 5.2　点 v 关联边的个数称为 v 的**次**(或**度**),记为 $d(v)$ 或 $\deg(v)$.当 $d(v)=0$, v 称为**孤立点**;当 $d(v)=1$, v 称为**悬挂点**;当 $d(v)$ 为奇(偶)数, v 称为**奇(偶)点**.

规定:若 v 有一个环,则 v 的次增加 2.

二、图的基本性质

定理 5.1　设 G 为简单图,则 $d(v)\leqslant p-1$.

证　因为除所考察的点 v 外,另有 $p-1$ 个点,以 v 为端点至多连 $p-1$ 条边,故有

$$d(v)\leqslant p-1.$$

定理 5.2　设 G 为任何图,则 $\sum_{v\in V}d(v)=2q$.

证　因每边两端点,求各点的次时,各边用到两次,故全体顶点次的和恰为总边数 2 倍,即

$$\sum_{v\in V}d(v)=2q.$$

定理 5.3　设 G 为任何图,则其奇点个数必为偶数.

证　令 V_o、V_e 分别为奇、偶点之集,则

$$V=V_o\bigcup V_e,\ V_o\bigcap V_e=\varnothing.$$

于是

$$\sum_{v\in V_o}d(v)=\sum_{v\in V}d(v)-\sum_{v\in V_e}d(v)=2q-\sum_{v\in V_e}d(v).$$

显然,右端为偶数,故左端必为偶数项之和,即奇点数必为偶数.

例 5-1　今有 9 人相聚,记作 v_i ($i=1,2,\cdots,9$).已知 v_6、v_7 各和 4 人握过手, v_8、v_9 各和 6 人握过手.证明:9 人中必有 3 人互相握过手.

证　以 v_i 作为顶点,两点连线表示两人握过手.现已知 v_9 有 6 个邻点,其中必有一点 v_j 为 v_6、v_7、v_8 之一,否则,$d(v_9) \leqslant 5$,故得 $d(v_j) \geqslant 4$. 显然,除 v_j 外,v_9 的另 5 个邻点中必有一点 v_k 与 v_j 相邻,否则,将有 $d(v_j) \leqslant 8-5=3$,矛盾,从而 v_9、v_j、v_k 互为邻点,如图 5-3 所示,这表明确有 3 人互相握过手.

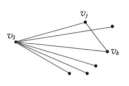

图 5-3

三、连通图

架设电话线网,要求每个用户彼此都能通话;建造铁路网,要求有关站点互相通达.诸如此类的要求反映在图中,就抽象出连通性的概念.

定义 5.3　图 G 的点、边交错序列

$$\{v_{i_1}, e_{i_1}, v_{i_2}, e_{i_2}, \cdots, e_{i_{k-1}}, v_{i_k}\},$$

称为一条从 v_{i_1} 到 v_{i_k} 的链,简记作

$$C = \{v_{i_1}, v_{i_2}, \cdots, v_{i_k}\}.$$

若 C 中各边不相同,则称为简单链;若 C 中各点不相同,则称为初等链.若 C 的首尾重合,则称为圈,记作 R.

定义 5.4　若 G 中任意两点间,至少存在一条链,则 G 称为连通图;否则,称为不连通图.

定理 5.4　设图 G 为一条简单链,则至多除始点与终点外,每一个中间点必为偶点.

证　设 v_k 为任一中间点,因 v_k 既为前邻边的终点,又为后邻边的始点,故若 v_k 在链中出现 n 次,则得 $d(v_k)=2n$,此为偶数,即 v_k 为偶点.

推论 5.1　任何具有超过两个奇点的图 G 必不能一笔画成.

证　由定理 5.3 知,此时至少有 4 个奇点,若存在包含 G 中所有边的链,则此链中至少有两个中间点为奇点,由定理 5.4 知,它必非简单链.

由于"一笔画成"等价于 G 为简单链,故 G 若有奇点,则必为两个,且这两个奇点必为简单链的始、终点.多于两个奇点的图不能作一笔画.

例 5-2　证明七桥问题

证　七桥问题实质上是在图 5-2 中找出一个圈,使之能一笔画成.由于 $d(A)=d(C)=d(D)=3$,$d(B)=5$,四个顶点均为奇点,故不可能一笔画成.从而,当地民众希望的散步方案永远无法实现.

四、子图

图与子图的关系类似于集合与子集合的关系.

定义 5.5　设有两个图 $G_1=(V_1, E_1)$,$G_2=(V_2, E_2)$.当 $V_1 \subseteq V_2$,$E_1 \subseteq E_2$,则称 G_1 为 G_2 的子图,记作 $G_1 \subseteq G_2$.

满足上述定义的子图可以分成许多类,例如:

(1) $V_1 = V_2$, $E_1 \subset E_2$, 则 G_1 称为 G_2 的部分子图.

(2) $V_1 \subset V_2$, $E_1 \subset E_2$, 则 G_1 称为 G_2 的真子图.

(3) $V_1 \subseteq V_2$, $E_1 = \{[v_i, v_j] \mid v_i, v_j \in V_1\} \subseteq E_2$, 则 G_1 称为 G_2 中由 V_1 生成的子图, 记作 $G_1 = G(V_1)$, 简称为 G_1 是 G_2 的生成子图.

(4) $V_1 = V_2$, $E_1 \subseteq E_2$, 且保持 G_2 原有的连通性, 则 G_1 称为 G_2 的支撑子图.

五、图的矩阵表示

(一) 关联矩阵

定义 5.6 若

$$m_{ij} = \begin{cases} 2, & \text{当点 } v_i \text{ 是环 } e_j \text{ 的端点时;} \\ 1, & \text{当点 } v_i \text{ 是边 } e_j \text{ 的端点时;} \\ 0, & \text{当点 } v_i \text{ 非边 } e_j \text{ 的端点时,} \end{cases}$$

则 $p \times q$ 阶矩阵 $[m_{ij}]$ 称为 G 的关联矩阵.

(二) 邻接矩阵

定义 5.7 若

$$u_{ij} = \begin{cases} a_{ij}, & \text{当点 } v_i \text{ 与点 } v_j \text{ 由 } a_{ij} \text{ 条边相连时;} \\ 0, & \text{当点 } v_i \text{ 与点 } v_j \text{ 无一条边相连时,} \end{cases}$$

则 $p \times p$ 阶矩阵 $[u_{ij}]$ 称为 G 的邻接矩阵.

将一个图的结构表示为矩阵形式具有唯一性,并可以方便地为计算机提供代数形式的数据输入.一般而言,对于边数较少的稀疏图来说,采用关联矩阵可以占用相对少的计算机内存;对于边数较多的稠密图来说,则采用邻接矩阵更为节省.

第三节　树及其优化问题

没有圈而又保持连通性的图真实反映了客观世界一大类事物之间的重要关系.例如,家族的历代谱系、企业的各级机构、化学分子的同分异构体等,都可以表示成类似于一棵树(有主干与分支)那样形状的图,于是,将这类图采用树来命名就很自然了.德国物理学家基尔霍尔(Kirchhoff)最早提出了"树"的概念.

一、树的定义与基本性质

(一) 树的定义

定义 5.8 无圈的连通图称为树,记作 T.

例如,图 5-4 是某水电工程的目标图,显然,这是一棵树.

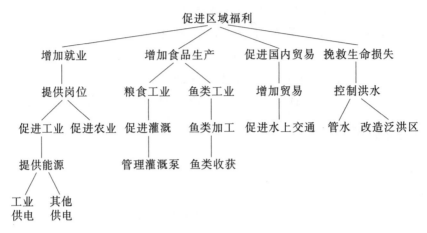

图 5-4

(二) 树的基本性质

性质 5.1　T 中任两点间存在唯一的链 C.

证　因 T 连通,故任两点间存在链;又因 T 无圈,故无相异链能连通同样两点.

性质 5.2　T 中不相邻两点之间连一条边,则得一个圈.

证　由性质 5.1,两点间存在唯一链,当两点不相邻时,连一条边与该链合之得一个圈.

性质 5.3　T 去掉任一边,则成不连通图.

证　任意取定 T 中一条边,由性质 5.1 知,该边为连通其两端点的唯一链.如果去掉该边,则使得两端点无关联边,于是成不连通图.

由性质 5.3 可知,树是连接已给点集 V 中各点并使之保持连通而边数为最少的图.

一棵树的边数与顶点数的关系由以下定理给出.

定理 5.5　p 个顶点的 T 含 $p-1$ 条边.

证　用数学归纳法:

(1) 当 $p=2$ 时,显见 T 的边数为 $2-1=1$.

(2) 设 $p=k$ 时,T 的边数为 $k-1$;令 $p=k+1$,先去掉 T 某一边,将其两端点合二而一,得一棵有 k 个顶点的树,含 $k-1$ 条边,再将重合之点一分为二,补入所去掉之边,则 T 含 $(k-1)+1=(k+1)-1$ 条边.于是,定理得证.

二、图的生成树

由树的性质,对同一个顶点集的图而言,若只要求保持连通性,自然是取树来描述最为简便.例如,要在 5 个城市间架设长途电话线,首先要能在各城市间通话,其次希望耗用电话线尽量少.与之对应的点(城市)线(电话线)图必须连通且无圈,若有圈,则可以在圈上去掉一条边,即节省一根电话线,从而得一棵 4 条边的树.当然,这样的树可以不唯一.由此可见,从一个连通图中如何寻找一棵连接所有顶点的树是值得研究的.

定义 5.9　连通图 $G=(V,E)$ 的生成子图取为树 T,则称 T 为 G 的**生成树**.

根据定义,只有含圈图 G 才有生成树的概念.

下述定理给出了连通图与其生成树的密切关系.

定理 5.6　含圈的图 G 连通的充分必要条件为 G 有生成树.

证　略.

找出生成树的具体途径有下面两种:

(1) 避圈法——按点选边,避免成圈,无点即止.

(2) 破圈法——逐圈去边,保持连通,无圈即止.

比较起来,求生成树的避圈法比破圈法更简便些.

对任意给定的图来说,其所含生成树的棵数 N 由著名的凯利(Cayley)公式给出:

$$N \leqslant p^{p-2}.$$

其中,p 为顶点个数.当给定的图为完全图(任意两点均有边相连)时,上述不等式取等号.可见,一个也许并不复杂的图,其所含生成树的棵数却往往相当可观.

三、最小生成树

定义 5.10　设图 $G=(V,E)$,E 中任意一条边 e_{ij} 上都对应有一个数 w_{ij},称 w_{ij} 为 e_{ij} 上的权重,其全体记作 W,称为 G 上的**权重集**,简称为权.G 称为**赋权图**,记作 $G=(V,E,W)$.G 上的总权重记作 $w(G)$ 或 $w(E)$.

今后,讨论的都是连通的赋权图.

定义 5.11　图 G 的生成树 T 中,总权最小的树称为**最小生成树**,简称**最小树**,记作 T^*.

定理 5.7　树 T^* 是 G 之最小树的充分必要条件为:对 T^* 外的每一条边 e_{ij} 成立:

$$w_{ij} \geqslant \max\{w_{hk}|e_{hk} \in C_{ij}\}.$$

其中,e_{hk} 是 T^* 中连通 v_i 与 v_j 的唯一链 C_{ij} 上任意一条边.

证　必要性　设 T^* 是最小树,采用反证法:若在 T^* 外有一条边 e_{ij},其 $w_{ij}<\max\{w_{hk}|e_{hk}\in C_{ij}\}$,于是,补入这条边,必成一个圈.留下补入的边,去掉圈上有最大权的一条边,则得一棵比 T^* 更小的树,矛盾.故 T^* 外每条边 e_{ij} 的权必不小于 $\max\{w_{hk}|e_{hk}\in C_{ij}\}$.

充分性　设对 T^* 外每条边 e_{ij} 的权 $w_{ij}\geqslant\max\{w_{hk}|e_{hk}\in C_{ij}\}$,欲得其他生成树,则必须去掉 T^* 的边而补入 T^* 外的边.为保持连通性,去边与补边必定位于同一个圈上,从而补边的权不小于去边的权,故得不到比 T^* 更小的树.

由树的性质 5.2 知,当把 T^* 外的一条边 e_{ij} 补入,则得唯一的一个圈,e_{ij} 必是该圈上权最大的边之一.

依据上述论证,可以得出求 T^* 的下列两种算法:

(1) 克鲁斯卡尔(Kruskal)算法(1956 年):每步取未选边中权最小的边且不构成圈,即避圈留最小.

(2) 罗森斯蒂尔(Rosenstiehl)算法(1967 年):每步弃所取圈中权最大的边,直至无圈,即破圈弃最大.

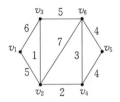

图 5-5

例 5-3 求图 5-5 所示赋权图 G 的 T^*.

解 (1) Kruskal 算法:过程如图 5-6 所示.

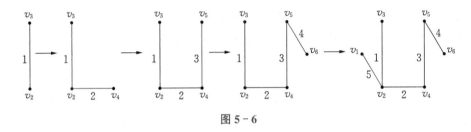

图 5-6

(2) Rosenstiehl 算法:过程如图 5-7 所示.

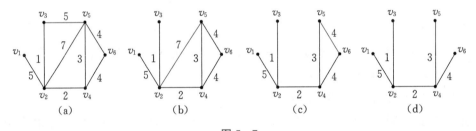

图 5-7

第四节　最短路问题

如前所述,许多事物之间的关系可以转化为点与线组成的图形来直观地表现,而事物之间的关系又可分成两类:一类是对称的,如两个城市间距离的关系;另一类是不对称的,如城市中两个地点由单行车道连接的关系.显然,单纯的点线图未能体现带某种倾向性的不对称关系,为此,可在线上加箭头来表示方向,以反映这一信息.这种箭线图即为下面着重讨论的对象.

一、有向图的定义

定义 5.12 从点 u 到 v 的有向线段称为弧,记作 $a=(u,v)$,其中,u 与 v 分别称为弧 a 的始点与终点,图中所有弧的集合则记作 A.弧 (v_i,v_j) 也常记作 a_{ij}.

定义 5.13　非空点集 V 及其相应的非空弧集 A 的二元组称为有向图,记作 $D = (V, A)$.

显然,给定一个 D,若去除弧上的方向,则对应得到唯一的无向图 G.此时的 G 称为 D 的基础图;反之,一个无向图 G,由于可用不同的方式来标上方向,故可伴生多个有向图.无向图中的许多概念与术语(如链与圈)可沿用于有向图中,但仍有一些不同之处.将有向图与其基础图相对照,有下列对应关系如表 5-1 所示.

表 5-1

图	术语		
D	弧	路	回路
G	边	链	圈

在 $D = (V, A)$ 中,点 v_i 的邻点集 $N(v_i)$ 可分解为两部分,即

$$N^+(v_i) = \{v_j \mid (v_i, v_j) \in A\},\ N^-(v_i) = \{v_k \mid (v_k, v_i) \in A\},$$

$$N(v_i) = \{v_j \mid (v_i, v_j) \in A\} \bigcup \{v_k \mid (v_k, v_i) \in A\} = N^+(v_i) \bigcup N^-(v_i).$$

当 D 为简单图时,$N^+(v_i) \bigcap N^-(v_i) = \varnothing$.

$N(v_i)$、$N^+(v_i)$、$N^-(v_i)$ 常简记为 N_i、N_i^+、N_i^-.

二、最短路问题的类型

最短路问题是最重要的网络优化问题之一,它不仅可以直接应用于解决生产实际中的许多问题,如管道铺设、线路安排、厂区布局、设备更新,而且经常被作为一个基本工具,用于解决其他优化问题.许多优化问题往往可转化为求图上的最短路,这方面的研究工作已取得了十分丰富的成果,迄今为止,求解的算法已不下数十种.

最短路问题按其不同的要求,可分成下列三种类型:

(1) 求两个定点之间的最短路.

(2) 求一个定点到其他各点的最短路.

(3) 求各点对之间的最短路.

不失一般性,总假定图中无环,以及多重弧只是由两条互为反向的弧组成的二重弧.

例 5-4　(渡河问题)这是一个古老的趣味数学问题,在世界不同国家与民族中有着不同的表述形式.今设一人携带狼、羊、菜,须从一条小河的此岸渡往对岸.河边仅有一条小船,容量为 2.当人不在场时,狼要吃羊、羊要吃菜.问:应怎样渡河,才能使人、狼、羊、菜安全到达对岸,且小船在河上来回的次数最少?

解　记 M 代表人,W 代表狼,S 代表羊,V 代表菜.以河的此岸为考察基点,则开始状态为 $MWSV$,结束状态为 $\varnothing$.共有 16 种状态:$MWSV$、MWS、MWV、MSV、WSV、

MW、MS、MV、WS、WV、SV、M、W、S、V、$\varnothing$. 其中,有 6 种不允许出现,即:WSV、MW、MV、WS、SV、M. 于是,可能的状态仅有 10 种,以每个状态作为顶点,构造相应的图,如图 5-8 所示,其中,边的连接原则为:若状态甲经一次渡河可变为乙,则连一条边且设其长为 1. 从而,渡河问题就归结为求 $MWSV \rightarrow \varnothing$ 的最短路.

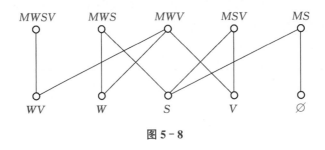

图 5-8

三、有向图最短路算法

1964 年,贝尔曼和福特提出了可求解含负权的最短路问题的递推标号法(Bellman-Ford 算法).

设赋权有向图 $D = (V, A, W)$,V 中含 p 个点,现要求始点 v_1 至终点 v_p 的最短路 R_p^* 及其路长 r_p^*. 假定 D 中无负回路(其上总权为负数的回路),将原弧集 A 增广为新弧集 $\overline{A}$,以使 V 中任意两点间均有互为反向的两条弧,同时权集 W 增广为新权集 $\overline{W}$. 于是,原图 D 增广为新图 $\overline{D} = (V, \overline{A}, \overline{W})$. 显见,若某两相邻点之间有多于一条的同向弧,则可弃大留小,简化为一条弧,从而是一个完全的二重赋权有向图,其中,增广的权集 $\overline{W} = \{\overline{w}_{ij} \mid a_{ij} \in \overline{A}\}$,定义为

$$\overline{w}_{ij} = \begin{cases} w_{ij}, & \text{当 } a_{ij} \in A \text{ 时;} \\ 0, & \text{当 } i = j \text{ 时;} \\ \infty, & \text{当 } a_{ij} \in \overline{A} - A \text{ 时.} \end{cases}$$

其中,当 $i = j$ 时,若设 $\overline{w}_{ij} > 0$,则与实际背景不符,若设 $\overline{w}_{ij} < 0$,则出现负回路,故须定义为 0. 由 Bellman 最优化原理易知,从 v_1 到 v_j 的最短路长 r_j^* 必满足

$$r_j^* = \min_{1 \leqslant i \leqslant p} \{ r_i^* + \overline{w}_{ij} \},$$

反之亦然.

Ford 算法的计算步骤如下:

Step 1. 初始标号

$$k := 0, \ r_j^{(k)} = \overline{w}_{1j} \ (j = 1, 2, \cdots, p).$$

Step 2. 第 $k + 1$ 次标号

$$r_j^{(k+1)} = \min_{1\leqslant i\leqslant p}\{r_i^{(k)} + \overline{w}_{ij}\} \quad (j=1, 2, \cdots, p).$$

Step 3.当成立 $r_j^{(k)} = r_j^{(k+1)}$ $(j=1, 2, \cdots, p)$ 时，即得 $r_j^* = r_j^{(k+1)}$，从 v_p 出发，反向追踪，确定最短路 R_p^*，若 R_p^* 中 v_j 已确定，按式 $r_j^* - w_{ij} = r_i^*$ 确定前一点 v_i；否则，$k:= k+1$，转 Step 2.

最后得到的标号就是 v_1 到各点 v_i $(i=1, 2, \cdots, p)$ 的最短路长.

因已知图中顶点为 p 个，故算法至多经 $(p-2)+1 = p-1$ 次迭代必收敛.

若一旦出现 $r_j^{(p)} \neq r_j^{(p-1)}$，则说明 D 中必含负回路.在负回路上每循环一次，路长减少一个定值，永无休止，最终导致 $r_p^* = -\infty$.

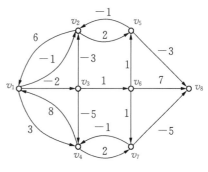

图 5-9

例 5-5 求图 5-9 中从 v_1 到 v_8 的最短路.

解 计算过程如表 5-2 所示.

表 5-2

$\overline{w}_{ij}$	v_1	v_2	v_3	v_4	v_5	v_6	v_7	v_8	$r_j^{(k)}$	0	1	2	3	4	R_8^*
v_1	0	-1	-2	3					1	0	0	0	0	0	*
v_2	6	0			2				2	-1	-5	-5	-5	-5	
v_3		-3	0	-5		1			3	-2	-2	-2	-2	-2	*
v_4	8			0			2		4	3	-7	-7	-7	-7	*
v_5		-1			0			-3	5		1	-3	-3	-3	
v_6					1	0	1	7	6		-1	-1	-1	-1	
v_7				-1			0	-5	7		5	-5	-5	-5	*
v_8								0	8			-2	-10	-10	*

于是得一条最短路 $R_8^* = \{v_1, v_3, v_4, v_7, v_8\}$，路长为 $r_8^* = -10$.

上述计算过程，不仅求得了两个定点之间的最短路，而且同时得到一个定点至其他各点的最短路.至于求各点对之间的最短路，则可重复应用上述计算法来解决.

有许多应用问题可转化为最短路问题来求解，下述的设备更新问题即为一例.

例 5-6 某企业要制订某重要设备更新的五年计划，目标是使总费用（购置费与维修费之和）最小.该设备在各年初价格及使用期中所需维修费数据如表 5-3 所示.

表 5 - 3

购置年份	1	2	3	4	5
单位/万元	11	11	12	12	13
使用年数	0～1	1～2	2～3	3～4	4～5
维修费/万元	5	6	8	11	18

解 设点 v_i 表示第 i 年初,现已有 5 个点,加设点 v_6 表示第 5 年底(即第 6 年初).

第 i 年购置设备事件应在点 v_i ($i = 1, 2, 3, 4, 5$) 处发生.弧 $a_{ij} = (v_i, v_j)$ ($i < j$) ($i, j = 1, 2, \cdots, 6$) 表示第 i 年初购置的设备使用到第 j 年初(即第 $j-1$ 年底)的过程.由表 5 - 3 及总费用的定义,可得出 a_{ij} 对应的权 w_{ij}.

于是,可画出如图 5 - 10 所示的非负赋权有向图 D,而原问题则转化为求 v_1 至 v_6 的最短路.

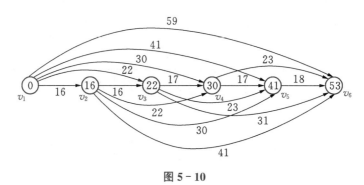

图 5 - 10

易算得各 r_j^* ($j = 1, 2, \cdots, 6$),其值已填入 D 中各点位置的圆圈中,其中 $r_6^* = 53$(万元).反向追踪,得两条从 v_1 至 v_6 的最短路:$\{v_1, v_3, v_6\}$ 与 $\{v_1, v_4, v_6\}$.前者表示在第一、第三年各购置一台,后者表示在第一、第四年各购置一台,共得两个总费用同样为 53 万元的最优更新计划.

四、无向图最短路算法

设非负赋权简单图 $G = (V, E, W)$,V 中含 p 个点,求始点 v_1 至终点 v_p 的最短路及其路长.

1959 年,荷兰计算机科学家狄克斯特拉(E.W.Dijkstra)提出 Dijkstra 算法,其要点是对点 v_i ($i \neq 1$) 用两种标号:先用临时标号 t_i(是 v_1 到 v_i 最短路长的某个上界),再用固定标号 r_i(是 v_1 到 v_i 的最短路长).作一次迭代,就将至少一个 t_i 点变为 r_i 点(又称"将未着色点着色"),至多经 $p-1$ 次迭代,v_p 变为 r_p^* 点,于是得到 v_1 至 v_p 的最短路长,再反向追踪,定出最短路.在计算过程中,以 V_t 表示 t_i 点集,V_t 中元素将由多变少,直至成为空集.

Dijkstra 算法还可用于求解赋权有向图的最短路,但当赋权有向图存在负权时,该方法失效.

Dijkstra 算法的计算步骤如下：

Step 1.始点 v_1 作固定标号 $r_1^* = 0$，其余点 v_j 作临时标号 $t_j = \infty$，$V_t = \{v_2, v_3, \cdots, v_p\}$；

Step 2.设当前已得到一个或多个 v_i 的固定标号 r_i^*，对 $v_j \in N(v_i) \bigcap V_t$，修改 v_j 的临时标号为

$$t_j := \min_i \{t_j, r_i^* + w_{ij}\}.$$

其中，右端的 t_j 是原值，左端的 t_j 是修改值；

Step 3.对 $v_j \in V_t$，取

$$\min_j t_j = t_j^*$$

为对应点 v_j^* 的固定标号，$V_t := V_t - \{v_j^*\}$；

Step 4.当 $V_t = \varnothing$ 时，得 r_p^*，再从 v_p 出发，反向追踪，确定最短路 R_p^*.若 R_p^* 中 v_j 已确定，按式 $r_j^* - w_{ij} = r_i^*$，确定前一点 v_i；否则，转 Step 2.

实际上，所有点最后得到的固定标号正是 v_1 到各点的最短路的路长.用于有向图时，只要取 $v_j \in N^+(v_i) \bigcap V_t$ 即可.

例 5-7　求图 5-11 中从 v_1 至 v_8 的最短路及路长.

解　计算过程如表 5-4 所示.

表 5-4 中空格对应的值为 $+\infty$，固定标号加方括弧，短横线格是同一行固定标号重复书写的简化，于是，得一条最短路 $R_8^* = \{v_1, v_3, v_5, v_2, v_6, v_8\}$，路长为 $r_8^* = 11$.

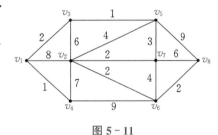

图 5-11

表 5-4

$[r_i^*], t_j$	0	1	2	3	4	5	6	7	R_8^*
v_1	[0]	—	—	—	—	—	—	—	*
v_2		8	8	8	7	[7]	—	—	*
v_3		2	[2]	—	—	—	—	—	*
v_4		[1]	—	—	—	—	—	—	
v_5				[3]	—	—	—	—	*
v_6			10	10	10	10	[9]	—	*
v_7					[6]	—	—	—	
v_8					12	12	12	[11]	*

由以上计算过程可知，每迭代一次，固定标号个数就会增加.作第 $k+1$ 次迭代时，在第 k 次迭代时才取得固定标号的点之各邻点的临时标号再查视一遍，有的得以保留，而有

的可能改进.在当前所有临时标号中取出最小值,其对应的点就作为新增加的固定标号点.当然,一个最小值可对应多个点,从而,一次迭代有可能同时得到多个固定标号点,总迭代次数不超过 $p-1$.

拓展阅读

狄克斯特拉(Edsger W.Dijkstra)在祖国荷兰获数学和物理学学士,以及理论物理学博士学位,2000 年退休前一直是美国德克萨斯大学的计算机科学和数学教授.提出了以其名字命名的第一个最短路径算法,并以发明 ALGOL 这一第二代计算机编程语言而获得 1972 年的图灵奖.

第五节　最大流问题

生活中有许多网络都包含了流量问题,如公路网络中的车流、控制网络中的信息流、供水网络中的水流.可以用点线组成的网状图来直观地表示这些系统,其中,常常要研究负载物在网络中的转输问题.于是,当给定一个网络后,寻找最大流量,就成为一个具有重要现实意义的问题.

一、网络与流

定义 5.14　设有向图 $D=(V,A)$,在 V 中指定两个点:一个称为**发点**,记作 v_s;一个称为**收点**,记作 v_t;其余各点称为**中间点**.A 中任一弧 a_{ij} 上对应有非负权 c_{ij},称为 a_{ij} 上的**容量**,其全体记作 C,称为 D 上的**容量集**,简称为**容**.称此赋权有向图为一个**网络**,记作 $D=(V,A,C)$.

一般地,网络就是指无向或有向赋权图,在此,结合所讨论问题的实际背景,要求 D 中每条弧上的权为非负,且有收点与发点.弧集 S 上的容量之和记作 $c(S)$.

不失一般性,可设 D 无环且两点间至多有两条互为反向的弧.事实上,环对调整流量无用,而同向的多重弧可合并成一条弧,其上的容量为各同向弧容量之和.

定义 5.15　使 A 中任一弧 a_{ij} 上对应一个实数 f_{ij},若 f_{ij} 满足容量约束:$0\leqslant f_{ij}\leqslant c_{ij}$,则称 f_{ij} 为 a_{ij} 上的**流量**,其全体称为 D 上的**流量集**,简称为**流**,记作 F.

定义 5.16　设 $F=\{f_{ij}\mid a_{ij}\in A\}$ 为网络 D 上的流,若 f_{ij} 满足守恒条件:

$$\sum_{v_j\in N_i^+}f_{ij}-\sum_{v_k\in N_i^-}f_{ki}=\begin{cases}v(F),&\text{当 }i=s\text{ 时};\\0,&\text{当 }i\neq s,t\text{ 时};\\-v(F),&\text{当 }i=t\text{ 时},\end{cases}$$

则称 F 为 D 上的**可行流**,其中,$v(F)$ 称为对应 F 的**流量**,取正值为输出量,负值为输入量.可行流中使流量取得最大值者,称为**最大流**.

须知,任何网络都存在可行流.事实上,取 $f_{ij} \equiv 0$,所得的 F 就是一个可行流,其对应的 $v(F) = 0$,称为零流.

二、增广链与截集

求最大流的思路是从一个初始可行流(如零流)出发,逐步增大流量,一直到不能再增大为止.于是,必须要寻找允许流量增大的通道.若存在这种通道,说明流量还可增大;倘若不存在,意味着流量已到极限,最大流也就得到.显然,这类通道即是 D 所对应的基础图上从 v_s 到 v_t 的一条链.

设有网络 D 及可行流 F,则

(1) 当 $f_{ij} = c_{ij}$,a_{ij} 称为**饱和弧**,否则,称为**非饱和弧**.

(2) 当 $f_{ij} = 0$,a_{ij} 称为**零流弧**,否则,称为**非零流弧**.

设 L 为一条从 v_s 到 v_t 的简单链,规定从 v_s 到 v_t 的走向为 L 的方向,则 a_{ij} 与 L 方向相同(反)时,称为相对于 L 的**顺(逆)向弧**,简称顺(逆)向弧.L 上顺(逆)向弧的全体记作 $L^+(L^-)$,易见,$L^+ \bigcup L^- = L$,$L^+ \bigcap L^- = \varnothing$.

定义 5.17　设网络 D 上有可行流 F,若简单链 L 上各弧的流量满足:

$$\begin{cases} 0 \leqslant f_{ij} < c_{ij}, & \text{当}\, a_{ij} \in L^+ \text{时}; \\ 0 < f_{ij} \leqslant c_{ij}, & \text{当}\, a_{ij} \in L^- \text{时}, \end{cases}$$

则 L 称为关于 F 的一条**增广链**.

由此可知,在 L 上的顺向弧非饱和,而逆向弧非零流.正因为如此,才能保证在 L 上可以按"顺增逆减"的原则将流量调整得大一些,这正是所要寻找的允许增大流量的那种通道.因此,找增广链就成为求最大流的必要环节.于是,F 为最大流就等价于不存在关于 F 的增广链 L.

在给出一个可行流 F 后,判定增广链 L 是否存在,需要引入截集与截量的概念.

定义 5.18　设网络 $D = (V, A, C)$,将 V 剖分成两个非空集 V_1 与 $\overline{V_1}$,使得

$$V_1 \bigcup \overline{V}_1 = V, \ V_1 \bigcap \overline{V}_1 = \varnothing, \ v_s \in V_1, \ v_t \in \overline{V}_1,$$

弧集 $\{a_{ij} = (v_i, v_j) | v_i \in V_1, v_j \in \overline{V}_1\}$ 称为分离 v_s 与 v_t 的一个**截集**,记作 $S = (V_1, \overline{V}_1)$.和值 $\sum\limits_{a_{ij} \in S} c_{ij}$ 称为**截集 S 的容量**,简称**截量**,记作 $c(S)$.截集中使截量取最小值者称为**最小截集**,记作 S^*.

显然,S 与 $c(S)$ 均不唯一.对 V 作不同的剖分,可得到不同的截集与截量.此外,对 V 作不同的剖分也可得相同的截集,而不同的截集也可得相同的截量.

直观地说,S 中的一条条弧是 v_s 与 v_t 相沟通所必需设置的一座座"桥",任一条从 v_s 到 v_t 的路必经一座"桥".若在 D 中删去 S,即把"桥"拆除,则 v_s 与 v_t 永不相通.于是,凡

可行流的流量决不能超过任一截集所含各"桥"的总容量——截量,可行的最大流量应与最小截集的容量相等.

不难证明,有如下性质成立:

性质 5.4　若 $S \subsetneqq A$,则 $c(S) \leqslant c(A)$.

性质 5.5　若 D 中删去 S,则不存在从 v_s 到 v_t 的路.

性质 5.6　对任一可行流 F 与截集 S,有 $v(F) \leqslant c(S)$,从而成立

$$\max_F v(F) \leqslant \min_S c(S).$$

性质 5.7　若存在 F^* 与 S^*,使得 $v(F^*) = c(S^*)$,则必有

$$v(F^*) = \max_F v(F), \quad c(S^*) = \min_S c(S).$$

性质 5.7 说明了最大流与最小截集是相互对应的,流量与截量一旦相等,则必同时为最大流量与最小截量.必须指出:F^* 与 S^* 存在,可以不唯一,而值 $v(F^*)$ 与 $c(S^*)$ 总是唯一的.反之,当得到一个最大流与一个最小截集,其对应的流量与截量是否也一定相等?以下定理对此给出了肯定的结论.

定理 5.8　设网络 $D = (V, A, C)$,F^* 与 S^* 是 D 上的最大流与最小截集,则有 $v(F^*) = c(S^*)$.

证　略.

这是图论的核心定理之一,将其结论与性质 5.7 相结合,即可得到最大流与最小截集的充分必要条件.

三、标号法

标号法是由福特(Ford)与福克逊(Fulkerson)于 1956 年提出的,后来又经埃德蒙兹(Edmonds)与卡普(Karp)在 20 世纪 70 年代加以改进.

标号法的要点是按一定的规则,用一个二维数组,从发点 v_s 起开始标号;接着,通过查号过程来寻找增广链 L.如果存在 L,就在 L 上调高流量,再重新标号与查号;如果不存在 L,则意味着已得最大流.

须说明的是,标号法中始终将点集 V 剖分为两个部分:有号点集 V_1 与无号点集 $\overline{V}_1$,即有

$$V_1 \bigcup \overline{V}_1 = V, \quad V_1 \bigcap \overline{V}_1 = \varnothing.$$

其中,有号点集 V_1 又剖分为两个部分:已查点集 V'_1 与未查点集 $\overline{V'_1}$,即有

$$V'_1 \bigcup \overline{V'_1} = V_1, \quad V'_1 \bigcap \overline{V'_1} = \varnothing.$$

遵循的检查规则是:先标号的点先作检查,后标号的点等待检查,同标号的点选一检查,不标号的点不作检查.

标号法的实施步骤如下:

Step 1.取初始可行流 $F^{(0)} = \{f_{ij}^{(0)}\}$，如，可取 $F^{(0)} = \{0\}$；发点 v_s 标号 $(0, l_s)$，其中，

$$l_s = +\infty, \ v_s \in \overline{V}_1', \ i := s.$$

Step 2.设 $v_i \in \overline{V}_1'$，对 $v_j \in N(v_i) - V_1'$：

当 (v_i, v_j) 上 $f_{ij} < c_{ij}$ 时，v_j 标号 (i, l_j)，其中，$l_j = \min\{l_i, c_{ij} - f_{ij}\}$；

当 (v_j, v_i) 上 $f_{ji} > 0$ 时，v_j 标号 $(-i, l_j)$，其中，$l_j = \min\{l_i, f_{ji}\}$.

至此，$v_j \in \overline{V}_1'$，$v_i \in V_1'$.

Step 3.任取 $v_j, i := j$，转 Step 2.若有 $v_t \in V_1$，则有 L.反向追踪，从 v_t 开始，按标号中的第一个数 $\pm i$，逐个定点 v_i 至 v_s，得 $L = \{v_s, \cdots, v_i, \cdots, v_t\}$，转 Step 4.若无 $v_t \in V_1$，则无 L.再改选有号未查点 v_j 逐个重新考察，若均无 L，则已得 F^*.

Step 4.以 v_t 标号中的第二个数 l_t 作为调整量.令

$$f_{ij}^{(1)} = \begin{cases} f_{ij}^{(0)} + l_t, & \text{当 } a_{ij} \in L^+ \text{ 时；} \\ f_{ij}^{(0)} - l_t, & \text{当 } a_{ij} \in L^- \text{ 时；} \\ f_{ij}^{(0)}, & \text{当 } a_{ij} \notin L \text{ 时.} \end{cases}$$

得新可行流 $F^{(1)} = \{f_{ij}^{(1)}\}$，$F^{(0)} := F^{(1)}$.抹去原有标号,转 Step 1.

其中,Step 1 是取初始可行流.对所给网络,按各弧方向及其容量,若能观察到一个较好的 $F^{(0)}$,则可减少迭代次数.Step 2 实质上是要构造一条增广链 L,满足顺向弧非饱和且逆向弧非零流的要求,并要注意前后标号点的衔接.Step 3 是通过考察 v_t 最终有号与否来判定 L 存在与否.Step 4 是当 L 存在时,定出合理的调整量.须注意的是,在一次标号过程中,当某点标号已检查过时,则该标号就被固定.而尽管已标号,但尚未检查,则该标号有可能会更改.

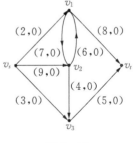

例 5-8 求图 5-12 所示网络 D 上的最大流,弧上的数组为 $(c_{ij}, f_{ij}^{(0)})$.

解 标号与检查过程如图 5-13a 至图 5-13e 所示,图 5-13e 中弧上的数组即为 (c_{ij}, f_{ij}^*),最大流量 $v(F^*) = 13$,对应最小截集 S^* 的有号顶点集 $V_1^* = \{v_s, v_2, v_3\}$，$S^* = \{a_{s1}, a_{21}, a_{3t}\}$.

图 5-12

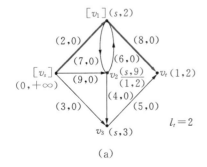

(a)

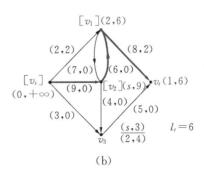

(b)

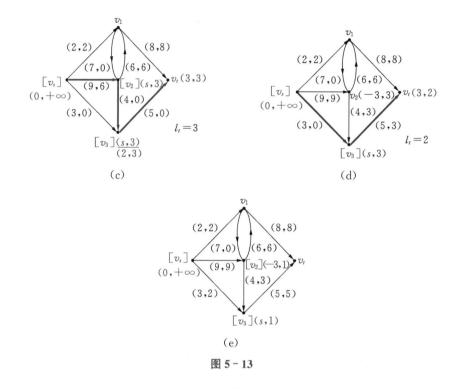

图 5 - 13

下面对计算过程作一些说明：

（1）有标号且已检查的点加上"［］"以示固定；标号改动，原标号下加上"—"以示删除.

（2）反向追踪所得的增广链 L，在迭代过程的各图中以粗黑线表明.

（3）当一次得出多个标号时，即由一个有号点得出多个邻点的标号，或多重弧对应的一个邻点兼有多个标号，可任选一个检查.当然，不同的选点将对应不同的增广链.

（4）由有号点求其邻点的标号可略作变通，不妨只选诸顺向非饱和弧中可增流量最大者先标号，其余邻点暂缓标号，始终不引入固定与删除记号，如此递进去寻找增广链.若依次搜索，再无由顺向弧构成的增广链，则已得最大流.此法往往能减少求最大流的计算量，但不能用来求最小截集.

通过例子，能更明确地看出最大流量与最小截量的密切关系：流量的大小完全取决于最小截集容量的大小.对一个交通运输网络而言，若要改善运输状况，必须着眼于提高 S^* 中各弧（即"瓶颈口"）的输送量；反之，一旦 S^* 中的道路不畅通，则势必导致总输送量受损.

第六节　最小费用最大流问题

最小费用流问题是附加一个费用因素的网络流问题.其中，弧集 A 中每条弧 $a_{ij} = (v_i, v_j)$ 不仅对应容量 c_{ij}，还对应单位流量的费用 b_{ij}，b_{ij} 与 c_{ij} 均为非负权.对具有同一

流量 $v(F)$ 的各可行流 F 来说,希望寻求对应的最小费用流.

F 对应的费用记作 $b(F)$,若只考虑 $\min b(F)$ 这一个目标函数,则零流因其费用为零,可作为所求的最优解,显见,这种解无实际价值.因此,需寻求的是在最大流中使费用为最小的流.当然,若 D 中只有一个最大流,则该最大流即为所求.在实际问题中,D 上常常有多个具有同一最大流量的最大流,从中去找出费用最小的最大流,这就是最小费用最大流问题.若流量不要求最大流,而是任意给定的某个流量,则就是一般的最小费用流问题.

一、最小费用最大流的数学模型

设网络 $D=(V,A,C)$,最小费用最大流问题构成了下列有两个目标函数的线性规划问题:

$$\max z = v(F);$$

$$\min b(F) = \sum_{a_{ij} \in A} b_{ij} f_{ij}.$$

$$\text{s.t.} \begin{cases} f_{ij} \leqslant c_{ij}, \\ \displaystyle\sum_{v_j \in N_i^+} f_{ij} - \sum_{v_k \in N_i^-} f_{ki} = \begin{cases} v(F), & \text{当 } i = s \text{ 时;} \\ 0, & \text{当 } i \neq s, t \text{ 时;} \\ -v(F), & \text{当 } i = t \text{ 时;} \end{cases} \\ f_{ij} \geqslant 0, \ v(F) \geqslant 0. \end{cases}$$

其中,$\max z = v(F)$ 是首先要保证的目标.

二、最小费用增广链

福特(Ford)与福克逊(Fulkerson)在 1962 年给出了求解这一类问题的算法,其要点是寻找一条合适的增广链,该链上的费用与一个对应辅助图的最短路长相等,然后在这条链上调整流量,如此逐步迭代,最终得出最小费用最大流.

算法的关键是对流量已知的最小费用流求出最小费用增广链,在其上调整流量,从而得出流量更大的最小费用流.显然,零流必是流量为 $v(F)=0$ 的所有可行流中的一个最小费用流,故初始最小费用流恒存在.

设 $F=\{f_{ij}\}$ 是流量为 $v(F)$ 的一个最小费用流,现需要找出关于 F 的一条最小费用增广链.为此,构造如下一个辅助的关于 F 的多重赋权有向图 W:

(1) 取已给网络 D 的顶点为 W 的顶点.

(2) 补入 D 中每条弧的反向弧,原弧与补弧均为 W 中的弧.

(3) 定义 W 上的权 $P=\{p_{ij}\}$:

$$p_{ij} = \begin{cases} b_{ij}, & \text{当 } f_{ij} < c_{ij} \text{ 时;} \\ +\infty, & \text{当 } f_{ij} = c_{ij} \text{ 时.} \end{cases} \qquad p_{ji} = \begin{cases} -b_{ij}, & \text{当 } f_{ij} > 0 \text{ 时;} \\ +\infty, & \text{当 } f_{ij} = 0 \text{ 时.} \end{cases}$$

p_{ij} 取值的依据是按照原弧上容量 c_{ij} 与流量 f_{ij} 的取值及其关系而定.当原弧 a_{ij} 是非饱和弧,则 W 中的同向原弧 a_{ij} 上的权取原弧上的费用 b_{ij};当原弧 a_{ij} 是饱和弧,则 W 中的同向原弧 a_{ij} 上的权取值为正无穷大;当原弧 a_{ij} 是非零流弧,则 W 中的反向补弧 a_{ji} 上的权取原弧上费用的负值 $-b_{ij}$;当原弧 a_{ij} 是零流弧,则 W 中的反向补弧 a_{ji} 上的权取值为正无穷大.

三、最小费用最大流的步骤

最小费用最大流仍记作 F^*.计算步骤如下:

Step 1.取初始最小费用流 $F^{(0)}=\{0\}$,构造辅助图 $W^{(0)}$,$k:=0$.

Step 2.设得最小费用流 $F^{(k)}=\{f_{ij}^{(k)}\}$ 及辅助图 $W^{(k)}$,求 $W^{(k)}$ 的从 v_s 到 v_t 的最短路 $R^{(k)}$:

① $R^{(k)}$ 不存在,则 $F^{(k)}=F^*$;

② $R^{(k)}$ 存在,则 D 中得对应的最小费用增广链 $L^{(k)}$,在 $L^{(k)}$ 上对 $F^{(k)}$ 进行调整,取调整量

$$l_t^{(k)}=\min\left\{\min_{L^{(k)+}}(c_{ij}-f_{ij}^{(k)}),\ \min_{L^{(k)-}}f_{ji}^{(k)}\right\}.$$

令

$$f_{ij}^{(k+1)}=\begin{cases}f_{ij}^{(k)}+l_t^{(k)}, & \text{当}\ a_{ij}\in L^{(k)+}\ \text{时};\\ f_{ij}^{(k)}-l_t^{(k)}, & \text{当}\ a_{ij}\in L^{(k)-}\ \text{时};\\ f_{ij}^{(k)}, & \text{当}\ a_{ij}\notin L^{(k)}\ \text{时}.\end{cases}$$

得 $F^{(k+1)}=\{f_{ij}^{(k+1)}\}$.

Step 3.构造辅助图 $W^{(k+1)}$,$k:=k+1$,转 Step 2.

例 5-9　求图 5-14 所示网络 D 上的最小费用最大流,弧上的数组为 (b_{ij},c_{ij}).

解　初始及多步迭代所得的 $W^{(k)}$ 与 $F^{(k)}$ 依次见图 5-15a 至图 5-15j,图中粗黑线表 $R^{(k)}$(即 $L^{(k)}$),其中 $R^{(k)}$ 可用 Ford 法求得.

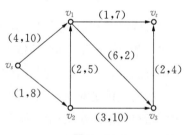

图 5-14

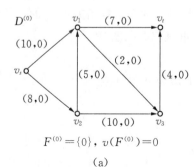

$F^{(0)}=\{0\}$,$v(F^{(0)})=0$

(a)

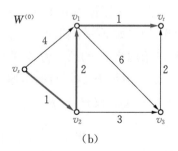

(b)

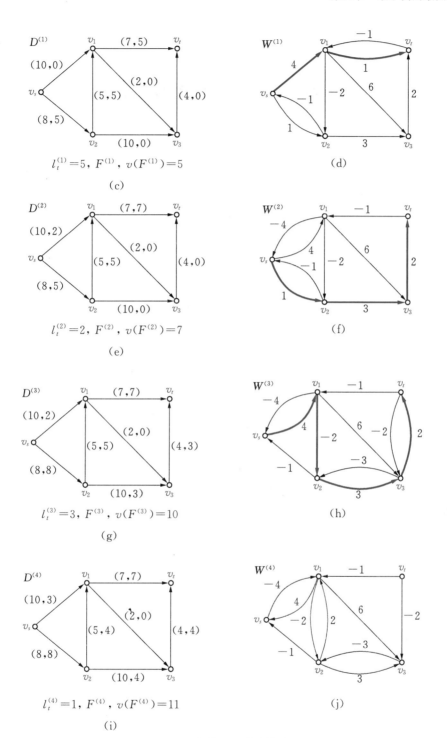

$l_t^{(1)}=5$, $F^{(1)}$, $v(F^{(1)})=5$

(c)

(d)

$l_t^{(2)}=2$, $F^{(2)}$, $v(F^{(2)})=7$

(e)

(f)

$l_t^{(3)}=3$, $F^{(3)}$, $v(F^{(3)})=10$

(g)

(h)

$l_t^{(4)}=1$, $F^{(4)}$, $v(F^{(4)})=11$

(i)

(j)

图 5-15　初始及多步迭代结果

　　由于 $W^{(4)}$ 中已不存在从 v_s 到 v_t 的最短路，故 $F^{(4)}=F^*$，即：$v(F^*)=11$，$b(F^*)=55$.

第七节 中国邮递员问题

我国数学家管梅谷于 1959 年提出并解决了如下所述的网络优化问题：一名邮递员从邮局出发递送邮件，在走遍其投递范围内每一条街巷至少一次后，再返回邮局．邮递员希望既能走遍每条街巷又使总行程最短，也就是尽可能不走或少走回头路．

显然，这里的邮件并非是投递对象随机变化的信函，而是每日确定的报刊之类．世界上称此问题为"中国邮递员问题"或"中国邮路问题"．中国邮递员问题可以抽象为一个连通图，每条边都有一个非负权数，现要求一个圈，过每边至少一次，并使圈的总权数最小．

一、欧拉图

定义 5.19 设图 G 连通．若 G 中存在含所有边的简单链 C，则 C 称为欧拉(Euler)链；若 C 为圈，则称为欧拉(Euler)圈．当 G 存在 Euler 圈时，G 称为欧拉(Euler)图．

由此定义可知：G 有非闭 Euler 链，则 G 可一笔画成，始点与终点必不相同；G 有封闭 Euler 圈，作一笔画时，始点与终点一定重合．由于要求邮递员送完邮件后必须返回邮局，其投递路线就成为一个圈，从而中国邮递员问题与 Euler 图势必发生密切的关系．事实上，若所走街巷恰是一个 Euler 图时，则此 Euler 图所对应的 Euler 圈显然是一条不走一步回头路的最优投递路线．所以，如何判断一个图为 Euler 图就十分重要了．

定理 5.9 图 G 为 Euler 图的充分必要条件为 G 连通且无奇点．

证 略．

此定理提供了一个判别 Euler 图的有效方法．对于非闭 Euler 链，则有下述同样明确的结论．

定理 5.10 图 G 有非闭 Euler 链的充分必要条件为 G 连通且恰有两个奇点．

证 略．

二、最优性条件

如果邮递员所走街巷图正好是 Euler 图，找出 Euler 圈就是最优的投递路线．此时，街巷图与路线图是重合的．如果街巷图不是 Euler 图，又如何定出最优的投递路线呢？中国邮递员问题一般优化问题如下：

设有连通非负赋权图 $G=(V,E,W)$，R 为含 E 中所有边的圈．求圈 R^*，使其满足：

(1) $R^* \supseteq E$.

(2) $w(R^*) = \min\limits_{R} w(R) = \min\limits_{R} \sum\limits_{e_{ij} \in R} w_{ij}$.

即要求一个含 E 中所有边且总权为最小的圈．

当 G 中无奇点,问题已获解.今设 G 有奇点,故而任一蕴含 E 的 R 必含重复边.此时,邮递员难免要在某些街巷上走回头路.因此,问题的目标就是使得重复边的总权最小.此目标达到与否的一种判别方法由下述定理给出.

定理 5.11 设连通非负赋权图 $G=(V,E,W)$,R 为蕴含 E 的圈.R 有最小总权的充分必要条件为:

(1) 每边最多重复一次.

(2) 在 G 的每个初等圈上,重复边总权不超过圈总权之半.

证 略.

三、图上作业法

以奇点不多的情况为例,给出一种求解中国邮递员问题的图上作业法,求解步骤如下:

Step 1.计算图 G 的奇点数 p_0,当 $p_0=0$ 时,R^* 为 Euler 圈;当 $p_0=2k$($k=1,2,\cdots,K$;$2K\leqslant p$)时,转 Step 2.

Step 2.将奇点配成 K 对,每对之间确定一条链,再重复链上各边,得一个多重 Euler 图 $G^{(0)}$,存在 Euler 圈 $R^{(0)}$.

Step 3.检验定理 5.11 中的最优性条件 1:若满足,则转 Step 5;否则,转 Step 4.

Step 4.成对去掉同一边上重复边,使每边最多有一条重复边,得精简后的 Euler 图 $G^{(1)}$,存在 Euler 圈 $R^{(1)}$.

Step 5.检验定理 5.11 中的最优性条件 2(按一定的搜索圈的方法,逐圈检验圈上重复边总权):当重复边总权不大于圈总权之半,则保留原来的重复边;当重复边总权大于圈总权之半,则去掉原来的重复边而改为同圈的其余边上添加重复边.所有圈搜索并检验完后,即得总权最小的 Euler 图 G^*,存在 Euler 圈 R^*.

上述各步骤可直接在图上进行,故是一种图上作业法.算法的困难所在是 Step 5 的逐圈搜索,由于一个图的各种圈数往往远多于点数与边数,因而搜索过程就相当繁复.1973 年,埃德蒙兹(Edmonds)与约翰逊(Johnson)提出了更好的有效求解算法—多项式时间算法,其中的奇点配对采用了精细的匹配算法,鉴于涉及的细节较多,这里不再叙述.

例 5-10 如图 5-16a 所示的 G 为一幅街道图,点 v_6 表示邮局,求最优投递路线.

解 G 含两个奇点 v_2、v_4.取链 $\{v_2,v_6,v_5,v_4\}$,作重复边,得 Euler 图 $G^{(0)}$(图 5-16b),有 Euler 圈 $R^{(0)}$,总权为 40.$R^{(0)}$ 满足条件 1.检验条件 2,取圈 $\{v_1,v_5,v_4,v_1\}$,调整得 $G^{(1)}$(图 5-16c),有 $R^{(1)}$,总权为 39.取圈 $\{v_2,v_3,v_5,v_2\}$,调整得 $G^{(2)}$(图 5-16d),有 $R^{(2)}$,总权为 37.逐圈(共有 40 个)检验,得 $G^{(2)}=G^*$,其上任一 Euler 圈皆为 R^*.例如,可取

$$R^*=\{v_6,v_2,v_3,v_4,v_1,v_2,v_3,v_5,v_1,v_6,v_3,v_5,v_1,v_4,v_5,v_6\}.$$

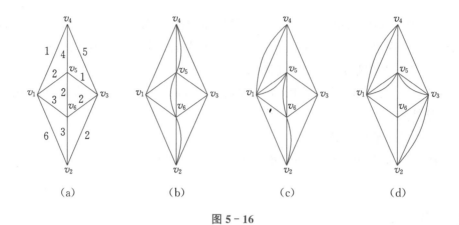

图 5 - 16

第八节　补充阅读材料——旅行商问题及其算法

一、旅行商问题的研究发展

旅行商问题或货郎问题(traveling salesman problem,TSP)及其变型是一个简明而且易于表述的问题:已知若干城市及每对城市间的旅行距离,问题是要找到总行程最短的路径,使得能够恰好访问每个城市一次,且回到出发点.实际上,既然从城市 X 到城市 Y 和从城市 Y 到城市 X 的距离是相同的,则问题就是对称的,于是,所求的仅仅是确定访问这些城市的顺序.

1759 年,数学家欧拉(Euler)和范德蒙(Vandermonde)最早研究了骑士环游(Knight's tour)问题.

1856 年,爱尔兰数学家哈密顿(Hamilton)爵士研究了后来以其名字命名的哈密顿圈和哈密顿图问题.

1931 年,人们第一次使用了"旅行商问题"这个提法.

到了 20 世纪 40 年代,统计学家马哈拉诺比斯(Mahalanobis)、杰森(Jessen)等人开始把 TSP 用于农业应用.兰德公司的数学家梅里尔·弗勒德(Merill M.Flood)使得 TSP 受到了同事们的广泛关注.在那些年里,TSP 成了组合优化中出了名的难解问题的典型,因为逐个检验每一条可能的路径实在是太过于困难了.

1949 年,鲁滨孙(J.Robinson)(因希尔伯特第 10 问题方面的工作而著名)发表了 *On the Hamiltonian Game* 一文,提出了一种解决方法.

20 世纪 50 年代,丹齐格等提出了一系列 TSP 的解法,后来通过格勒切尔(M.Groetschel)等人的工作,这些解法有了进一步的发展.

20 世纪末期,遗传算法、模拟退火法、禁忌搜索法、神经网络法、蚂蚁算法等被相继用于 TSP 的求解和测试,为 TSP 提供了智能化的解决手段.

目前,随着人工智能的发展,许多机器学习方法也用于求解 TSP 问题.基于深度强化学习(deep reinforcement learning, DRL)求解 TSP 的方法可以分为基于 DRL 的端到端方法和基于 DRL 的改进局部搜索方法.前者主要采用指针网络和图神经网络等;后者主要采用深度强化学习策略进行自动设计局部搜索规则,以达到比人工设计的搜索规则具有更好的计算性能.备受关注的 ChatGPT 的 Transformer 模型也用于 TSP 的求解,特别是其注意力机制对算法性能有着重要影响.

二、旅行商问题的算法

(一)精确型算法

微视频

包括割平面法、分支定界法、动态规划法、分支切割法等.由于 TSP 的 NP 困难性质,这些精确型方法一般仅能求解很小规模的问题,实用性较差.

旅行商问题的算法

(二)启发式算法(或近似算法)

(1)插入算法,包括最近插入法、最小插入法、任意插入法、最远插入法、凸核插入法等.

(2)最近邻法.

(3)Clark-Wright 算法.

(4)双生成树算法.

(5)Christofides 算法.

(6)r-opt 算法,一般仅使用 2-opt 算法和 3-opt 算法.

(7)混合算法.

(三)智能型算法

(1)遗传算法.

(2)模拟退火法.

(3)人工神经网络法.

(4)禁忌搜索法.

(5)蚂蚁算法(或蚁群算法).

目前,TSP 的应用范围已遍及从传统的物理、化学等学科范畴一直到现代的计算机科学、超大规模集成电路(very large scale integration,VLSI)布线、工件排序、生产调度等科学技术、管理和社会生活的许多领域.此外,TSP 的问题形式也从原来的单一模式扩展延伸出许多变型问题,如多人 TSP、带时间窗的 TSP、瓶颈 TSP、多目标 TSP、车辆路径问题(vehicle routing problem,VRP)等.

三、旅行商问题的应用

TSP 问题可以应用于快递配送,是其基本的理论模型,直接影响用户的满意度和企业的配送成本.快递业是物流体系的重要组成部分,是促进消费、便利生活、畅通循环、服务生产的现代化先导性产业,在稳定产业链供应链、服务乡村振兴、助力构建新发展格局等方面发挥了重要作用.据统计,2022 年快递业务量完成 1 105.8 亿件,同比增长 2.1%,业务量连续 9 年位居世界第一；业务收入完成 1.06 万亿元,同比增长 2.3%.行业最高日处理能力超 7 亿件,年人均快件量近 80 件.当前和今后一个时期,快递业仍将处于重要战略机遇期.我国已转入高质量发展阶段,快递发展需求持续扩大、使用场景更趋丰富,为提升快递服务供给能力赋予新动能.与此同时,对 TSP 问题的算法研究也提出更高的要求,以有效求解多目标、不确定和大规模等各种类型的快递配送问题.

 练习题

1. 证明:如下序列不可能是某个简单图的次的序列.
   (1) 7, 6, 5, 4, 3, 2, 1.
   (2) 7, 6, 5, 4, 3, 3, 1.
   (3) 6, 6, 5, 4, 3, 3, 1.
   (4) 6, 5, 5, 4, 3, 2, 1.

2. 判断图 5-17 中各图能否一笔画全,若能,则分别写出对应的简单链:

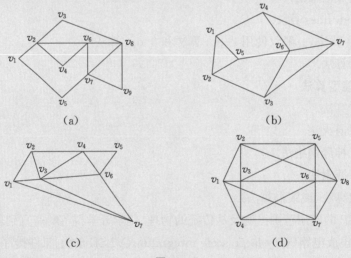

图 5-17

3. 求图 5-18a 和图 5-18b 的最小树及其权.

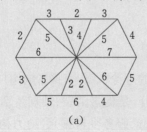 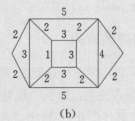

图 5-18

4. 有一项埋设电缆工程,将中央控制室与 15 个控制点连通,如图 5-19 所示.图中线段表示允许挖沟埋设电缆的位置,线段上数字表示距离,单位为 100 m.已知电缆线费用 10 元/m,挖出深 1 m、宽 0.6 m 的沟,每土方费用 3 元,其他费用 5 元/m.设计埋设电缆的最优方案.

5. 某村耕地如图 5-20 所示,图中线段表示分隔各小块田地的堤埂.为了灌溉,必需挖开一些堤埂,以使水能流到每小块田地.问:最少应挖开几条堤埂?

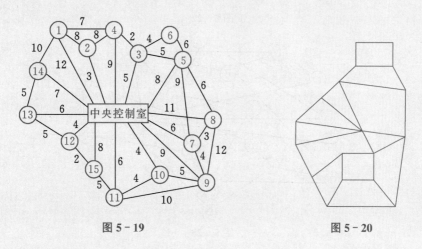

图 5-19　　　　　　　　　　图 5-20

6. 求解图 5-21 中赋权图的中国邮递员问题:

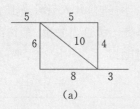

(a)　　　　　　　　　　(b)

图 5-21

7. 求图 5-22 中各图从 v_1 到各点的最短路:

8. 某省 18 个城市间的公路网如图 5-23 所示.问:从 A 市到 R 市,中间至少要经过几个城市?

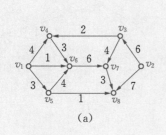

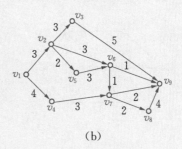

(a)　　　　　　　　　　(b)

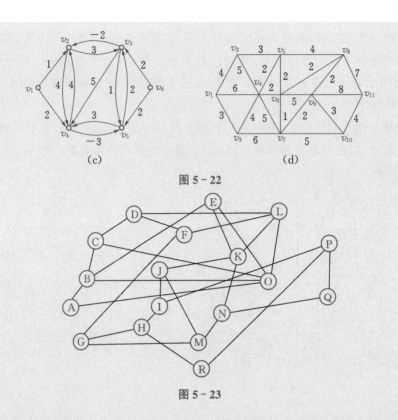

图 5-22

图 5-23

9. 某企业要购置一台设备,并允许一年或两年更新一次,到第三年末此设备将淘汰.更新时,旧设备尚可折价出售.在第 i 年末 $(i=0$ 表示当前)购入新设备且在第 j 年末折价换新时,有关总费用 c_{ij}(购置费+运行与维修费一折价出售费,单位:万元)列于表5-5中.制订一个使三年内总费用最小的更新计划.

表 5-5

i	j		
	1	2	3
0	4	8	15
1		5	11
2			6

10. 求图 5-24 中各网络的最大流及其流量,并写出最小截集:

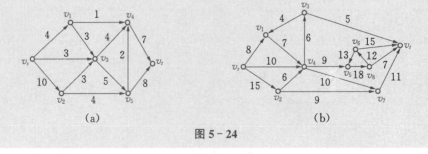

(a)　　　　　　　　　　　　　(b)

图 5-24

11. 现有两个产地 A、B 和三个销地甲、乙、丙,交通运输网络如图 5-25 所示.求最大运输量.

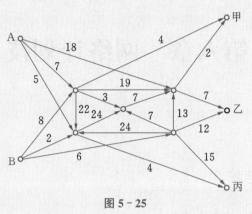

图 5-25

12. 图 5-26 是一个地区的交通运输网.求从 v_s 到 v_t 的最大运输量.

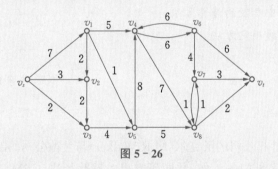

图 5-26

13. 求图 5-27 中各网络的最小费用最大流.弧上数组为 (b_{ij}, c_{ij}).

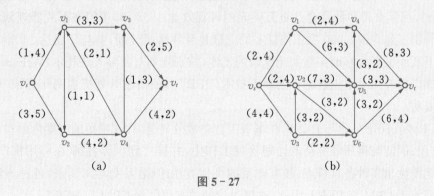

(a)   (b)

图 5-27

第六章 网络计划技术

 学习目标

1. 理解网络计划技术基本概念
2. 掌握网络图绘制方法
3. 掌握网络图中参数的计算方法
4. 理解关键路线确定方法

> 凡事豫则立,不豫则废.
>
> ——《中庸·治国》

  1957 年,美国杜邦公司的沃克尔(M.R.Walker)与兰德公司的凯利(J.E.Kelly)为了协调公司内部不同业务部门的工作,共同研究出关键路径法(CPM),并首次将该方法用于一家化工厂的筹建,使筹建工程提前两个月完成;随后又用于工厂的维修,缩短停工时间47 小时,当年获得节约资金达百万美元的可观效益.1958 年,美国海军武器规划局特别规划室研制了包含约 3 000 项工作任务的北极星导弹潜艇计划,参与厂商达 11 000 多家.为有条不紊而又高效率地实施如此复杂的工作,特别规划室领导人法扎尔(W.Fazar)积极支持与推广由专门小组创建的计划评审技术(PERT),使研制计划提前两年完成,取得了极大的成功.

  CPM 在民用企业与 PERT 在军事工业中成效显著,并在很短的时期内就被应用于工业、农业、国防与科研等复杂的计划管理工作中,并推广到世界各国.在应用推广过程中,又陆续派生出多种各具特点、各有侧重的类似方法.但是万变不离其宗,各种方法的基本原理都源于 CPM 与 PERT.因此,这里讨论的内容仅限于 CPM 与 PERT.

第一节　网络计划技术的基本概念

一、网络计划技术的概念

网络计划技术是用于工程项目计划与控制的一项管理技术,简称网络技术或网络方法.

1962年,我国科学家钱学森率先将网络计划技术引进国内.1963年,在研制国防科研系统 SI 电子计算机的过程中,由于采用了该技术,从而使研制任务提前完成.后来,经过我国数学家华罗庚的大力推广,终于使这一科学的管理技术在中国生根发芽,开花结果.鉴于这类方法具有"统筹兼顾、合理安排"的特点,我国又称之为**统筹法**.

二、关键路径法与计划评审技术的异同点

(一) 相同点

(1) 通过由多个过程与工序按一定顺序所组成的网络图来表示工程计划.

(2) 通过对重要参数的计算,找出关键工序与关键路线.

(3) 按优化思想调整网络图,以求达到预期目标的最优化.

(二) 相异点

(1) 制定工序时间方面.CPM 由以往的经验数据(劳动定额或统计资料)来确定,因此,又称为确定型网络计划技术;PERT 则用于缺乏经验数据的情况,运用概率思想与统计方法来确定,因此,又称为非确定型网络计划技术.

(2) 选择优化目标方面.CPM 一般是追求最低成本日程,多用于建筑、化工等常规性工程;PERT 一般追求最短工期,多用于科研、试制等一次性工程.

三、网络计划技术的基本思想

现在通过对两个简单例子的分析,来理解网络计划技术的基本思想.

例 6 - 1　夫妻俩一起安排家务工作.有关项目与单人完成项目的工时如表 6 - 1 所示.

表 6 - 1

项　目	工时/h	代号
洗　衣	3.0	A
做　饭	1.0	B
用　餐	0.5	C

要求从上午9点开始动手,至中午12点以前结束,以保证在12点整能共同外出赴约.试设计理想的工作方案.

解　本例可称为"家务工程优化问题".衡量的数量指标是"完成工程的时间"越短越好.由于必须在 9 点～12 点完成各个项目,因此至多只有 3 h 的工作时间.下面逐一讨论几种工作方案,并比较孰优孰劣.

方案 1　单由一人工作,完成后,两人一起就餐.工作流程如图 6-1 所示.完工需

$$3+1+0.5=4.5(h),$$

超过 3 h,此方案不可行.

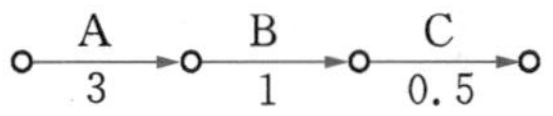

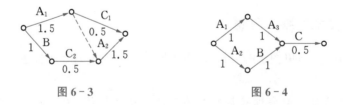

图 6-1 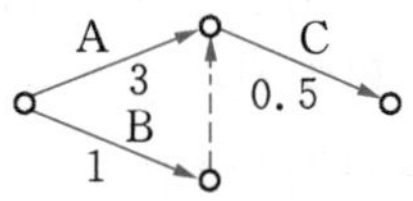　　　　　　　　　　图 6-2

方案 2　一人洗衣的同时,另一人做饭,两人都完工后再一起就餐.工作流程如图 6-2 所示.完工需

$$3+0.5=3.5(h),$$

此方案虽有改进,但超过 3 h,仍不可行.

方案 3　由于洗衣属时间最长项目,可以考虑用接力方法,将 A 分解成 A_1(夫洗 1.5 h)与 A_2(妻再洗 1.5 h)两个子项目,相应地将 C 区分为 C_1(夫就餐)与 C_2(妻就餐).夫洗衣的同时妻做饭,完后妻先就餐,就餐后接替夫继续洗,而夫去就餐.工作流程如图 6-3 所示.完工需

$$1.5+1.5=3.0(h),$$

此方案虽可行,但完工之时即是出门之时,显得紧张.

图 6-3　　　　　　　　　　图 6-4

方案 4　两个人同时分头洗衣.过 1 h 后,夫仍继续洗,而妻去做饭.换言之,将 A 分解为三个子项目:A_1(夫洗 1 h),A_2(妻洗 1 h),A_3(夫再洗 1 h).如此,妻将饭做好时,夫刚好把衣洗完.工作流程如图 6-4 所示.完工需

$$1+1+0.5=2.5(h),$$

此方案完全可行.完工后尚有 0.5 h 的富余时间,能有充分准备,是迄今为止的最佳方案.

例 6-2　某部件生产计划中有关项目的明细表,如表 6-2 所示.

表 6 - 2

项 目	工期/d	代 号
设计锻模	10	A
制造锻模	15	B
生产锻件	10	C
制造木模	25	D
生产铸件	15	E
设计工装	20	F
制造工装	40	G

作出该部件的生产计划流程图并加以分析,提出使完工期缩短的改进措施.

解 本例可称为"生产工程优化问题".衡量的数量指标仍是"完成工程的时间"越短越好.鉴于实际情况,明细表中所列各项目的先后顺序关系不允许更动,也不可能对任一项目进行分解.符合生产计划流程的一个方案,如图6-5所示.

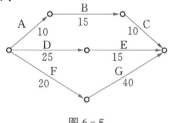

图 6 - 5

从图6-5中可见,A、D、F三个项目同时开工,随后分成三条支路.先考察上、中、下三条支路上各项目所费的总时间:

上支路 $10+15+10=35$(d),

中支路 $25+15=40$(d),

下支路 $20+40=60$(d).

可见,F与G两个项目合成的下支路所花时间最长.因此,该部件生产计划的完工期实质上受F与G两个项目工时的制约.设想一下,即使A、B、C、D、E都如期完工,但是由于F、G还在进行中,先完工的人员与设备如不及时利用,则只能闲置起来,造成"窝工"现象,这就产生了浪费.如有可能重新调配力量,适当地让A、B、C或D、E慢点完工,同时力求F、G快点完工,那么就有可能缩短工程的完工期.于是可以采取如下措施:把上支路或中支路上的资源(人员、设备等)适当抽调一部分到下支路上去,以求缩短完工期.当然,这里假设被抽调的资源适用于下支路上的项目.此外,从某项目上被抽调的资源数量必须适当,抽调过多,原项目的完工时间将大为延长,反过来又会影响完工期.

例6-1是采取改变工程项目的结构形式,如调动项目的顺序、对某些项目作分解,来达到缩短工程完工期的目的.例6-2是在不能改变工程项目结构形式的约束下,重新调配资源、提高其使用率,来达到缩短工程完工期的目的.由于改变工程项目结构形式必须通晓有关工程的专业知识,所以以下讨论仅限于例6-2这种类型.

从例6-2可见,时间最长的那条支路对于完工期起着关键的作用,所以在网络计划技术中被称为**关键路线**.

网络计划技术的基本思想,简单地说就是:向关键路线要时间,向非关键路线要资源,以求达到预期目标的最优.

第二节　网络图的概念与绘制

为应用与叙述方便起见,凡网络图的点一律画成圆圈.实质上,如此的网络图正是一个含时间因素的作业流程图.

一、网络图的基本概念

要完成的一项工作任务,都称为一项工程.网络图必须具备两个功能:

(1) 能完整而系统地反映出工程自始至终的全过程.

(2) 能确切而逻辑地表示出工程各方面的内在关系.

因此,在研究和应用网络计划技术之前,须先熟悉有关的网络符号与工程术语.

(一) 工序

工程中各个环节上相对独立的活动称为**工序**.各道工序按照工艺技术或组织管理上的要求,逻辑地依序排列而组成一个工程;反之,对一个工程进行科学而合理的分解,就得出一道道工序.工序必定要消耗资源或时间.

工序以箭线来表示,两侧分别标上该道工序的代号(标在上侧或左侧),与完成该道工序所需的时间数据(以 h 为单位,称为工时,以 d 为单位,称为工期,标在下侧或右侧).

为确切而有逻辑地表示工程中各方面的内在关系,有时必须在网络图中人为地添加虚设的工序,称为**虚工序**,并以虚箭线来表示.通常,虚工序不写代号及时间数据.实际上,虚工序的功能仅仅表示有关工序之间的逻辑关系(衔接、依存或制约等),并不消耗资源与时间.在具体实施计划时,虚工序并不出现.

(二) 事项

工序开工这一事件称为该工序的**开工事项**,又称箭尾事项;工序完工这一事件称为该工序的**完工事项**,又称箭头事项.两者统称为事项.每道工序的开工与完工两个事项,称为该工序的**相关事项**.如果一道工序的完工事项同时为另一道工序的开工事项,那么这两道工序称为**相邻工序**,且前者称为后者的**紧前工序**,后者称为前者的**紧后工序**.事项以圆圈表示.

在网络图中,由于事项反映在时间轴上是表现为一个时刻,所以可在圆圈的内部标上事项的编号,并形象地把事项称为**结点**.需要指出,虚工序的两个相关事项,虽然编号不同,但实际上反映同一时刻,这是因为虚工序并不消耗时间.

(三) 网络图

将表示工序的箭线与表示事项的圆圈组合起来,标上工序时间,就成为一个赋权的有向图,即网络图.在网络计划技术中,这样的网络图称为**箭线式网络图**,以与另一种结点式网络图相区别.结点式网络图则是以箭线表示事项,圆圈表示工序的图,应用较少.这里只讨论箭线式网络图,并简称为**网络图**.

二、网络图绘制

(一) 基本规则

(1) 两事项一工序,编号从小到大.两个结点间至多画一条箭线,箭尾结点的编号必须小于箭头结点的编号.

(2) 一始点一终点,方向从左至右.唯一的始点表示工程的开工事项,唯一的终点表示工程的完工事项.箭线应尽量体现从左至右的走向,避免逆向箭线与回路.一旦发现回路,则工序流程将在此形成循环,从而永远不能完工.

(3) 条条路通终点,结点必在路上.从始点出发,沿一组互不相同且首尾相连的结点与箭线,向右行进而达终点的结点—箭线序列,称为网络图的一条**路线**,简称为**路**.路上所有工序的时间之和称为**路长**.任意一个结点必须在某条路上,因此,网络图不可能出现因断路而形成缺口的现象.

(二) 基本步骤

(1) 编排工序明细表.将工程按要求分解为若干道工序,列出各道工序间的紧前关系.

(2) 按表构造网络图.由工序明细表提供的各道工序之间紧前与紧后关系的信息,遵循绘制网络图的各条基本规则,从局部到整体,边调整边修改,作出反映整个工程作业流程情况的网络图.

(3) 事项统一编上号.待网络图绘好后,在表示事项的各结点的圆圈内,统一编上号.一个结点一个号,由小到大,编号数字可跳跃递增.为简便起见,第 k 号的结点就称为**结点** k,并记作 k.

(三) 基本技术

(1) 虚工序.虚工序用来表明工序间的逻辑关系,以完善网络图应如实反映工程各工序间相互关系的功能.

(2) 平行作业.如果有多个工序可以同时开工,而完工允许有先后,作业流程的这一环节称为**平行作业**.显见,平行作业最有利于缩短工程完工时间,所以只要有可能,应尽量采用平行作业.

(3) 交叉作业.如果某任务是多次重复多道工序的作业,则可将各道工序穿插起来进行,称为**交叉作业**.

(4) 循环作业.循环作业是指某些工序需要反复进行.

(5) 简化与合并.将一个工程分解为工序时,可粗分,也可细分.粗分则工序道数少,但每道工序综合性强;细分则工序道数多,但每道工序综合性弱.将多道工序结合成一道工序,称为网络图的**简化**;将多个网络图结合成一个网络图,称为网络图的**合并**.

(6) 总体布局.

① 结点圆圈大小相同,并尽量避免交叉箭线、虚线与斜线;

② 把最长的路置于图中最醒目位置;

③ 全图疏密适当;

④ 力求反映关于工程各方面的信息.

第三节　网络参数计算

为制定可作定量分析与控制的网络计划,必须对与网络计划有密切关系的各种时间参数进行计算,这一工作简称为网络参数计算.参数计算有多种方法,常用的有图算法、表格法、矩阵法等.这里,讨论直接在网络图上计算并标上重要时间参数的图算法.

一、关键路线的概念

对于任何工程,在其他条件不变的情况下,人们总希望工程能早日完工,也就是通常所说的缩短工程工期.而决定工程工期长短的正是从始点到终点各条路线中最长的路线,称为关键路线,关键路线的路长即是工程工期.为便于讨论,将关键路线记作 L_c,其路长记作 l_c.

位于关键路线上的各道工序,对缩短关键路线的路长起着关键性作用,所以统称为关键工序.关键工序有一特点:紧前关键工序的结束就是紧后关键工序的开始,中间无停顿时间.要缩短工程工期,就得缩短关键路线的路长.要缩短关键路线的路长,就得缩短至少一个关键工序的工时.于是,确定关键路线就成为首要的工作.关键路线肯定存在,但不一定唯一.下面,将讨论如何通过计算重要的时间参数来确定关键路线.

二、时间参数的概念与计算

日常所说的"时间"一词,既可指时间的一个段落,也可指时间的瞬时状态.为避免产生歧义,也为了与工程上通用的术语相符,这里规定:段落性的时间称为时间或工期,其单位是小时或日等;将状态性的时间称为时刻或日期,其单位是某时或某日等.在计算时间参数的过程中,不必考虑不消耗资源与时间的虚工序.

(一) 工序时间

设工序箭线两端的结点编号为 i、j,且 $i<j$,则 i 号结点对应工序的开工事项,j 号结点对应工序的完工事项.工序可表示成 (i,j),对应的工序时间记作 $t(i,j)$.

确定 $t(i,j)$ 一般有两种方法:

(1) 经验统计法,即以工时定额或依据历史资料确定一个合理的 $t(i,j)$.这是 CPM 中的做法.

(2) 概率估计法,若既无工时定额也无历史资料,可用下列公式来计算:

$$t = \frac{a + 4m + b}{6}.$$

其中，a 表示在顺利情况下完成工序的乐观时间估计值，b 表示在不利情况下完成工序的悲观时间估计值，m 表示在正常情况下完成工序的适当时间估计值.这是 PERT 中的做法.

以下讨论中，都假设 $t(i, j)$ 的数据已定.

（二）工程最早完工时间

工程从开工到完工所经历的时间段落称为工程完工时间.由于工程不可能以少于关键路线长 l_c 的时间来完成，因此就把 l_c 定为**工程最早完工时间**，记作 T_{ef}.通常就将 T_{ef} 取为工程的计划完工时间，而计划完工的时刻，被称为**工程最早完工日期**，也就是工程的计划完工日期.

（三）事项日期

设已将结点统一编号为 $1, 2, \cdots, k, \cdots, n$，有关事项的日期有两种：

（1）事项 k 的最早日期，记作 $t_e(k)$.

（2）事项 k 的最迟日期，记作 $t_l(k)$.

不失一般性，可将工程开工日期定为第零日，则可合理规定 $t_e(1) = 0$.

又，显然成立 $t_l(n) = T_{ef}$.

同时，注意到关键路线的特点，易知 $t_e(1) = t_l(1)$，$t_e(n) = t_l(n)$.

设有结点 k，则关于事项 k 的最早与最迟日期的计算公式分别为：

$$t_e(k) = \max_{i \in S_k'} [t_e(i) + t(i, k)], (k = 2, 3, \cdots, n).$$

$$t_l(k) = \min_{j \in S_k''} [t_l(j) - t(k, j)], (k = n-1, n-2, \cdots, 1).$$

其中 S_k' 和 S_k'' 分别为 k 的前结点集和后结点集，如图 6-6 所示.

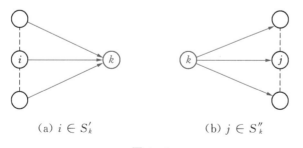

（a）$i \in S_k'$ 　　　　　（b）$j \in S_k''$

图 6-6

当结点 k 作为完工事项时，顺网络图走向作自左至右的前进计算，所得数值为事项 k 的最早日期，填入小正方形框中，置于图中结点 k 的左下方.当结点 k 作为开工事项时，逆网络图走向作自右至左的后退计算，所得数值为事项 k 的最迟日期，填入小三角形框中，置于图中结点 k 的右下方.

例 6-3　已知某工程的工序明细表如表 6-3 所示，计算各事项的最早与最迟日期.

表 6-3

工　序	A	B	C	D	E	F	G
工　时	5	4	3	5	6	7	1
紧前工序			A	C	B, C	D	E, F

解　画出相应的网络图，并计算各事项的最早与最迟日期.计算结果如图 6-7 所示.

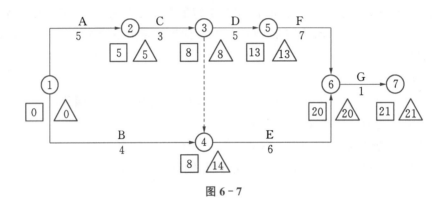

图 6-7

(四) 工序日期

工序日期有四种：

(1) 工序 (i, j) 最早开工日期,记作 $t_{es}(i, j)$.

(2) 工序 (i, j) 最早完工日期,记作 $t_{ef}(i, j)$.

(3) 工序 (i, j) 最迟开工日期,记作 $t_{ls}(i, j)$.

(4) 工序 (i, j) 最迟完工日期,记作 $t_{lf}(i, j)$.

顾名思义,"最早日期"指的是再也不能提前的日期,但是延迟则有可能是允许的;"最迟日期"指的是再也不能拖后的日期,但是赶早则有可能是允许的.

按照工序时间与事项日期的关系,可分为顺网络图走向和逆网络图走向,计算公式如下：

(1) 顺网络图走向自左至右前进计算.

$$t_{es}(i, j) = t_e(i),$$

$$t_{ef}(i, j) = t_{es}(i, j) + t(i, j) = t_e(i) + t(i, j).$$

(2) 逆网络图走向自右至左后退计算.

$$t_{lf}(i, j) = t_l(j),$$

$$t_{ls}(i, j) = t_{lf}(i, j) - t(i, j) = t_l(j) - t(i, j).$$

（五）时差

由于网络计划中各道工序与各条路线在时间进度上的不均衡性,因此,在某些工序日期中就产生了可以进行调整的时间幅度,即存在着时间差,简称为**时差**.时差又称为松弛、富余、可调、机动时间,在不同的场合,人们灵活地使用着不同的名称.在不同的前提下,可以定义不同含义的时差.

（1）在不影响整个工程最早完工日期的前提下,一道工序所允许推迟完工的最大时间段落,称为**工序总时差**,记作 $R(i,j)$.

（2）在不影响紧后工序最早开工日期的前提下,一道工序所允许推迟完工的最大时间段落,称为**工序单时差**,记作 $r(i,j)$.

显然,关键工序是不存在总时差与单时差的,即,关键工序上的 $R(i,j)$ 与 $r(i,j)$ 都为零,所以,只有在非关键路线上的工序才有可能存在大于零的总时差与单时差.

两种时差的关系式为：

$$R(i,j)=t_l(j)-t_e(i)-t(i,j),$$
$$r(i,j)=t_e(j)-t_e(i)-t(i,j),$$
$$0\leqslant r(i,j)\leqslant R(i,j).$$

三、关键路线的判别条件与方法

将工序总时差与关键路线两个概念结合起来,即可得出关键路线的判别条件.

定理 6.1　一条路线为关键路线的充分必要条件是其上的每道工序总时差恒为零.

必须指出,在非关键路线上,也可以出现总时差为零的工序.实际上,由于网络图的错综复杂性,关键路线上的某道关键工序也可以是另外非关键路线上的一道工序.所以,判别是否为关键路线,不仅需要找出总时差为零的工序,还要观察这些工序是否恰好构成一条从起点至终点的路线.

寻找关键路线有下列三种方法：

（1）穷举所有路线.将从始点到终点的所有路线一一列出,并求出对应的路长,比较各个路长大小,最大者即为关键路线.由于是悉数枚举,故此法仅适用于简单网络.

（2）总时差取零值.将满足 $R(i,j)=0$ 的工序一一列出,注意各工序的紧前与紧后的关系,使其构成路线,从中确定 L_c.此法便于在计算机上实现,是一个通用方法.

（3）事项日期唯一.由时差关系式,易知,在总时差为零的工序上,其完工事项最早日期与最迟日期必相同,由此,构成了一种直接在网络图上找出关键路线的简便方法,具体步骤为：

① 列举,将图中小正方形框与小三角形框中数字相同的结点按编号从小到大排列；

② 检查,从列举的结点中选出所要的结点,使其与相关箭线构成路线；

③ 验算,所得路线上开工事项的日期与工序时间之和应等于完工事项的日期.

例 6-4　设某类机床进行大修的工序明细表,如表 6-4 所示.试寻找关键路线.

表 6-4

工序名称	工序代号	紧前工序	工序时间/d
拆卸清洗	A		3
检查零部件	B	A	2
刮床身拖板	C	A	5
溜板箱修理	D	B	1
配件加工	E	B	5
刮尾架导轨	F	E	1
配主轴	G	A	6
床头箱修理	H	D, C	4
变速箱修理	I	E	4
配丝杆	J	F, G, H	3
总装调试	K	I, J	3

解

1. 绘制网络图

由表 6-4 可绘制得图 6-8.

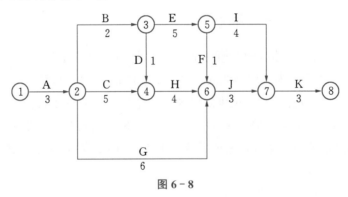

图 6-8

2. 计算时间参数

计算结果如图 6-9 和表 6-5 所示.

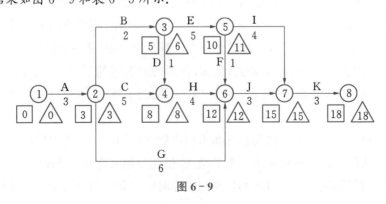

图 6-9

表 6-5

参数	A	B	C	D	E	F	G	H	I	J	K
(i, j)	$(1, 2)$	$(2, 3)$	$(2, 4)$	$(3, 4)$	$(3, 5)$	$(5, 6)$	$(2, 6)$	$(4, 6)$	$(5, 7)$	$(6, 7)$	$(7, 8)$
$t_{es}(i, j)$	0	3	3	5	5	10	3	8	10	12	15
$t_{ef}(i, j)$	3	5	8	6	10	11	9	12	14	15	18
$t_{ls}(i, j)$	0	4	3	7	6	11	6	8	11	12	15
$t_{lf}(i, j)$	3	6	8	8	11	12	12	12	15	15	18
$R(i, j)$	0	1	0	2	1	1	3	0	1	0	0
$r(i, j)$	0	0	0	2	0	1	3	0	1	0	0
T_{ef}	18										

3. 判别关键路线

$$L_c = \{A, C, H, J, K\}.$$

第四节　补充阅读材料——网络计划成本优化

优化是指针对选定的一个或多个衡量指标,通过不断调整与改进,直至获得最优网络计划的整个过程.由于有各种各样的衡量指标,所以相应有各种各样的优化方法.这里讨论最常用的两种优化目标:最短工期与最低成本日程.

一、最短工期

在资源一定的前提下,人们总希望使工期尽可能地短.为此,就必须合理地分配有限的资源,将非关键路线上的资源适当而又及时地抽调到关键路线上,加快关键工序的进度,从而缩短关键路线的路长,同时也就缩短了工期.

在优化过程中,往往会出现原来的非关键路线转化为新的关键路线的情况,亦即关键路线的条数往往会随着网络计划的不断调整而越来越多.优化过程完成后,即可得到一个理论上的最优计划方案.

在付诸实施时,本来的关键路线有可能半途成为非关键路线,同时出现了新的关键路线.尤其是有人所参加的工序,这种变动常会发生.此时就要对原有的所谓"最优计划"及时调整、控制与改进,以使最短工期这一目标得以实现.

总之,为追求最短工期,须把力量有效地集中到关键路线的关键工序上.一旦关键路线转移到另一条路线,就应把主要力量跟踪转移到新的关键路线上.当然,"向非关键路线要资源"仅是缩短工期的措施之一,还可通过改变其他条件,采取多种措施来达到缩短工期的目的,如改进工艺方案、改变工序划分、改善人员组合.但不管是何种措施,都必须始终注视着关键路线上的关键工序.

二、最低成本日程

除了军事任务这类在保证质量的前提下,不惜代价以追求速度为最高目标的工程,大量的工程并非以缩短工期为唯一目标,甚至有时还不是以其为最重要的目标.这是由于追求更快的进度往往是以消耗更多的物资与财力为代价的,若代价过大,则单纯缩短工期就不现实.事实上,绝大多数工程,尤其是民用工程,其更加合理的目标是追求使总成本最低的工期,简称最低成本日程.

工程的总费用称为**成本**,记作 M.成本由两部分构成:直接费用,记作 P(如采购原材料、添置设备);间接费用,记作 Q(如管理人员工资、办公支出).

$$M = P + Q,$$

其中,M、P、Q 显然都是工程工期 T 的函数.

一般地,工程工期缩短,势必导致 P 增加而 Q 减少,因此要寻找的是使 M 取最小值时所对应的工期 T.为简便起见,这里假定 M、P、Q 都是 T 的线性函数.

直接费用可以落实到工序上,首先,每道工序有一个确切的工序时间 $t(i,j)$,称为该工序的**正常工期**,记作 $t_n(i,j)$,对应的直接费用称为该工序的**正常(直接)费用**,记作 P_n.费用增加,可望使 $t_n(i,j)$ 缩短.但是完成工序总要花一定的时间,不可能无限缩短,因此必存在一个工序时间的正下限,这个下限称为该工序的**极限工期**,记作 $t_l(i,j)$.差值 $t_n(i,j) - t_l(i,j)$ 就是该工序允许速成的时间,称为该工序的**速成工期**,记作 $t_f(i,j)$.

工程工期的缩短必需落实在工序时间的缩短,具体地,就是通过增加费用等措施,使得 $t_n(i,j)$ 向 $t_l(i,j)$ 靠拢,所增加的费用称为**速成(直接)费用**,记作 P_f.

$$P = P_n + P_f,$$

其中,P、P_n、P_f 显然都是工序 (i,j) 的函数.

每单位时间所需的费用,简称为**单位费用**,包括单位直接费用、单位间接费用,在相应的记号中添加上标"0"来表示"单位".

设 W 为全部工序组成的集,W_f 为其中已速成的工序组成的集,于是,工程的成本可分解为:

$$M = \sum_{(i,j) \in W} P_n(i,j) + \sum_{(i,j) \in W_f} P_f(i,j) t_f(i,j) + Q^0 T_{ef}.$$

其中,第一项是各道工序的正常费用之和,第二项是在速成工序上的速成费用之和,第三项是整个工期的间接费用.

三、网络计划成本优化范例

例 6-5　已知计算好时间参数的网络图如图 6-10 所示,相关费用如表 6-6 所示("—"表示无论怎样增加费用也不能速成的工序).

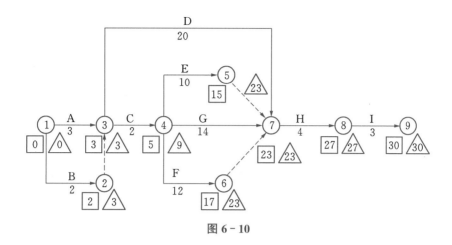

图 6-10

表 6-6

工序代号	P_n/万元	P_f^0/(万元/d)	$t_f(i,j)$
A	40	1.8	1
B	8	—	—
C	10	1.6	1
D	13	1.7	8
E	22	1.3	3
F	15	1.2	4
G	16	0.6	5
H	37	2.4	2
I	9	—	—
合计	170		
Q^0/(万元/d)	3		

求最低成本日程的网络计划.

解　为便于理解求解过程,先穷举该网络图所有路线,如表 6-7 所示.

表 6-7

i	L_i(路线)	l_i(路长)
1	①—②—③—④—⑤—⑦—⑧—⑨	21
2	①—②—③—④—⑥—⑦—⑧—⑨	23
3	①—②—③—④—⑦—⑧—⑨	25
4	①—②—③—⑦—⑧—⑨	29
5	①—③—④—⑤—⑦—⑧—⑨	22
6	①—③—④—⑥—⑦—⑧—⑨	24
7	①—③—④—⑦—⑧—⑨	26
8	①—③—⑦—⑧—⑨	30*

方案 0

仅有一条 L_c 为 L_8，$l_c = 30(\mathrm{d})$，得

$$M^{(0)} = 170 + 0 + 3 \times 30 = 260(\text{万元}).$$

其中，$M^{(0)}$ 表示初始成本，后面以 $M^{(m)}$ 来表示经过 m 次变动后的成本（$m = 0, 1, 2, \cdots$）.

检查 L_8 上各关键工序. 先比较允许速成的各种措施所对应的单位速成费用，如表 6-8 所示.

表 6-8

序　号	措　　施	P_f^0/万元
1	A 速成 1 日	1.8
2	D 速成 1 日	1.7
3	H 速成 1 日	2.4

显见，措施 2 的单位速成费用最少. 注意，D 允许速成 8 日，D 每速成一日，就使 M 减少 $Q^0 - P_f^0 = 1.3$（万元）. 但由于网络中各条路线常常彼此关连，牵一发而动全身，所以切忌贸然将 D 一下子速成 8 日，而应先设 D 速成 1 日，则 L_8 缩短到 29 日，L_4 同步缩短到 28 日. 其他六条路线中的最长者 L_7 的路长 $= 26$（日），可知 D 能一下子缩短 4 日. 于是，可得到下述新方案（为简明起见，图中不再标出事项日期，并且对不能再速成的工序代号加上 []）.

方案 1　如图 6-11 所示，有两条 L_c 为 L_7、L_8，$l_c = 26(\mathrm{d})$，得

$$M^{(1)} = M^{(0)} + 1.7 \times 4 - 3 \times 4 = 254.8(\text{万元}) < M^{(0)}.$$

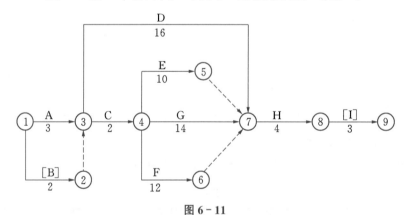

图 6-11

检查 L_7，L_8 上各关键工序. 比较允许速成的各种措施所对应的单位速成费用，如表 6-9 所示.

表 6-9

序　号	措　　施	P_f^0/万元
1	A 速成 1 日	1.8
2	C，D 同步速成 1 日	3.3
3	D，G 同步速成 1 日	2.3
4	H 速成 1 日	2.4

显见,措施 1 的单位速成费用最少.注意,A 只允许速成 1 日.于是,可得新方案.

方案 2 如图 6-12 所示,有四条 L_c 为 L_3、L_4、L_7、L_8,$l_c=25(\mathrm{d})$,得

$$M^{(2)}=M^{(1)}+1.8\times1-3\times1=253.6(万元)<M^{(1)}.$$

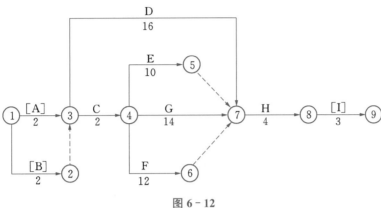

图 6-12

检查 L_3、L_4、L_7、L_8 上各关键工序.比较允许速成的各种措施所对应的单位速成费用,如表 6-10 所示.

表 6-10

序 号	措 施	P_f^0/万元
1	C,D 同步速成 1 日	3.3
2	D,G 同步速成 1 日	2.3
3	H 速成 1 日	2.4

显见,措施 2 的单位速成费用最少.注意,D 与 G 分别能允许速成 4 日与 5 日,合之知 D 与 G 允许同步速成 4 日.但与其他四条路线中的最长者 L_2 与 L_6 的路长 $l_2=l_6=23(\mathrm{d})$ 相比,可知 D 与 G 只能一下子缩短 2 日.于是,可得新方案.

方案 3 如图 6-13 所示,有六条 L_c 为 L_2、L_3、L_4、L_6、L_7、L_8,$l_c=23(\mathrm{d})$,得
$$M^{(3)}=M^{(2)}+2.3\times2-3\times2=252.2(万元)<M^{(2)}.$$

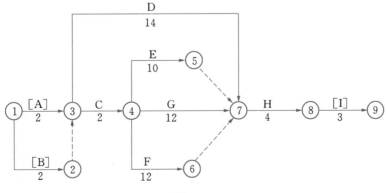

图 6-13

163

检查 L_2、L_3、L_4、L_6、L_7、L_8 上各关键工序,比较允许速成的各种措施所对应的单位速成费用,如表 6-11 所示.

表 6-11

序 号	措 施	P_f^0/万元
1	C,D 同步速成 1 日	3.3
2	D,F,G 同步速成 1 日	3.5
3	H 速成 1 日	2.4

显见,措施 3 的单位速成费用最少.注意,H 还允许速成 2 日.由于 H 的缩短不影响其他工序时间,所以可以直达极限工期,亦即 H 能一下子缩短 2 日.于是,可得新方案.

方案 4　如图 6-14 所示,仍为六条 L_c 为 L_2、L_3、L_4、L_6、L_7、L_8,$l_c=21$(d),得

$$M^{(4)}=M^{(3)}+2.4\times2-3\times2=251(万元)<M^{(3)}.$$

检查 L_2、L_3、L_4、L_6、L_7、L_8 上各关键工序,比较允许速成的各种措施所对应的单位速成费用,如表 6-12 所示.

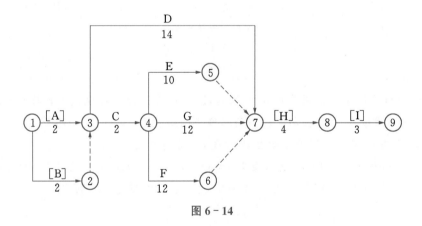

图 6-14

表 6-12

序 号	措 施	P_f^0/万元
1	C,D 同步速成 1 日	3.3
2	D,F,G 同步速成 1 日	3.5

由于每一种措施所需的 $P_f^0>Q^0=3$(万元),所以再要速成的话,势必引起成本 M 的急剧上升.于是,方案 4 为最优方案.

练习题 --------------------------------

1. 设某工程的工序明细表如表 6-13 所示.

表 6-13

工 序	A	B	C	D	E	F	G	H	I	J
工 时	10	5	3	4	5	6	5	6	6	4
紧前工序				B	A,C	A,C	E	D	D	F,H	G

要求:①绘制网络图;②计算时间参数;③确定关键路线.

2. 设某工程的工序明细表如表 6-14 所示.

表 6-14

工 序	A	B	C	D	E	F	G	H	I	J	K	L
工 时	3	4	7	3	5	5	2	5	2	1	7	3
紧前工序	G,L	H		K	C	A,E	B,C		A,K	F,I	B,C	C

要求:①绘制网络图;②计算时间参数;③确定关键路线.

3. 设某工程的工序明细表如表 6-15 所示.

表 6-15

工 序	A	B	C	D	E	F	G	H	I
工 时	60	14	20	30	21	10	7	12	60
紧前工序		A	A	A	A	A	B,C	E,F	F
工 序	J	K	L	M	N	O	P	Q	
工 时	10	25	10	5	15	2	7	5	
紧前工序	D,G	H	J,K	J,K	I,L	N	M	O,P	

要求:①绘制网络图;②计算时间参数;③确定关键路线.

4. 设某工程的工序明细表与各种费用如表 6-16 所示.

表 6-16

工 序	工序时间/d	紧前工序	正常直接费用	单位速成费用
A	4		20	5
B	8		30	4
C	6	B	15	3

续　表

工　序	工序时间/d	紧前工序	正常直接费用	单位速成费用
D	3	A	5	2
E	5	A	18	4
F	7	A	40	7
G	4	B, D	10	3
H	3	E, F, G	15	6
合　计			153	
单位间接费用			5	

注:费用以万元计,单位时间以日计,速成工期无限制.

要求:① 绘制网络图;② 计算时间参数;③ 确定关键路线;④ 求出最低成本日期.

第七章 决　策　论

学习目标

1. 理解决策论基本概念
2. 掌握不确定型决策问题的五种决策准则
3. 掌握风险型决策问题的常用决策准则
4. 掌握决策树求解方法,理解效用值准则
5. 会进行决策的灵敏度分析
6. 熟悉多目标决策

> 先揆后度,所以应卒.
>
> ——《素书·正道》

日常生活中的每一个人或组织机构都离不开决策.个人的决策关系到个人的成败得失,组织的决策关系到组织的生死存亡,国家的决策关系到国家的兴衰荣辱.然而,一个人或一个群体决策所产生的后果,完全符合预期要求的并不多,总是或多或少地偏离原来的设想,甚至有截然相反的情况.高明的决策者也只能在重大决策上不出现大的偏离,而缩小这种偏离正是决策研究的魅力所在.决策是一种技艺,既含有科学也需要艺术,它和其他任何技艺一样都有规律可循,同时又有无穷的改进潜力.我国《史记》《资治通鉴》《孙子兵法》《盐铁论》等文献中记载了丰富的决策思想、方法和案例.

决策是指为作出决定而选择策略,即为达到某种预定的目标,在若干可供选择的方案中,确定一个合适方案的过程.决策的正确或失误会给个人、企业以至国家带来效益或损失.例如,对于企业来说,一个重大决策的失误,就可能导致该企业濒于破产;而一个关键决策的成功又可能使该企业起死回生,可谓"一着不慎,满盘皆输;一着领先,全盘皆活".

诺贝尔经济学奖获得者西蒙(H.A.Simon)最早提出了"管理就是决策"的现代管理学认识,作为运筹学分支之一的决策论,也是基于 Simon 理论中定量分析的思想方法而发展起来的.由于管理决策是针对存在问题或进取愿望,制定各种可行的解决方案,选择并执行最佳方案的全部活动过程,因而可以说,决策贯穿于整个管理过程的自始至终.

拓展阅读

赫伯特·西蒙(H.A.Simon,1916—2001)于 1958 年获美国心理学会颁发的心理学杰出贡献奖,1975 年获计算机领域最高奖——图灵奖,1978 年获诺贝尔经济学奖,1986 年获美国科学管理特别奖——总统科学奖.西蒙的主要著作有《管理行为》《组织》《人的模型》《管理决策新科学》《人工科学》《有限理性模型》等,内容涉及政治学、经济学、管理学、社会学、心理学、运筹学、计算机科学等众多学科.西蒙曾多次来中国讲学,1994 年成为中国科学院首批外籍院士之一.为表达对中国的感情,他给自己取了个中文名字"司马贺".

第一节　决策论的基本概念

一、决策的要素

决策至少包含以下六个要素:

(1) 决策者.是指作出决策的个人或集体,一般指领导者或领导集体.

(2) 决策目标.是指决策者要达到的目的.有的决策目标可以明确地以数量形式加以表示,有的决策目标只能以抽象形式表述;有的决策只有一个目标,有的决策要同时考虑两个或两个以上的目标.

(3) 可行策略.是指决策者用以达到目标的行动方案与实施手段.这是可控因素,一般用 $s_i(i=1,2,\cdots,m)$ 表示某一策略,称为**策略变量**,其全体所构成的集合称为**策略集**,记为 $S=\{s_1,s_2,\cdots,s_m\}$,S 又称为**策略向量**.

(4) 自然状态.是指决策者无法控制而又对决策后果有着重大影响的客观情况,是不以人们意志为转移的不可控因素,简称**状态**.一般用 $e_j(j=1,2,\cdots,n)$ 表示某一状态,称为**状态变量**,其全体所构成的集合称为**状态集**,记为 $E=\{e_1,e_2,\cdots,e_n\}$,E 又称为**状态向量**.

(5) 决策后果.是指每一状态下对应每一策略所产生的结果.决策后果(受益或受损)反映决策目标实现情况,可表示为 S 与 E 的函数,记作 $z=f(S,E)$,称为**决策函数**.在不同场合,决策函数常采用效益函数、损失函数、风险函数等不同名称.

(6) 策略评价.是指在已知上述几个要素之后,决策者最后对所有策略进行评价、比较和选择,可表示为策略后果的函数,记作 $v=g(z)$,称为**评价函数**.

决策后果可组成数值矩阵 $\boldsymbol{A}=[a_{ij}]_{m\times n}$,其中,$a_{ij}=f(s_i,e_j)(s_i\in S;e_j\in E)$,称为**决策矩阵**.

例 7-1　为投产某种新产品,某厂需要对生产规模作决策.现有三种可供选择的方案:

s_1:建立新车间,作大规模生产.

s_2:改造原车间,达到中等产量.

s_3:利用原设备,作小批量试产.

未来市场对这种产品的需求情况有如下四种可能:

e_1:需求量很大.

e_2:需求量甚多.

e_3:需求量较小.

e_4:需求量极少.

经估计,三个方案在四种需求情况下的结果——利润额如表7-1所示.

表 7 - 1　　　　　　　　　　　　　　　　　　　　　　　　　　　单位:万元

S	E			
	e_1	e_2	e_3	e_4
s_1	80	40	-30	-70
s_2	55	37	-15	-40
s_3	31	31	9	-1

表7-1中列出了策略、状态同决策后果之间的关系,其中的各个收益值即构成了收益矩阵 A.

二、决策的分类

关于决策的分类,按照不同的角度,可以有许多分类法.

(一) 按性质分为战略决策与战术决策

战略决策是涉及系统生存、发展等有关全局性、长远性问题的重大决策.如企业新产品开发确定方向,产品结构重大改变,总体组织体制调整与企业全面发展规划等.战术决策是为实现战略决策的目标而进行的一系列决策.它比战略决策更具体,所考虑的时期也短一些.如企业产品规格选择,工艺方案与设备改进等.

(二) 按结构分为程序化决策与非程序化决策

程序化(常规化)决策是一种有章可循的决策,即良性结构决策,一般是可重复的.非程序化(非常规化)决策一般是无章可循的决策,即不良结构决策,一般是难以重复的.两种决策在解决问题时,按不同方式所采用的不同技术如表7-2所示.

表 7 - 2

方　式	类　型	
	程 序 化	非程序化
传 统 式	经验习惯,标准规程	直观判断,创造性能力,人才选拔等
现 代 式	运筹学,管理信息系统等	培训决策者,人工智能,专家系统等

（三）按决策的目标、变量和条件是否量化分为定量决策与定性决策

定量决策大量运用数学方法寻求优化方案,而定性决策不要求用数学方法,主要靠决策者的分析判断寻求满意方案.

（四）按决策环境分为确定型、风险型与不确定型决策

确定型决策是指决策者掌握了全面的信息,能够判定未来的状态而只选择一个策略,得出一种确切无疑的结果.风险型决策是指决策者掌握了部分信息,可以算出或估计出未来各种可能状态产生的概率,据此进行推断来选择优化策略.不确定型决策是指决策者没有掌握信息,对未来状态发生的可能性一无所知,无法估算出状态的概率分布,只能依据决策者的主观倾向进行决策.

（五）按决策过程的连续性分为单项决策与序贯决策

单项决策亦称静态决策,是指整个决策过程只作一次决策就得到结果.序贯决策亦称动态决策,是指整个决策过程要作出一系列相互关联的决策,决策者关心的是这一系列决策总的后果.

（六）按决策者所能控制的变量（决策变量）的数目分为单变量决策与多变量决策

单变量决策是指作决策时要确定的只是一个变量的值.多变量决策是指作决策时要同时确定多个变量的值.决策者总是通过选择策略的办法实现决策目标,而不同策略的差异就在于各策略中决策者所加以控制的变量值的不同.决策变量可以是数量指标,如产量和劳动力数量;也可以是非数量指标,如产品方向和组织问题.决策变量可以是离散型的,也可以是连续型的.

（七）按决策所要实现的目标个数分为单目标决策与多目标决策

单目标决策是指决策所要实现的目标只有一个,如果要同时考虑多个目标,则是多目标决策.在管理工作中,往往都是多目标决策.

三、决策程序

决策是一个过程,都有先后步骤或程序,大体上可分为如下四个步骤.

（一）进行调查研究,收集数据资料,提出存在问题,进行系统分析,确定决策目标

确定决策目标是决策的前提,是科学决策的首要步骤.目标一错,一错百错.因此,所考察的决策目标应具有针对性,即必须具体明确,在条件允许时,尽量将其数量化.

（二）拟定各种可能的备择方案

制定各种可供选择的方案作为策略,这是决策的必要条件.在拟定备择方案时,应明确限制性因素,即对完成所追求目标有妨碍的因素.知道了限制性因素,在工作过程中,当其他因素不变,只要改变限制性因素,就能实现所期望的目标.

（三）分析评估,从各种备择方案中选出最合适的方案

方案选择是决策的关键.首先须确定方案评选的标准:一是确定价值标准,即什么样的方案才算好;二是规定标准的要求程度,即方案要好到什么程度才符合要求.然后,决策者再进行总体权衡,用科学的思维方法作出判断,从备择方案中选取其一,或综合成一,得出最后决策所应采用的策略.

(四) 执行决策,控制反馈

前三个步骤是指某项决策从选择目标开始到作出决定为止的过程.但是,决策作出后还须贯彻执行.决策制定和决策执行结合起来,才构成科学决策的全过程.在决策执行阶段,可以返回检查决策是否正确,按实际情况及时对原决策作出必要的修正;或根据各种因素的不断变化和出现的新情况,作出新的决策.这就要求实行控制反馈措施,采用一套追踪检查的方法,以提高决策的可靠性与有效性.因此,完成决策的全过程是个动态过程.

特别指出:信息是决策的基础,没有信息就无法进行科学决策.由于收集、处理和使用信息是贯穿决策全过程的活动,故没有单独列为一个步骤.

第二节　不确定型决策

决策者处于对环境完全不清楚的情况下进行决策,称为不确定型决策.对此类决策问题,借助表格的形式来表达,这种表格称为决策表.

这里介绍五种不同的决策方法及其相应准则.下面,通过对例 7-1 的讨论来依次予以说明.

一、悲观准则

这是一种"坏中求好"的保守准则,仅被十分谨慎的决策者和实力不强的企业所采用.它是从各种可能的客观状态中先找出最坏的那个状态,然后,从中再找出预期效果最好的策略.具体做法为:

(1) 在收益矩阵中,确定每个策略可能得到的最坏结果,即各行中的最小元素

$$m_i = \min\{a_{i1}, a_{i2}, \cdots, a_{in}\} \quad (i = 1, 2, \cdots, m).$$

(2) 选取 s_k,使得

$$m_k = \max\{m_1, m_2, \cdots, m_m\}.$$

s_k 为应选策略.

上述计算可用公式表示为

$$m_k = \max_i \min_j a_{ij}.$$

因为运算是小中求大,故又称为**最大最小(max min)准则**.

对例 7-1 而言,从每一行找出最小值置于表的最右列如表 7-3 所示,再从该列中找出最大值-1,其所对应的策略为 s_3,即根据 max min 准则,决策者应选策略 s_3.

表 7-3

S	E				min
	e_1	e_2	e_3	e_4	
s_1	80	40	−30	−70	−70
s_2	55	37	−15	−40	−40
s_3	31	31	9	−1	−1←max

如果以代价最小为目标,给出的是损失矩阵,则悲观准则应采用最小最大(min max)准则.当然,也可将损失矩阵中各元素改变符号,化为收益矩阵,从而采用最大最小准则.

二、乐观准则

这是一种"好中求好"的冒险准则,可供敢于承担风险的决策者和实力雄厚的企业所参考.它是从各种可能的客观状态中先找出最好的那个状态,然后,从中再找出预期效果最好的策略.具体做法为:

(1) 在收益矩阵中,确定每个策略可能得到的最好结果,即各行中的最大元素

$$l_i = \max\{a_{i1}, a_{i2}, \cdots, a_{in}\} \quad (i=1, 2, \cdots, m).$$

(2) 选取 s_k,使得

$$l_k = \max\{l_1, l_2, \cdots, l_m\}.$$

s_k 为应选策略.

上述计算可用公式表示为

$$l_k = \max_i \max_j a_{ij}.$$

因为运算是大中求大,故又称为**最大最大(max max)准则**.

对例 7-1 而言,从每一行找出最大值置于表的最右列如表 7-4 所示,再从该列中找出最大值 80,其所对应的策略为 s_1,即根据 max max 准则,决策者应选策略 s_1.

表 7-4

S	E				max
	e_1	e_2	e_3	e_4	
s_1	80	40	−30	−70	80←max
s_2	55	37	−15	−40	55
s_3	31	31	9	−1	31

如果以代价最小为目标,给出的是损失矩阵,则乐观准则应采用最小最小准则.当然,也可将损失矩阵中各元素改变符号,化为收益矩阵,从而采用最大最大准则.

三、折衷准则

如果认为悲观准则太保守,而乐观准则又太冒险,则可考虑将这两种准则结合起来,作某种折衷.具体做法为:

(1) 取定 α ($0 < \alpha < 1$),称为乐观系数, $1 - \alpha$ 称为悲观系数.

(2) 计算折衷值

$$u_i = \alpha \max_j \{a_{ij}\} + (1 - \alpha) \min_j \{a_{ij}\} \quad (i = 1, 2, \cdots, m).$$

(3) 选取 s_k 使得

$$u_k = \max\{u_1, u_2, \cdots, u_m\}.$$

s_k 为应选策略.

对例 7-1 而言,若系数 α 定为 0.7,则三个方案的折衷值如下:

$$u_1 = 80 \times 0.7 + (-70) \times (1 - 0.7) = 35,$$

$$u_2 = 55 \times 0.7 + (-40) \times (1 - 0.7) = 26.5,$$

$$u_3 = 31 \times 0.7 + (-1) \times (1 - 0.7) = 21.4.$$

再从中找出最大值 $\max\{35, 26.5, 21.4\} = 35$ 所对应的策略为 s_1,即根据折衷值准则,决策者应选策略 s_1.

显然,当 α 取值为 0 和 1 时,就分别成为悲观准则和乐观准则,故一般情况下, α 的取值在 (0, 1) 之间选择.在例 7-1 中,如果 $\alpha < 0.58$,则选中的将不是 s_1,而是 s_3.可见,系数 α 的取值对决策结果有相当影响.

四、均等准则

这是一种平均折衷的准则.当决策者没有充足的理由判断,哪个状态出现的可能性较大,哪个状态较小时,只能假定它们出现的可能性相等,因此称为均等准则.具体做法为:

(1) 在收益矩阵中,计算各策略收益平均值

$$E(s_i) = \frac{1}{n} \sum_{j=1}^{n} a_{ij} \quad (i = 1, 2, \cdots, m).$$

(2) 选取 s_k,使得

$$E(s_k) = \max_i \{E(s_i)\}.$$

s_k 为应选策略.

对例 7-1 而言,共有 4 种状态,每一种状态出现的可能性均为 $\frac{1}{4}$,计算各策略 s_i 的收益平均值

$$E(s_1) = \frac{80 + 40 - 30 - 70}{4} = 5,$$

$$E(s_2) = \frac{55 + 37 - 15 - 40}{4} = 9.25,$$

$$E(s_3) = \frac{31 + 31 + 9 - 1}{4} = 17.5.$$

据 $\max\{5, 9.25, 17.5\} = 17.5$，决策者应选策略 s_3.

如果给出的是损失矩阵，则通过取最小值来选取 s_k.

五、后悔准则

决策者没有选用收益最大或损失最小的策略所造成的损失值称为后悔值，是衡量决策者后悔程度的一个指标.因此，使选定决策后可能出现的后悔值达到最小，亦可作为一个决策准则.

在收益矩阵中，每一状态下的最大收益值减去各策略的收益值之差值，称为后悔值.经过比较，每一策略下的各后悔值取出最大者，再从最大的后悔值中选出最小的后悔值，其所对应的策略即为应采用的策略.具体做法为：

（1）在收益矩阵中，确定各列中的最大元素

$$b_j = \max_i a_{ij} \quad (j = 1, 2, \cdots, n).$$

（2）计算各列后悔值

$$a'_{ij} = b_j - a_{ij} \quad (i = 1, 2, \cdots, m; j = 1, 2, \cdots, n).$$

（3）求出各行后悔值的最大值

$$d_i = \max_j a'_{ij} \quad (i = 1, 2, \cdots, m).$$

（4）选取 s_k，使得

$$d_k = \min_i d_i.$$

s_k 为应选策略.

后悔准则仍属"坏中求好"的保守准则.

对例 7-1 而言，将各 a'_{ij} 置于表的右半部，d_i 置于表的最右列，决策者应选策略 s_2.

决策过程如表 7-5 所示.

表 7-5

S	e_1	e_2	e_3	e_4	a'_{i1}	a'_{i2}	a'_{i3}	a'_{i4}	d_i
s_1	80	40	−30	−70	0	0	39	69	69
s_2	55	37	−15	−40	25	3	24	39	39←min
s_3	31	31	9	−1	49	9	0	0	49
b_j	80	40	9	−1					

如果给出的是损失矩阵,则每一状态下的最小损失值减去各策略的损失值之差值,被称为后悔值,然后按前述准则来选取 s_k.

根据以上讨论可知,不同的决策准则可导致采用不同的策略.对于不确定型决策问题,难以肯定哪一种决策方法最好,因为它们之间并没有一个统一的评价标准.当然,如果各种不同的决策方法均得到同一策略,那么该策略被采用的理由就更为充分.在实际工作中,采用何种方法,还带有决策者相当程度的主观随意性.因此,决策者一般都倾向于获取有关各状态发生的可能性,使不确定型决策问题能转化为风险型决策问题来讨论.

第三节 风险型决策

风险,是指可能发生的危险.对一个事件来说,就是可能产生人们所不希望而又无法控制的后果.风险分析,包括事件发生的可能性大小和所产生后果的轻重两个方面.风险决策,是指决策者根据各个自然状态的出现概率(称为状态概率),按有关的准则所进行的决策.

采用概率方法来处理决策问题,不论选择哪种策略,都要承担一定的风险.由于实际决策问题中很多都属于风险型决策,致使风险型决策成了现代决策论讨论的重点之一.

以下介绍的是几种常用的风险型决策准则.

一、最大可能准则

最大可能准则是根据"一个事件的概率越大,它发生的可能性也越大"的道理,直接选择概率最大的自然状态进行决策.事实上,这种一步到位式的决策,其实质上类似确定型决策.

例 7-2 设例 7-1 中,自然状态 e_1、e_2、e_3、e_4 所出现的概率分别为:0.45、0.35、0.15、0.05,则应如何决策?

解 由于 e_1(需求量很大)的概率 0.45 为最大,按最大可能准则,仅考虑 e_1 状态下的收益值.因 $\max\{80, 55, 31\} = 80$,所以决策者选策略 s_1.

这一准则虽然简单可行,但却相当粗糙.一般而言,只有在收益矩阵中的元素差别不大,而各状态中某一状态概率比其余状态概率明显大得多的情况下,才加以采用.

二、期望值准则

期望值准则是先计算出各个策略的收益或损失期望值,然后再比较选优的方法.问题若考虑的是收益值,则选择收益期望值最大的策略,称为最大收益期望准则;若考虑的是损失(或后悔)值,则选择损失(或后悔)期望最小的策略,称为最小损失(或后悔)期望准则.由于收益、损失或后悔值通常用金额度量,因此期望值通常是金额期望值,简记作EMV,故期望值准则又称作 EMV 准则.

(一) 最大收益期望准则

(1) 计算各个策略的收益期望值

$$E(s_i) = \sum_{j=1}^{n} a_{ij} p_j \quad (i = 1, 2, \cdots, m),$$

其中,p_j 是状态 e_j 出现的概率.

(2) 选取 s_k,使得

$$E(s_k) = \max_i \{E(s_i)\}.$$

s_k 为应选策略.

就例 7 - 2 而言,按最大收益期望准则,可得:s_1 的收益期望值最大,决策者应选策略 s_1.

(二) 最小损失期望准则

(1) 计算各个策略的损失期望值

$$E(s_i) = \sum_{j=1}^{n} a_{ij} p_j \quad (i = 1, 2, \cdots, m).$$

(2) 选取 s_k,使得

$$E(s_k) = \min_i \{E(s_i)\}.$$

s_k 为应选策略.

(三) 最小后悔期望准则

(1) 计算各后悔值

$$a'_{ij} = b_j - a_{ij} \quad (i = 1, 2, \cdots, m; j = 1, 2, \cdots, n).$$

(2) 计算各策略的后悔期望值

$$E'(s_i) = \sum_{j=1}^{n} a'_{ij} p_j \quad (i = 1, 2, \cdots, m).$$

(3) 选取 s_k,使得

$$E'(s_k) = \min_i \{E'(s_i)\}.$$

s_k 为应选策略.

就例 7 - 2 而言,按最小后悔期望值准则,可得:s_1 的后悔期望值最小,决策者应选策略 s_1,这与用最大收益期望准则求解的结果一致.

当用期望值准则进行决策时,因采用不同的期望值,往往得出不同的决策策略,遇此情形,可再按悲观准则做进一步比较选择.

三、折衷期望准则

具体做法为：

(1) 确定乐观系数 α（$0 < \alpha < 1$）.

(2) 确定各策略收益的最小值

$$m_i = \min_j a_{ij} \quad (i = 1, 2, \cdots, m).$$

(3) 计算各策略的收益期望值

$$E(s_i) = \sum_{j=1}^{n} a_{ij} p_j \quad (i = 1, 2, \cdots, m).$$

(4) 计算

$$v_i = \alpha E(s_i) + (1 - \alpha) m_i \quad (i = 1, 2, \cdots, m);$$

(5) 选取 s_k，使得

$$v_k = \max_i v_i.$$

s_k 为应选策略.

就例 7-2 而言，按折衷期望准则，决策者应选策略 s_3.

四、决策树法

(一) 决策树法的概念结构和过程

决策树(亦称**决策图**)法是利用形状似树枝的图形来选择策略.该方法不但能解决单阶段决策问题，还能处理决策表无法表达的多阶段决策问题.决策树能使决策分析过程形象直观、层次清楚，是一种常用的工具，大多用于风险型决策.

决策树的基本结构如图 7-1 所示.

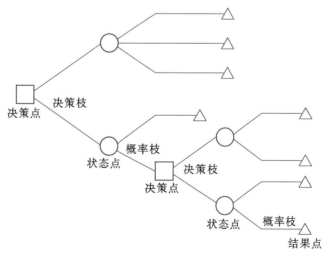

图 7-1

图 7-1 中的方框结点称为**决策点**,是决策的出发点,方框上方写最后应选策略对应的期望值.由决策点引出的线,称为**决策枝**(或方案枝),一个决策枝代表一个方案.决策枝末端的圆圈结点,称为**状态点**,从此点开始,按客观状态的不同而分出一些细分枝.一个决策枝连一个状态点,因此可将方案的代号写在对应的圆圈内.由状态点按客观状态引出的直线,称为**概率枝**,其上方注明对应状态及其出现的概率.概率枝末端的三角结点,称为**结果点**,其旁列出不同状态下的收益或损失值.

决策问题一般都有多种方案和多个状态,因此决策树中通常有多条树枝.根据问题的层次,绘制决策树时,由左向右,由粗而细,构成一个树形图.

决策树法的具体过程:从右向左逐步后退进行分析.根据右端的损益值和概率枝的概率,计算出同一方案于不同自然状态下的期望收益值(负的为损失值),并标于状态点上,然后根据不同方案的期望收益值,按决策目标选出期望值最大(或最小)的方案,舍弃其余的方案.舍弃方案时,在对应决策枝上标出以两条平行短线表示的剪枝符号.最后留下的决策枝,即为应选择的方案.

(二) 决策树法的单级决策

一个决策问题,只需进行一次决策就可选出最优方案,达到决策目的的决策被称为单级决策.对例 7-2 而言,所作出的决策树如图 7-2 所示.因 s_1 对应的期望值最大,故选择策略 s_1.

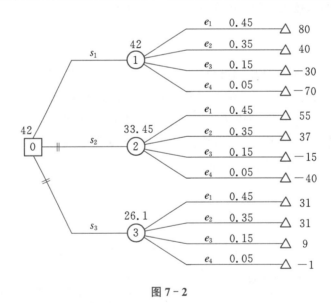

图 7-2

(三) 决策树法的多阶段决策

多阶段决策问题则比较复杂,需要进行多序列的决策,采用决策收益表就不易表达,相比而言,用决策树法就比较形象直观.

例 7-3 某服装加工厂的生产方案及其市场状态资料如表 7-6 所示,试确定最优生产策略.

表 7 - 6　　　　　　　　　　　　　　　　　　　　　　金额单位:元

生产方案		销路好(e_1)		销路差(e_2)		利润期望值
		利润	概率	利润	概率	
单品种大批量生产（s_1）	1. 夹克衫	22 896	0.60	11 448	0.40	18 317
	2. 两用衫	21 148	0.80	16 918	0.20	20 302
	3. 大　衣	20 034	0.50	13 022	0.50	16 528
	4. 西　服	25 600	0.40	10 240	0.60	16 384
	5. 童　装	15 106	0.75	10 574	0.25	13 973
多品种小批量生产（s_2）	6. 其他型	20 852	0.90	16 682	0.10	20 435

解　图 7 - 3 为决策过程的决策树.

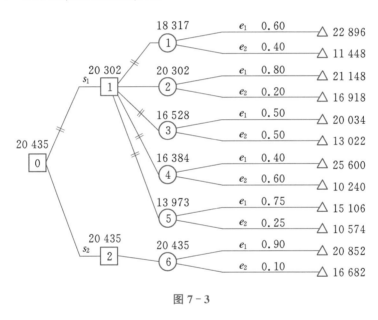

图 7 - 3

经过第一次决策,在单品种大批量生产情况下,做两用衫为应选方案.再进行第二次决策,与多品种小批量生产比较.因 s_2 的利润期望值高于 s_1,故决策者应选策略 s_2.

五、效用值准则

(一) 决策分析中的效用度量

由于地位、经验和性格的不同,决策者对于风险型决策带来的风险所持的态度往往有很大的差异.因为一次性决策只是某几个可能结果中的一个,不具备平均意义上的结果,从而决策者个人对于风险的态度就会严重影响方案的选择.因此,应把决策者对风险的态度反映在一次性风险决策的评价之中.通过对各种决策后果赋以某种数值,然后作比较,从而就形成了效用值的概念.

效用是指表示某物所具有的效力与作用,如饭有充饥效用、茶有止渴效用.在此,效用观念是人的价值观在评价决策方案时的反应,它具有相对性.

效用值是一个有大小之分的相对指标,例如,一项风险投资,盈利时可赚得 5 万元,亏本时要损失 2 万元,如果盈利和亏本发生的概率各为 0.5,则投资收益期望值为

$$5 \times 0.5 - 2 \times 0.5 = 1.5(万元).$$

对拥有至少数百万元资金的公司来说,一旦损失 2 万元也能承受,因此,可以冒这个风险,从而表现为这项投资效用很大;而对只有数万元资金的小本经营者来说,尽管投资收益期望值是正的,但担心还有损失 2 万元的可能,害怕冒这个风险,从而表现为这项投资效用很小.同样面对 1.5 万元的期望值,两类经营者完全不同的态度必然反映在他们的决策之中.这说明每个决策者的心里都有其自身的评价标准,如果决策理论不能反映决策者的价值观念和评价标准,那就很难被决策者所接受.

再例如,某人有 10 万元的不动产.据分析,发生火灾等自然灾害造成财产损失的概率为 0.1%,如果参加财产保险,发生灾害的全部损失由保险公司承担,但每年需交保费 150 元.不同的人对是否参加保险具有不同的决策:

据计算,虽然财产的期望损失值为 -100 元($-100\,000 \times 0.1\%$),但与保费 150 元相比,谨慎保守的决策者仍然愿意每年交 150 元,而不愿冒 0.1% 的风险.

根据期望损失值与保费的对比关系,敢于冒险的决策者宁可冒 0.1% 的风险,而不愿交纳 150 元的保费.但是如果条件发生变化,灾害发生的概率增加到 2%,风险程度显著提高,决策者又会改变决策,倾向于参加保险.

从中可看出,通过计算出来的相同货币值,在不同风险情况下,对于同一个决策者有着不同的效用值.

决策者对待风险的态度,一般可分为三种类型:保守型、冒险型、中间型.

用效用值这一指标来量化决策者对待风险的态度,可以得出反映决策者对待风险态度的效用函数,并可据此画出效用曲线.效用值一般取 [0,1] 区间上的值.一般规定:决策者最偏好的事物,其效用值为 1;最厌恶的事物,其效用值为 0.通过与决策者对话,不断获取定量的信息,就可建立效用函数.

(二) 范例

例 7-4 某公司在建厂问题上有两种策略:s_1(建大厂)和 s_2(建小厂).策略 s_1 成功的概率为 0.7,成功可获利 700 万元;失败的概率为 0.3,失败将损失 500 万元.策略 s_2 成功的概率为 1,成功可获利 50 万元.计算两种策略的收益期望值.

解　s_1 的收益期望值为

$$700 \times 0.7 + (-500) \times 0.3 = 340(万元).$$

s_2 的收益期望值为

$$50 \times 1 = 50 (万元).$$

按期望值准则,应选 s_1.

注意到这是利害关系重大的一次性决策,敢不敢冒损失 500 万元的风险,对决策者确实是个考验.保守型决策者很可能宁愿建小厂以稳得 50 万元.那么,究竟应如何决策?

这里,借助效用函数来作进一步的讨论.

设 $u(x)$ 是以收益 x 为自变量的效用函数,其函数值 u 就称为**效用值**,$u \in [0,1]$. 由于最大收益为 700 万元,最大损失为 500 万元,所以,$x \in [-500, 700]$,而且,取 $u(700)=1$, $u(-500)=0$. 现在,来建立此决策问题的效用函数.

假设决策者现在不愿采用收益期望值为 340 万元的策略 s_1,而宁可采用稳得 50 万元的策略 s_2,这说明在其心目中,$u(340) < u(50)$.

为确定 $u(50)$ 的值,可继续对话.比如,适当提高 s_1 成功的概率,对话如下:

提问:"如果获利 700 万元的概率为 0.8,损失 500 万元的概率为 0.2,收益期望值为 $700 \times 0.8 + (-500) \times 0.2 = 460$(万元),则是否愿意去冒一下风险,还是仍然宁可稳得 50 万元?"

回答:"愿冒风险."这说明在其心目中,$u(460) > u(50)$.

再适当减小 s_1 成功的概率,对话如下:

提问:"如果获利 700 万元的概率为 0.75,损失 500 万元的概率为 0.25,收益期望值为 $700 \times 0.75 + (-500) \times 0.25 = 400$(万元),则是否愿意再冒一下风险,还是仍然宁可稳得 50 万元?"

回答:"两者都可以."这说明在其心目中,$u(400) = u(50)$.

依此,就可得到与若干收益值对应的效用值的相对大小.

为求出 $u(50)$,可利用等价的 $u(400)$.一般认为,与收益期望值关系式相对应,也成立效用期望值关系式,即有

$$u(400) = 0.75u(700) + 0.25u(-500) = 0.75 \times 1 + 0.25 \times 0 = 0.75,$$

故得 $u(50) = 0.75$.

确定效用函数的一般方法为:先确定最小收益值 a 和最大收益值 b,令 $u(a)=0$, $u(b)=1$,然后,通过与决策者不断对话来确定其他一些效用值.

具体过程为:设有三个收益值 $x_1 > x_2 > x_3$,其中,以概率 p $(0<p<1)$ 得到 x_1,以概率 $(1-p)$ 得到 x_3,以概率 1 得到 x_2.如果已知 $u(x_1)$ 和 $u(x_3)$,且在决策者心目中成立 $u(x_2) = u[px_1 + (1-p)x_3]$,则由 $u(x_2) = pu(x_1) + (1-p)u(x_3)$,可求得 $u(x_2)$.

当 $x_1, x_2, \cdots, x_n$ 对应的效用值 $u(x_1), u(x_2), \cdots, u(x_n)$ 已经确定,就可用一条光滑曲线将这些点 $(x_i, u(x_i))$ $(i=1,2,\cdots,n)$ 连接起来,即为效用曲线.

图 7-4 就是由 $(-500,0)$,$(50,0.75)$,$(700,1)$ 三点所确定的效用曲线.一般常见的是取五点来描出效用曲线.三种基本类型(保守型、中间型、冒险型)的决策者所对应的效用曲线如图 7-5 所示,其中,纵坐标为效用值 $u(x)$,反映决策者对待风险的态度.

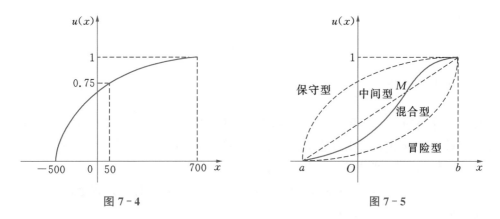

图 7-4   图 7-5

可以看出,中间型决策者,对待风险持平常态度,认为收益的增长与效用值的增长成等比关系,故严格按照期望值准则作出决策.保守型决策者,对于亏损特别敏感,而对收益的增加比较迟钝,厌恶风险而谨慎从事.效用曲线上凸得越厉害,表示决策者厌恶风险的程度越高.冒险型决策者,专注于获得收益而不太关心亏损,喜欢冒险而乐于进取.效用曲线下凹得越厉害,表示决策者敢冒风险的程度越高.实际上,大多数决策者是属于混合型的,其效用曲线一部分下凹,一部分上凸,转折处的拐点 M 称为**效益满足点**,此点前后所采取的策略属于不同类型.

第四节   灵 敏 度 分 析

在实际决策中,有时需要分析决策矩阵和状态概率中的数值变动对决策结论会产生什么影响,以及考察所选取策略的可靠性和稳定性,这就是灵敏度分析所做的工作.

当决策矩阵及状态概率数据略有变动时,若原来选定的策略仍保持不变,则反映所选的这个策略较为稳定;若决策策略也随之发生变化,则应根据分析结果作及时调整.

下面,举例说明如何结合决策树进行灵敏度分析.

例 7-5   已知某问题的决策表如表 7-7 所示.试作出决策树,并分析当概率 p 发生变动时,应如何选择各策略.

表 7-7

S	e_1	e_2
	p	$1-p$
s_1	300	-140
s_2	400	-200
s_3	450	-300

解　作决策树如图 7-6 所示，

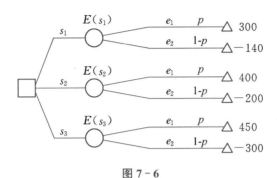

图 7-6

$$E(s_1) = 300p + (-140)(1-p) = 440p - 140,$$

$$E(s_2) = 400p + (-200)(1-p) = 600p - 200,$$

$$E(s_3) = 450p + (-300)(1-p) = 750p - 300.$$

求 p 的临界值：$E(s_1) = E(s_2)$，$E(s_2) = E(s_3)$，$E(s_3) = E(s_1)$，即

$$440p - 140 = 600p - 200.$$

解方程，得 $p = \dfrac{3}{8}$.

$$600p - 200 = 750p - 300.$$

解方程，得 $p = \dfrac{2}{3}$.

$$750p - 300 = 440p - 140.$$

解方程，得 $p = \dfrac{16}{31}$.

当 $0 \leqslant p < \dfrac{3}{8}$ 时，因 $E(s_1) > E(s_2) > E(s_3)$，故应选 s_1.

当 $\dfrac{3}{8} \leqslant p < \dfrac{16}{31}$ 时，因 $E(s_2) \geqslant E(s_1) > E(s_3)$，故应选 s_2.

当 $\dfrac{16}{31} \leqslant p < \dfrac{2}{3}$ 时，因 $E(s_2) > E(s_3) \geqslant E(s_1)$，故应选 s_2.

当 $\dfrac{2}{3} \leqslant p \leqslant 1$ 时，因 $E(s_3) \geqslant E(s_2) > E(s_1)$，故应选 s_3.

第五节 多目标决策

一、多目标规划的基本概念

在现实生活中,人们经常会碰到需要同时考虑多种因素实现多个目标的决策问题.在多目标决策中希望每个目标都尽可能最大(或最小)的问题,就是多目标规划(亦称多目标优化或向量最优化)问题.其一般形式可写作:

$$\min \mathbf{Z} = \{f_1(\mathbf{X}), f_2(\mathbf{X}), \cdots, f_L(\mathbf{X})\},$$

$$\text{s.t. } g_i(\mathbf{X}) \geqslant 0 \quad (i=1, 2, \cdots, m).$$

其中,$\mathbf{X} = (x_1, x_2, \cdots, x_n)^{\mathrm{T}}$ 称为**决策变量**,$f_1(\mathbf{X}), f_2(\mathbf{X}), \cdots, f_L(\mathbf{X})$ 称为**目标函数**,$g_i(\mathbf{X}) \geqslant 0 \, (i=1, 2, \cdots, m)$ 称为**约束条件**,$\mathbf{Z}$ 称为**目标向量**.

记 $\mathbf{R} = \{\mathbf{X} \mid g_i(\mathbf{X}) \geqslant 0, i=1, 2, \cdots, m, \mathbf{X} \in E^n\}$,称为**可行解集**(或**决策空间**).

定义 7.1 设 $\mathbf{X}^* \in \mathbf{R}$,且对任何 $\mathbf{X} \in \mathbf{R}$,都成立 $f_k(\mathbf{X}) \geqslant f_k(\mathbf{X}^*) \, (k=1, 2, \cdots, L)$,则 $\mathbf{X}^*$ 称为问题的**绝对最优解**.

定义 7.2 设 $\mathbf{X}^* \in \mathbf{R}$,若不存在 $\mathbf{X} \in \mathbf{R}$,使得 $f_k(\mathbf{X}) \leqslant f_k(\mathbf{X}^*) \, (k=1, 2, \cdots, L)$,且至少有一个 $f_k(\mathbf{X}) < f_k(\mathbf{X}^*)$,则 $\mathbf{X}^*$ 称为问题的**非劣解**(亦称**有效解**或 **Pareto 最优解**),相应的 $\mathbf{Z}(\mathbf{X}^*)$ 在目标函数空间中称为**非劣点**或**有效点**.

简言之,非劣解就是在可行解集中剔除所有的劣解之后所剩下的无法比较绝对好坏的解.多目标规划的绝对最优解往往并不存在.优化了某个目标,其他目标就可能劣化,全部目标都能达到最优的情形在生活中几乎不可能出现.因此,找出问题的非劣解,然后从中挑选所需要的满意解,就是一种相对合理的现实做法.

例 7-6 求解多目标规化问题 $\min \mathbf{Z} = \{x^2 - 2x, -x\}$,$\mathbf{R} = [0, 2]$.

解 对 $f_1(\mathbf{X}) = (x-1)^2 - 1$ 而言,其最优解为 $x=1$;对 $f_2(\mathbf{X}) = -x$ 而言,其最优解为 $x=2$.两者没有共同的最优解,即多目标规划问题的绝对最优解不存在.经作图检验,易知,区间 $[1, 2]$ 中的点都是问题的非劣解.

二、多目标决策的求解方法

(一) 序列求解法

序列求解法是一种分层处理的办法,需要给各个优化目标按重要性排出一个序列,假定给出的优先次序为 $f_1(\mathbf{X}), f_2(\mathbf{X}), \cdots, f_L(\mathbf{X})$,则求解的步骤为:首先按第一级目标进行优化,并记最优解集为 $\mathbf{R}_1$;然后在 $\mathbf{R}_1$ 中按第二级目标进行优化,并记最优解集为 $\mathbf{R}_2$;依次类推,直到获得第 L 级目标的最优解 $\mathbf{X}^*$.

该方法能够奏效的先决条件：前 $L-1$ 级目标优化所得解集非空且有多个解，否则，第 L 级目标优化将无法进行.

（二）目标规划法

在各优化目标已按重要性排出次序后，可使用目标规划法.如果所有目标函数和约束方程都为线性形式，就是第三章所讨论的线性目标规划.

（三）直接求解法

通过该方法，将多个目标合并成一个目标，将多目标规划转化为单目标规化问题：

$$\min z = \sum_{k=1}^{L} \lambda_k f_k(\boldsymbol{X}),$$

$$\text{s.t. } X \in \boldsymbol{R}.$$

其中，$\lambda_k (k=1, 2, \cdots, L)$ 为加于 k 级目标的权系数，且 $\sum_{k=1}^{L} \lambda_k = 1$.

通过不断改变权系数并求解上述单目标规划问题，在一定条件下可以得到原多目标规划问题的所有非劣解.

例 7-7 用直接求解法求解例 7-6.

解 构造新的目标函数 $z = \lambda(x^2-2x)+(1-\lambda)(-x)$，$\lambda \in [0, 1]$，并求该函数的驻点：

$$\frac{\mathrm{d}z(x)}{\mathrm{d}x} = 2\lambda x - \lambda - 1 = 0.$$

解方程，得 $x = \dfrac{\lambda+1}{2\lambda}$.

当 $\lambda = \dfrac{1}{3}$ 时，$x^* = 2$；$\lambda = 1$ 时，$x^* = 1$. 当 λ 从 $\dfrac{1}{3}$ 变到 1 时，可得到全部非劣解 $[1, 2]$；而当 λ 从 0 变向 $\dfrac{1}{3}$ 时，对应的最优解都是 $x^* = 2$，此时得不到新的非劣解.

（四）主要目标法

在实际应用中，可通过分析，提炼出一两个主要目标加以优化，而其他目标只需满足一定要求即可.该方法又称约束法，相当于求解一个单目标（或双目标）规化问题，其中，其余目标已化为带有上下界限制的约束条件.

（五）乘除法（或比值法）

若 L 个目标中的 p 个 $f_1(\boldsymbol{X})$，$f_2(\boldsymbol{X})$，$\cdots$，$f_p(\boldsymbol{X})$ 要求极小化，其余的要求极大化，并假定 $f_{p+1}(\boldsymbol{X})$，$f_{p+2}(\boldsymbol{X})$，$\cdots$，$f_L(\boldsymbol{X})>0$，则可将问题化为如下目标函数的单目标优化问题：

$$\min z = \frac{f_1(\boldsymbol{X})f_2(\boldsymbol{X})\cdots f_p(\boldsymbol{X})}{f_{p+1}(\boldsymbol{X})f_{p+2}(\boldsymbol{X})\cdots f_L(\boldsymbol{X})}.$$

（六）λ-加权法

假定 L 个目标都需极大化,则可求解如下单目标优化问题:

$$\max z = \sum_{k=1}^{L} \lambda_k f_k(\boldsymbol{X}),$$

$$\text{s.t. } \boldsymbol{X} \in \boldsymbol{R}.$$

其中,$\lambda_k(k=1, 2, \cdots, L)$ 为加于各级目标的权(系数),且

$$\lambda_k = \frac{1}{|f_k^*|}, f_k^* = \max_{\boldsymbol{X} \in \boldsymbol{R}} f_k(\boldsymbol{X}) \quad (k=1, 2, \cdots, L)$$

（七）平方和加权法

假定针对 L 个目标函数 $f_1(\boldsymbol{X})$, $f_2(\boldsymbol{X})$, $\cdots$, $f_L(\boldsymbol{X})$,分别有 L 个规定值或期望值 f_1^*, f_2^*, $\cdots$, f_L^*,于是,可通过极小化加权的总偏差平方和来达到优化要求:

$$\min z = \sum_{k=1}^{L} \lambda_k [f_k(\boldsymbol{X}) - f_k^*]^2,$$

$$\text{s.t. } \boldsymbol{X} \in \boldsymbol{R}.$$

其中,各 λ_k 可按所要求的偏差程度分别确定.

（八）理想点法

设 L 个目标函数 $f_1(\boldsymbol{X})$, $f_2(\boldsymbol{X})$, $\cdots$, $f_L(\boldsymbol{X})$ 按其单目标优化所得的最优值分别为 f_1^*, f_2^*, $\cdots$, f_L^*,于是,可通过极小化范数意义下的总偏差来达到优化要求:

$$\min z = \Big[\sum_{k=1}^{L} (f_k(\boldsymbol{X}) - f_k^*)^p \Big]^{\frac{1}{p}},$$

$$\text{s.t. } \boldsymbol{X} \in \boldsymbol{R}.$$

其中,$p \in [1, \infty)$,当 $p=2$ 时,此范数即为欧氏空间中的距离概念.

（九）模糊规划法

对于多目标决策中的线性问题,还可通过引入模糊隶属度的技术将其转换为单目标的标准线性规划问题.

设多目标优化问题为

$$\max \boldsymbol{Z} = \{\boldsymbol{C}_1 \boldsymbol{X}, \boldsymbol{C}_2 \boldsymbol{X}, \cdots, \boldsymbol{C}_L \boldsymbol{X}\}.$$

$$\text{s.t. } \begin{cases} \boldsymbol{AX} \leqslant \boldsymbol{b}, \\ \boldsymbol{X} \geqslant \boldsymbol{O}. \end{cases}$$

记 $\boldsymbol{U}_k$ 为第 k 级目标达成的最高期望值,$\boldsymbol{L}_k$ 为第 k 级目标达成的最低可接受值,$\boldsymbol{d}_k$ 为(第 k 级目标的允许偏差范围),$\boldsymbol{d}_k = \boldsymbol{U}_k - \boldsymbol{L}_k$(第 k 级目标的允许偏差范围),$(k=1, 2, \cdots, L)$.

则问题可化为

$$\min z = \lambda$$

$$\text{s.t.} \begin{cases} \lambda \geqslant \dfrac{\boldsymbol{U}_k - \boldsymbol{C}_k \boldsymbol{X}}{\boldsymbol{d}_k} & (k = 1, 2, \cdots, L), \\ \boldsymbol{AX} \leqslant b, \\ \boldsymbol{X} \geqslant O, \lambda \geqslant 0. \end{cases}$$

（推导过程略）

另外,如果有必要,还可通过有关的模糊隶属函数来松弛约束的严格性,即允许约束有一定的偏差范围.

（十）智能优化算法

智能优化算法常用于求解多目标决策问题.主要优势为:一,通常情况下,这些算法大都采用基于群体的搜索策略,运行一次有望获得多个帕累托(Pareto)最优解;二,对目标函数的最优均衡曲面的形状和连续性不敏感,能够较好地逼近不连续或者非凸性的均衡面;三,算法中存在优化信息传递机制,寻优个体可以利用共享的信息调整搜索行为.

目前,有代表性的求解多目标决策问题的智能优化算法有第二代非支配排序遗传算法(Non-dominated Sorting Genetic Algorithm-Ⅱ, NSGA-Ⅱ)、多目标粒子群优化算法(Multi-Objective Particle Swarm Optimization, MOPSO)、多目标差分进化算法(Multi-Objective Differential Evolution, MODE)和多目标蚁群优化算法(Multi-Objective Ant Colony Optimization, MOACO)等.

第六节　补充阅读材料——模糊综合评判与层次分析法

一、模糊综合评判

在许多决策问题中,常常需要根据多个因素,对所研究的对象进行综合评判,以决定取舍和行动的对策.如区域规划、项目建设、方案设计,其中的评判多为模糊性质.这种评判一般涉及以下概念:

(1) 因素集 $U = \{u_1, u_2, \cdots, u_n\}$,由用以评判的有关因素组成.

(2) 决策集 $V = \{v_1, v_2, \cdots, v_m\}$,由评判的评语、判断及行动组成.

(3) 单因素评判.

从 U 到 V 的一个模糊关系

$$\boldsymbol{R} = \begin{bmatrix} r_{11} & r_{12} & \cdots & r_{1m} \\ r_{21} & r_{22} & \cdots & r_{2m} \\ \vdots & \vdots & & \vdots \\ r_{n1} & r_{n2} & \cdots & r_{nm} \end{bmatrix}$$

称为评判矩阵.

R 中的各个元素 r_{ij} 表示从因素 u_i 出发,应满足或获得评语 v_j 的程度,$r_{ij} \in [0, 1]$.

(4) 模糊权重 $\boldsymbol{a} = (a_1, a_2, \cdots, a_n)$,表示赋予各影响因素的相对重要程度,$a_i \in [0, 1]$ 且一般须归一化.

(5) 综合评判

$$\boldsymbol{b} = \boldsymbol{a} \boldsymbol{R} = (\sum_{i=1}^{n} a_i r_{i1}, \sum_{i=1}^{n} a_i r_{i2}, \cdots, \sum_{i=1}^{n} a_i r_{im}) = (b_1, b_2, \cdots, b_m)$$

为最终评判结果,其中 b_j 表示研究对象获得结论 v_j 的程度.

例 7-8 现需要对某产品进行评判,因素集 $U=\{$质量,外观,使用方便,耐久,售后服务,价格$\}$,评语集 $V=\{$优,良,一般,差$\}$,评判小组给出的单因素评判为

$$\boldsymbol{R} = \begin{bmatrix} 0.2 & 0.7 & 0.5 & 0.1 \\ 0.8 & 0.5 & 0.1 & 0.0 \\ 0.0 & 0.3 & 0.8 & 0.5 \\ 0.2 & 0.9 & 0.3 & 0.0 \\ 0.8 & 0.6 & 0.1 & 0.0 \\ 0.4 & 0.9 & 0.7 & 0.2 \end{bmatrix}.$$

解 取 $\boldsymbol{a} = (0.3, 0.2, 0.2, 0.1, 0.1, 0.1)$,

则 $\boldsymbol{b} = (0.3,0.2,0.2,0.1,0.1,0.1) \begin{bmatrix} 0.2 & 0.7 & 0.5 & 0.1 \\ 0.8 & 0.5 & 0.1 & 0.0 \\ 0.0 & 0.3 & 0.8 & 0.5 \\ 0.2 & 0.9 & 0.3 & 0.0 \\ 0.8 & 0.6 & 0.1 & 0.0 \\ 0.4 & 0.9 & 0.7 & 0.2 \end{bmatrix} = (0.36,0.54,0.34,0.12),$

根据模糊综合评判法,该产品基本上可评价为"良".

二、层次分析法

(一) 层次分析法的概念与思路

层次分析法(the analytic hierarchy process,AHP)是一种实用的多准则决策方法,由美国的萨帝(T.L.Saaty)教授于 20 世纪 70 年代首次提出,属定性与定量相结合的系统化、层次化的分析方法,适合日常工作与生活中涉及的经济与社会等多方面因素的决策问题.

在用 AHP 处理问题时,首先须将问题层次化.按问题的性质和所要达到的总目标,分解为不同的组成因素,并按因素间的相互关联影响以及隶属关系,以不同层次聚集组合,形成一个多层次的分析结构模型,最终归结为最低层(用于决策的方案、措施等)对最高层(总目标)的相对重要性权值的确定或相对优劣次序的排序问题.

　　在排序计算中,每一层因素相对上一层某因素的单排序问题又可简化为一系列成对因素的两两比较判断.AHP 中引入 1~9 比例标度将比较判断定量化,构成判断矩阵,并计算判断矩阵的最大特征根及其相应的归一化特征向量,得到某一层全部因素相对于上一层某因素的相对重要性权值.当求出某一层全部因素相对于上一层每一因素的单排序权值后,用上一层各因素本身的权值加权综合,即可求得该层全部因素相对于最高层次的相对重要性权值,即层次总排序权值.依此类推,由上而下逐次计算,就可得到最低层各因素相对最高层的最终相对优劣排序权值.

(二) 层次分析法的基本步骤

1. 模型构造

　　建立递阶层次结构如图 7-7 所示,将有关因素自上而下分层(目标—准则或指标—方案或对象),上层受下层影响,而层内各因素基本上相对独立.由于建立模型是解决问题的关键,因此主要决策层应该共同参与.

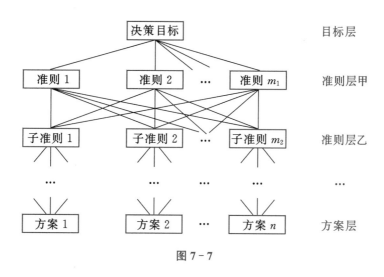

图 7-7

2. 构造判断矩阵

　　用 1~9 标度,构造各层对上一层每一因素的判断矩阵.各标度的含义如表 7-8 所示.

表 7-8

标　度	含　义
1	两因素相比,前者与后者同样重要
3	两因素相比,前者比后者稍为重要
5	两因素相比,前者比后者明显重要
7	两因素相比,前者比后者强烈重要
9	两因素相比,前者比后者极端重要
2,4,6,8	上述相邻判断的中间值

此外,两个因素对彼此的重要程度互为倒数,即若因素甲对因素乙的重要标度为 i,则乙对甲的重要标度为 $1/i$

由于判断矩阵是人为构造的,因此带有一定的主观成分,一般应由经验丰富、判断力强的专家给出.

假定上一层某因素 A_k 与相邻下一层各因素 B_1,B_2,$\cdots$,B_n 有联系,其判断矩阵如表 7-9 所示.

表 7-9

A_k	B_1	B_2	$\cdots$	B_n
B_1	b_{11}	b_{12}	$\cdots$	b_{1n}
B_2	b_{21}	b_{22}	$\cdots$	b_{2n}
$\cdots$	$\cdots$	$\cdots$	$\cdots$	$\cdots$
B_n	b_{n1}	b_{n2}	$\cdots$	b_{nn}

若上一层有多个因素,则相应的判断矩阵必须一个一个生成.

3. 层次单排序及其一致性检验

对每一判断矩阵计算其最大特征根和特征向量,并作一致性检验.若基本符合一致性条件,则特征向量即为权重向量.

记判断矩阵 $\boldsymbol{A}=[b_{ij}]_{n\times n}$ 的最大特征根为 $\lambda_{\max}$,相应的特征向量为

$$\boldsymbol{W}=(w_1,w_2,\cdots,w_n)^T,\ \text{且}\ w_1+w_2+\cdots+w_n=1,$$

则有

$$\boldsymbol{AW}=\lambda_{\max}\boldsymbol{W}.$$

具体计算结果可用线性代数中的相关方法求得,也可在精度要求不高的情况下,采用近似方法获得,如按 $\boldsymbol{A}$ 的各个列向量计算几何平均,然后归一化:

$$w_i=\frac{\left(\prod_{j=1}^{n}b_{ij}\right)^{\frac{1}{n}}}{\sum_{k=1}^{n}\left(\prod_{j=1}^{n}b_{kj}\right)^{\frac{1}{n}}}\quad(i=1,2,\cdots,n).$$

相应的最大特征根为 $\lambda_{\max}=\dfrac{1}{n}\sum_{i=1}^{n}\dfrac{\sum_{j=1}^{n}b_{ij}w_j}{w_i}$.

然后,引入一致性指标

$$CI(n)=\frac{\lambda_{\max}-n}{n-1},$$

以及平均随机一致性指标 $RI(n)$,其取值如表 7-10 所示.

表 7 - 10

n	1	2	3	4	5	6	7	8	9
$RI(n)$	0	0	0.58	0.90	1.12	1.24	1.32	1.41	1.45

用随机一致性比率

$$CR(n) = \frac{CI(n)}{RI(n)}$$

来度量一致性:当 $CR < 0.1$ 时,认为判断矩阵是一致的;否则,最好重新进行因素的相对重要性比较,以修正判断矩阵,直到满足一致性为止.

4. 层次总排序及其一致性检验

假定已经得到第 $k-1$ 层上各元素相对于总目标的排序权重向量 $\boldsymbol{W}^{(k-1)}$,而第 k 层上各元素对第 $k-1$ 层上第 j 个元素的排序权重向量记为 $\boldsymbol{P}_j^{(k)}$,记 $\boldsymbol{P}^{(k)} = (\boldsymbol{P}_1^{(k)}, \boldsymbol{P}_2^{(k)}, \cdots, \boldsymbol{P}_n^{(k)})$,则第 k 层元素对总目标的合成排序向量为

$$\boldsymbol{W}^{(k)} = \boldsymbol{P}^{(k)} \boldsymbol{W}^{(k-1)} = \boldsymbol{P}^{(k)} \boldsymbol{P}^{(k-1)} \cdots \boldsymbol{W}^{(2)}.$$

其中,$\boldsymbol{W}^{(2)}$ 为第二层元素对总目标的排序向量.

于是,最终得到的组合权重向量即可作为决策的定量依据. 从理论上而言,还需检验整体一致性条件,但在实际应用时,由于调整的困难,常常予以省略.

AHP 发展至今,其应用领域已遍及经济计划和管理、能源政策和分配、人才选拔和评价、生产决策、交通运输、科研选题、产业结构、教育、医疗、环境、军事等各个方面,所处理的问题也涉及了决策、评价、分析、预测等多种类型,为各行各业的有关问题提供了简便的解决手段.

 练习题

1. 某地建厂有三个方案可以选择,并存在三种自然状态.有关投资数据如表 7 - 11 所示.试分别用悲观准则、乐观准则、均等准则和后悔准则进行决策.

表 7 - 11

S	e_1	e_2	e_3
s_1	3	7	3
s_2	6	5	4
s_3	5	6	10

2. 某书店希望订购新出版的一本书.据以往经验,新书的销量可能为 50、100、150、200 册.已知每册书进价 40 元,售价 60 元,剩书处理价 20 元.试分别用悲观准则、乐观准则、均等准则和后悔准则来确定该书的订购数量.

3. 某店以批发方式销售商品.现考虑投销一种新商品:每件商品进货价 60 元,批发价 90 元.若商品当日销售不完,则每件要损失 20 元.根据市场需求,估计该商品每日的需求量可能为 0、1 000、2 000、3 000、4 000 件,该店的日进货量亦可以是上述数量.试分别用悲观准则、乐观准则、折衷准则(取 $\alpha = 0.8$)、均等准则和后悔准则进行决策.

4. 某厂生产一种产品.已知每件产品成本 60 元,售价 80 元.若当月销售不完,则折价为 30 元全部处理掉.该厂每个月的最大产能为 2 000 件.据预测,市场需求情况如表 7-12 所示.

表 7-12

需求量/件	1 000	1 100	1 200
概率	0.2	0.5	0.3

分别用最大可能准则、最大收益期望准则和最小后悔期望准则进行决策并作比较.

5. 若第 2 题中,书店统计过去的销售规律如表 7-13 所示,试用决策树法进行决策.

表 7-13

销量/册	50	100	150	200
比例/(%)	20	40	30	10

6. 建一个使用期为 10 年的养鸡场,有两个方案:

(1)修建大鸡场,投资为 300 万元.

(2)修建小鸡场,投资为 120 万元.

估计鸡场使用情况良好(e_1)的概率为 0.7,使用情况一般(e_2)的概率为 0.3.如果大鸡场在 e_1 下每年获利 100 万元,在 e_2 下每年损失 25 万元;小鸡场在 e_1 下每年获利 40 万元,在 e_2 下每年获利 20 万元.并假定:若小鸡场使用情况良好,则三年后能再扩建为大鸡场,扩建投资为 200 万元,随后的 7 年中每年可获利 95 万元;否则,不再扩建.试用决策树法进行决策.

第八章　对　策　论

 学习目标

1. 理解对策论基本概念
2. 理解纯策略对策和混合策略对策的基本原理
3. 掌握矩阵对策的求解方法
4. 熟悉非零和对策

> 松下无人一局残,深山松子落棋盘.
> 神仙更有神仙着,毕竟输赢下不完.
> ——《释苍雪·题画》

前一章讨论的决策问题,都是由决策者根据客观的自然状态来选择方案,也就是说,决策者是面对无理智对象的各种可能情况来进行决策.但是,在人类社会中,普遍存在各种各样具有竞争与对抗性的活动,如下棋、打牌、体育比赛,乃至商业竞争、政治谈判、军事战斗.这类活动有一个共同的特征,即,竞争与对抗的各方均是有理智的,且各方具有不同的目标和利益.为争取实现自己的目标和利益,需要与有理智的对手进行较量.较量的过程是试图探究对手可能采取的行动方案,并力图选取最合适自己的行动方案,胜负是较量的结果.这类现象称为**对策现象**或**博弈现象**,人们在其中表现出来的行为则称为**对策行为**.对策论或博弈论*(game theory)就是研究这类竞争性行为问题的数学理论与方法.当然,如果把自然界等客观环境也看成有"理智"的,那么,也可以用对策论的理论与方法去研究决策问题.

对策现象虽然古已有之,但从理论上作严格的讨论却起始于 20 世纪.1912 年,德国数学家策梅洛证明了在国际象棋中,要么黑方有必胜的策略,要么白方有必胜的策略,要么双方有必定都不败的策略;1921 年,法国数学家波莱尔引入了"最优策略"等概念;1928 年,美籍匈牙利数学家冯·诺依曼证明了对策论的基本定理——最大值最小值定理并于 1944 年与经济学家摩根斯坦合写了《对策论与经济行为》一书,建立起对策论的基本理

---

* 对策论与博弈论两种翻译在我国同时使用.传统的数学或运筹学领域习惯称对策论,而经济学领域一般称博弈论.

论,奠定了对策论研究的基础.

由于对策现象多种多样,所以描写它们的模型也形形色色,其中最基本、最重要的一类是矩阵对策,在理论研究和求解方法上都已相当完善,本章主要讨论这类对策.

拓展阅读

约翰·冯·诺依曼(John Von Neumann,1903—1957),美籍匈牙利人,22 岁时获数学博士学位,并先后获普林斯顿大学、宾夕法尼亚大学、哈佛大学等高校的荣誉博士,是美国国家科学院院士,曾任美国数学会主席、美国原子能委员会委员;于 1937 年获美国数学会的波策奖,1947 年获美国总统功勋奖章、美国海军优秀公民服务奖,1956 年获美国总统自由奖章和爱因斯坦纪念奖以及费米奖.冯·诺依曼在数学、物理学、经济学等诸多领域都进行了开创性工作,其对人类的最大贡献在于计算机科学与技术及数值分析方面的开拓性成果.1946 年诞生的世界上第一台电子计算机,其综合设计思想,便来自著名的"冯·诺依曼机",它标志着电子计算机时代的真正开始,因此他被誉为"计算机之父".

第一节　对策论的基本概念

"田忌赛马"是一个典型的对策例子.战国时期,齐威王与其大将田忌赛马,双方约定:从各自的上、中、下三个等级的马中各选一匹马出场比赛,负者要付给胜者一千金.已知田忌的马要比齐王同一等级的马差一些,但比齐王等级较低的马却要强一些.因此,如用同等级的马对抗,田忌必连输三场,失三千金无疑.田忌的谋士孙膑给田忌出了个主意:每局比赛前先了解齐王参赛马的等级,再采用下等马对齐王上等马、中等马对齐王下等马、上等马对齐王中等马的策略.比赛结果,田忌二胜一负,反而赢得一千金.由此可见,双方各采取什么样的出马次序对胜负至关重要.

一、对策三要素

(一) 局中人

在一局对策中,有决策权的参与者(个人或集团)称为**局中人**.局中人的集合记作

$$H = \{1, 2, \cdots, r\} \quad (r \geqslant 2).$$

只有两个局中人的对策称为两人对策,如田忌赛马就是两人对策,局中人是齐王和田忌.对策中的局中人可以是个人,也可以是利益完全一致的集团(如球队、企业).

(二) 策略

一局对策中,每个局中人都有若干供自己选择的可行方案,称为**策略**,其全体组成策

略集.局中人 k 的策略集记作 S_k,通常,策略集中至少包含两个策略.

在田忌赛马中,齐王和田忌为对抗的两个局中人,各方对自己选出的"上""中""下"三个等级的三匹马安排的一个上场参赛的次序,即为一个策略.显然,每一个局中人都有以下 6 个策略:

上中下　上下中　中上下　中下上　下中上　下上中

双方的策略集相同.具体对照上述 6 个策略,可表达为

$$S_1 = \{\alpha_1, \alpha_2, \cdots, \alpha_6\},\ S_2 = \{\beta_1, \beta_2, \cdots, \beta_6\}.$$

(三) 赢得函数

一局对策中,局中人各自选定一个策略与他方对阵.

设局中人 k 选策略

$$s_{ik} \in S_k \quad (k = 1, 2, \cdots, r),$$

则策略向量

$$(s_{i1}, s_{i2}, \cdots, s_{ir})$$

称为一个局势.

在田忌赛马中,(α_i, β_j) 就是一个局势,其中,$i, j = 1, 2, \cdots, 6$.

局势一定,对策的结果也随之确定.因此,对策的结果是局势的函数.

对各局中人而言,对策结果不外乎胜负、赢输,在此,统称为得失.得与失是相对的,得方赢入则失方支付.因此,描述对策结果的函数就称为**赢得函数**或**支付函数**.

二、对策的分类

对策可以从不同的角度进行分类,如:按局中人的数目多少来分,可以分为两人对策和多人对策;按策略集中元素数目来分,可以分为有限对策和无限对策;按局中人得失的和值来分,可以分为零和对策与非零和对策;按策略与时间的关系来分,可以分为静态对策与动态对策;按对策的数学模型来分,可以分为矩阵对策、连续对策、微分对策、随机对策、模糊对策等.

下面主要讨论两人有限零和对策,通常称为**矩阵对策**.矩阵对策又分为两种:纯策略对策与混合策略对策.

第二节　纯 策 略 对 策

一、矩阵对策的特点

矩阵对策具有以下两个特点:

(1) 两个局中人分别用甲、乙表示,双方都只有有限个策略可供选择.设局中人甲有 m

个策略,局中人乙有 n 个策略,策略集分别表示为

$$S_1=\{\alpha_1,\alpha_2,\cdots,\alpha_m\},\ S_2=\{\beta_1,\beta_2,\cdots,\beta_n\}.$$

(2) 在每次对策中,局中人甲的"得"就是局中人乙的"失",得失之和为零.当局中人甲采用策略 α_i,而局中人乙采用策略 β_j 时,就形成一个局势(α_i,β_j).设局中人甲的得为 a_{ij}($a_{ij}>0$ 是甲实际得到,$a_{ij}=0$ 是甲不得不失,$a_{ij}<0$ 是甲实际失去),于是局中人乙的得为$-a_{ij}$.因此,只须写出甲的得即可.矩阵

$$A=\begin{bmatrix} a_{11} & a_{12} & \cdots & a_{1n} \\ a_{21} & a_{22} & \cdots & a_{2n} \\ \vdots & \vdots & & \vdots \\ a_{m1} & a_{m2} & \cdots & a_{mn} \end{bmatrix}$$

称为局中人甲的**赢得矩阵**.

当局中人甲、乙和策略集 S_1、S_2 及局中人甲的赢得矩阵 $A=[a_{ij}]_{m\times n}$ 确定后,一个矩阵对策就确定了,所以,矩阵对策的数学模型可表示为

$$G=\{甲,乙;S_1,S_2;A\},\ 简记作\ G=\{S_1,S_2;A\}.$$

若写成表格形式,则称为矩阵对策的对策表.例如,在"田忌赛马"的对策实例中,设齐王为局中人甲,田忌为局中人乙,则其对策表如表 8-1 所示.

表 8-1

策略集	β_1	β_2	β_3	β_4	β_5	β_6
α_1	3	1	1	1	1	-1
α_2	1	3	1	1	-1	1
α_3	1	-1	3	1	1	1
α_4	-1	1	1	3	1	1
α_5	1	1	-1	1	3	1
α_6	1	1	1	-1	1	3

二、最优纯策略

这里,通过分析一个简单的例子来引出最优纯策略的概念.

例 8-1　甲、乙两队进行球赛,双方各可排出三种不同的阵容.设甲队为局中人甲,乙队为局中人乙,每一种阵容为一个策略,有 $S_1=\{\alpha_1,\alpha_2,\alpha_3\}$,$S_2=\{\beta_1,\beta_2,\beta_3\}$.根据以往两队比赛的记录,甲队得分情况的赢得矩阵为

$$A=\begin{bmatrix} 3 & 1 & 2 \\ 6 & 0 & -3 \\ -5 & -1 & 4 \end{bmatrix}.$$

问:这次比赛中,出于理智双方应如何对阵才是最稳妥的方案?

解 从 A 中可以看出,甲最多可得 6 分.于是,甲为得 6 分而选 α_2.但是乙推测甲会有此心理,从而选 β_3 来对付,使得甲非但得不到 6 分,反而要失去 3 分.当然甲也会料到乙会有此心理,从而改选 α_3,以使乙欲得 3 分而反失 4 分.在如此反复对策的过程中,各局中人如果不想冒险,就应该考虑从自身可能出现的最坏情况下着眼,去选择一种尽可能好的结果,这就是"理智行为".按照这个各方均避免冒险的观念,就形成如下的推演过程.

选出甲在各个策略下的最少赢得,即 A 中各行的最小数 1,-3,-5,为了多得分,故求这些最小数中的最大者

$$\max\{1,-3,-5\}=1,$$

其所对应的 α_1,即为甲在最坏情况下,所能得到最好结果的策略.此时,无论乙取哪个策略,甲的得分不会少于 1.

同理,选出乙在各个策略下的最大支付,即 A 中各列的最大数 6,1,4,为了少失分,故求这些最大数中的最小者

$$\min\{6,1,4\}=1,$$

其所对应的 β_2,即为乙在最坏情况下,所能得到最好结果的策略.此时,无论甲取哪个策略,乙的失分不会超过 1.

这样,就找到一个对双方来说都是最稳妥的方案:

甲取 α_1,乙取 β_2,构成局势 (α_1,β_2),得(失)为 1 分.

上述过程可表述如下:

$$
\begin{array}{ccccc}
 & \beta_1 & \beta_2 & \beta_3 & \min_j \\
\alpha_1 & \begin{bmatrix} 3 \\ 6 \\ -5 \end{bmatrix} & \begin{matrix} 1 \\ 0 \\ -1 \end{matrix} & \begin{matrix} 2 \\ -3 \\ 4 \end{matrix}\end{bmatrix} & \begin{matrix} 1^* \\ -3 \\ -5 \end{matrix} \\
\max_i & 6 & 1^* & 4 &
\end{array}
$$

小中取大

大中取小

由此得到启示,对于一般矩阵对策,形成如下定义.

定义 8.1 设有矩阵对策 $G=\{S_1,S_2;A\}$,其中,$S_1=\{\alpha_1,\alpha_2,\cdots,\alpha_m\}$,$S_2=\{\beta_1,\beta_2,\cdots,\beta_n\}$,$A=[a_{ij}]_{m\times n}$,若有

$$\max_i \min_j a_{ij}=\min_j \max_i a_{ij}=a_{i^*j^*}=v,$$

则局势 $(\alpha_{i^*},\beta_{j^*})$ 称为 G 在纯策略意义下的解,也称为 G 的鞍点;α_{i^*} 和 β_{j^*} 分别称为局中人 I 和 II 的最优纯策略;v 称为 G 的值,也称对策值.

对于例 8-1,G 的解(鞍点)为 (α_1,β_2),α_1、β_2 分别为甲、乙的最优纯策略.对策值

$v=1>0$，反映优势在甲方；若 $v<0$，则优势在乙方；当 $v=0$ 时，称为公平对策.

是否每个矩阵对策一定存在鞍点？回答是否定的.现在考察例 8-2.

例 8-2 已知矩阵对策 G 中，

$$A = \begin{bmatrix} 1 & 0 \\ -4 & 3 \end{bmatrix}.$$

问：G 是否存在鞍点？

解　因为 $\max\limits_{i}\min\limits_{j}a_{ij}=0$，$\min\limits_{j}\max\limits_{i}a_{ij}=1$，两者不等，不符合鞍点条件，故 G 的鞍点不存在.

因此，若 G 存在鞍点，则称 G 在纯策略意义下有解，对应的策略称为最优纯策略，它们所组成的局势称为平衡局势.

三、矩阵对策有解的条件

现在，讨论矩阵对策在纯策略意义下有解的充分必要条件.

引理 8.1　设 $G=\{S_1, S_2; A\}$，其中，$S_1=\{\alpha_1, \alpha_2, \cdots, \alpha_m\}$，$S_2=\{\beta_1, \beta_2, \cdots, \beta_n\}$，$A=[a_{ij}]_{m \times n}$，则 $\min\limits_{j}\max\limits_{i}a_{ij} \geqslant \max\limits_{i}\min\limits_{j}a_{ij}$.

证　由于对每个固定的 i' 和 j'，都有

$$\max_{i}a_{ij'} \geqslant a_{i'j'} \geqslant \min_{j}a_{i'j},$$

故而 $\max\limits_{i}a_{ij'}(j'=1, 2, \cdots, n)$ 中的最小者 $\min\limits_{j}\max\limits_{i}a_{ij}$ 必不小于 $\min\limits_{j}a_{i'j}(i'=1, 2, \cdots, m)$ 中的最大者 $\max\limits_{i}\min\limits_{j}a_{ij}$.

定理 8.1　设 $G=\{S_1, S_2; A\}$，其中，$S_1=\{\alpha_1, \alpha_2, \cdots, \alpha_m\}$，$S_2=\{\beta_1, \beta_2, \cdots, \beta_n\}$，$A=[a_{ij}]_{m \times n}$. G 在纯策略意义下有解的充分必要条件为：存在局势 $(\alpha_{i^*}, \beta_{j^*})$，使得对一切 i 和 j，均有

$$a_{ij^*} \leqslant a_{i^*j^*} \leqslant a_{i^*j} \quad (i=1, 2, \cdots, m; j=1, 2, \cdots, n).$$

证　(1) 充分性　设对任意 i 和 j，均有 $a_{ij^*} \leqslant a_{i^*j^*} \leqslant a_{i^*j}$，

所以，$\max\limits_{i}a_{ij^*} \leqslant a_{i^*j^*} \leqslant \min\limits_{j}a_{i^*j}$.

而 $\min\limits_{j}\max\limits_{i}a_{ij} \leqslant \max\limits_{i}a_{ij^*}$，$\min\limits_{j}a_{i^*j} \leqslant \max\limits_{i}\min\limits_{j}a_{ij}$，

因此，$\min\limits_{j}\max\limits_{i}a_{ij} \leqslant a_{i^*j^*} \leqslant \max\limits_{i}\min\limits_{j}a_{ij}$.

又由引理 8.1 知，对任意 i 和 j，均有 $\min\limits_{j}\max\limits_{i}a_{ij} \geqslant \max\limits_{i}\min\limits_{j}a_{ij}$，

于是可得

$$\max_{i}\min_{j}a_{ij}=\min_{j}\max_{i}a_{ij}=a_{i^*j^*}=v.$$

由定义 8.1 知，G 在纯策略意义下有解.

（2）**必要性**　设 G 在纯策略意义下有解，即成立

$$\max_i \min_j a_{ij} = \min_j \max_i a_{ij} = a_{i^*j^*} = v.$$

因为 $\min_j a_{ij}$ 在 $i = i^*$ 时达到最大，即

$$\max_i \min_j a_{ij} = \min_j a_{i^*j} \leqslant a_{i^*j}.$$

又因为 $\max_j a_{ij}$ 在 $j = j^*$ 时达到最小，即

$$\min_j \max_i a_{ij} = \max_i a_{ij^*} \geqslant a_{ij^*},$$

所以 $a_{ij^*} \leqslant a_{i^*j^*} \leqslant a_{i^*j}$。

定理 8.1 说明了 G 在纯策略意义下有解的充分必要条件是：A 中存在这样一个元素，既是所在行的最小元素，也是所在列的最大元素。换言之，有纯策略解与存在鞍点等价，这正是冯·诺伊曼当年所证明的。这个著名结论所体现的基本理性思想，用通俗的话说，就是"从最坏处着眼，向最好处努力"。

例 8-3　求解矩阵对策，其中，

$$A = \begin{bmatrix} 1 & 0 & -1 \\ 1 & 1 & -1 \end{bmatrix}.$$

解　容易得到

$$v = a_{i^*j^*} = -1 \quad (i^* = 1, 2; \ j^* = 3).$$

由此可见，G 的解可以不唯一，但 G 的值必是唯一的。

第三节　混合策略对策

一、混合策略与混合扩充

当矩阵对策 G 在纯策略意义下无解时，由于不存在鞍点，即不存在平衡局势，各局中人的决策总有一定的风险。因此，没有理由只取某个策略而舍弃其余策略，局中人应考虑按照预先确定的一组概率来选取其所有可能采用的策略。于是，有如下定义。

定义 8.2　设有矩阵对策 $G = \{S_1, S_2; A\}$，其中，$S_1 = \{\alpha_1, \alpha_2, \cdots, \alpha_m\}$，$S_2 = \{\beta_1, \beta_2, \cdots, \beta_n\}$，$A = [a_{ij}]_{m \times n}$，概率向量

$$\boldsymbol{X} = (x_1, x_2, \cdots, x_m)^{\mathrm{T}},\text{其中}, \sum_{i=1}^m x_i = 1, \ x_i \geqslant 0, \ i = 1, 2, \cdots, m,$$

$$Y = (y_1, y_2, \cdots, y_n)^{\mathrm{T}}, \text{其中}, \sum_{j=1}^{n} y_j = 1, y_j \geqslant 0, j = 1, 2, \cdots, n.$$

分别称为局中人 Ⅰ 和 Ⅱ 的混合策略.向量组$(\boldsymbol{X}, \boldsymbol{Y})$称为混合局势.数学期望

$$\mathrm{E}(\boldsymbol{X}, \boldsymbol{Y}) = \sum_{i=1}^{m} \sum_{j=1}^{n} x_i a_{ij} y_j = \boldsymbol{X}^{\mathrm{T}} A \boldsymbol{Y}$$

称为 Ⅰ 的赢得.$\boldsymbol{X}$、$\boldsymbol{Y}$ 的全体分别构成 Ⅰ、Ⅱ 的混合策略集,记作

$$\boldsymbol{S_1^*} = \left\{ \boldsymbol{X} = (x_1, x_2, \cdots, x_m)^{\mathrm{T}} \,\middle|\, \sum_{i=1}^{m} x_i = 1, x_i \geqslant 0, i = 1, 2, \cdots, m \right\},$$

$$\boldsymbol{S_2^*} = \left\{ \boldsymbol{Y} = (y_1, y_2, \cdots, y_n)^{\mathrm{T}} \,\middle|\, \sum_{j=1}^{n} y_j = 1, y_j \geqslant 0, j = 1, 2, \cdots, n \right\}.$$

由定义 8.2 可知,纯策略对策是混合策略对策的特例,此时,概率向量为单位向量.

于是,相对于原来的对策 $\boldsymbol{G} = \{S_1, S_2; \boldsymbol{A}\}$,有如下定义.

定义 8.3 $\boldsymbol{G}^* = \{\boldsymbol{S_1^*}, \boldsymbol{S_2^*}; \boldsymbol{E}\}$ 称为 $\boldsymbol{G} = \{S_1, S_2; \boldsymbol{A}\}$ 的混合扩充.$\boldsymbol{G}^*$ 称为混合策略矩阵对策,$\boldsymbol{G}$ 称为纯策略矩阵对策.

混合策略可理解为,当局中人进行多次对策时所采取的各纯策略的频率.如果只进行一次对策,混合策略可理解为局中人对各纯策略的偏好程度.

二、最优混合策略

$\boldsymbol{G}^* = \{\boldsymbol{S_1^*}, \boldsymbol{S_2^*}; \boldsymbol{E}\}$ 仍然是竞争性决策问题,双方在决策时都考虑到对方可能采用的各个策略.按双方均是理智的这一前提,当局中人 Ⅰ 选用混合策略 $\boldsymbol{X}$ 时,局中人 Ⅱ 将选用混合策略 $\boldsymbol{Y'}$,使得

$$\mathrm{E}(\boldsymbol{X}, \boldsymbol{Y'}) = \min_{\boldsymbol{Y} \in S_2^*} \mathrm{E}(\boldsymbol{X}, \boldsymbol{Y}).$$

Ⅰ 应选取 $\boldsymbol{X}^*$,使赢得至少为

$$v_1 = \mathrm{E}(\boldsymbol{X}^*, \boldsymbol{Y'}) = \max_{\boldsymbol{X} \in S_1^*} \mathrm{E}(\boldsymbol{X}, \boldsymbol{Y'}) = \max_{\boldsymbol{X} \in S_1^*} \min_{\boldsymbol{Y} \in S_2^*} \mathrm{E}(\boldsymbol{X}, \boldsymbol{Y}).$$

同理,当局中人 Ⅱ 取混合策略 $\boldsymbol{Y}$ 时,局中人 Ⅰ 将选用混合策略 $\boldsymbol{X'}$,使得

$$\mathrm{E}(\boldsymbol{X'}, \boldsymbol{Y}) = \max_{\boldsymbol{X} \in S_1^*} \mathrm{E}(\boldsymbol{X}, \boldsymbol{Y}).$$

Ⅱ 应选取 $\boldsymbol{Y}^*$,使支付至多为

$$v_2 = \mathrm{E}(\boldsymbol{X'}, \boldsymbol{Y}^*) = \min_{\boldsymbol{Y} \in S_2^*} \mathrm{E}(\boldsymbol{X'}, \boldsymbol{Y}) = \min_{\boldsymbol{Y} \in S_2^*} \max_{\boldsymbol{X} \in S_1^*} \mathrm{E}(\boldsymbol{X}, \boldsymbol{Y}).$$

若有

$$v_1 = \max_{\boldsymbol{X} \in S_1^*} \min_{\boldsymbol{Y} \in S_2^*} \mathrm{E}(\boldsymbol{X}, \boldsymbol{Y}) = \min_{\boldsymbol{Y} \in S_2^*} \max_{\boldsymbol{X} \in S_1^*} \mathrm{E}(\boldsymbol{X}, \boldsymbol{Y}) = \mathrm{E}(\boldsymbol{X}^*, \boldsymbol{Y}^*) = v_2,$$

就找到了一个对双方来说都是可接受的方案:局中人 Ⅰ 按 $\boldsymbol{X}^*$ 来选取策略,局中人 Ⅱ 按

Y^* 来选取策略.

对于一般混合扩充后的矩阵对策,给出如下定义.

定义 8.4 设 $G^* = \{S_1^*, S_2^*; E\}$ 是 $G = \{S_1, S_2; A\}$ 的混合扩充,若有

$$\max_{X \in S_1^*} \min_{Y \in S_2^*} E(X, Y) = \min_{Y \in S_2^*} \max_{X \in S_1^*} E(X, Y) = E(X^*, Y^*) = v,$$

则混合局势 (X^*, Y^*) 称为 G 在混合策略意义下的解,也称为 G^* 的鞍点;X^*、Y^* 分别称为局中人 I 和 II 的最优混合策略;v 称为 G^* 的值,也称对策值.

冯·诺伊曼和摩根斯坦建立了下列矩阵对策基本定理.

定理 8.2 矩阵对策一定存在混合策略意义下的解.

证　略.

三、混合策略对策有解的条件

定理 8.3 混合策略意义下有解的充分必要条件为:存在混合局势 (X^*, Y^*),使得对一切 $X \in S_1^*$ 和 $Y \in S_2^*$,有 $E(X, Y^*) \leqslant E(X^*, Y^*) \leqslant E(X^*, Y)$. (X^*, Y^*) 即为解,且 $v = E(X^*, Y^*)$.

此定理的证明方法类似定理 8.1,只需将 a_{ij} 换成 $E(X, Y)$ 即可.

第四节　矩阵对策的求解方法

求解矩阵对策,首先检查是否存在鞍点.如果有鞍点,则得到纯策略意义下的解;如果无鞍点,再寻找混合策略意义下的解.

一、特殊解法

(一) 优超原理

在赢得矩阵 A 中,如果第 i 行各元素都不小于第 k 行相应的各元素,即 $a_{ij} \geqslant a_{kj}(j = 1, 2, \cdots, n)$,则称局中人 I 的策略 α_i 优超于策略 α_k,这时,无论局中人 II 采用哪一个策略,I 采用 α_i 不会比采用 α_k 差.同理,如果第 j 列各元素都不大于第 k 列相应的各元素,即 $a_{ij} \leqslant a_{ik}(i = 1, 2, \cdots, m)$,则称局中人 II 的策略 β_j 优超于策略 β_k,这时,无论局中人 I 采用哪一个策略,II 采用 β_j 不会比采用 β_k 差.

因此,优超原理如下:在求解赢得矩阵时,如有上述关系,则可将 α_k 从策略集中删去(相应把 A 中第 k 行元素划去),或将 β_k 从策略集中删去(相应把 A 中第 k 列各元素划去).从而缩小了 A 的规模,使计算简化.一般情况下,优超原理只是一种降阶技术,但如精简之后,A 中的剩余元素仅有一个,则意味着已求得了对策的鞍点.

例 8-4　求解矩阵对策,其中,

$$A = \begin{bmatrix} 10 & -1 & 6 \\ 12 & 10 & -5 \\ 6 & -8 & 5 \end{bmatrix}.$$

解　查视各列,发现可划去第 1 列,得

$$\begin{bmatrix} -1 & 6 \\ 10 & -5 \\ -8 & 5 \end{bmatrix}.$$

查视各行,发现可划去第 3 行,得

$$\begin{bmatrix} -1 & 6 \\ 10 & -5 \end{bmatrix}.$$

查视各行列,知已无法继续优超,故原矩阵 A 被简化为 2×2 规模.

(二) 简化定理

定理 8.4　设两矩阵对策 $G_1 = \{S_1, S_2; A_1\}$,$G_2 = \{S_1, S_2; A_2\}$;G_1,G_2 的混合扩充为 $G_1^* = \{S_1^*, S_2^*; E_1\}$,$G_2^* = \{S_1^*, S_2^*; E_2\}$,若 $A_1 = [a_{ij}]_{m\times n}$,$A_2 = [a_{ij}+d]_{m\times n}$,其中 d 为常数,则 G_1 与 G_2 同解,且成立 $v_2 = v_1 + d$.

证　略.

定理 8.5　设两矩阵对策 $G_1 = \{S_1, S_2; A_1\}$,$G_2 = \{S_1, S_2; A_2\}$;G_1,G_2 的混合扩充为 $G_1^* = \{S_1^*, S_2^*; E_1\}$,$G_2^* = \{S_1^*, S_2^*; E_2\}$,若 $A_2 = \alpha A_1$,其中 α 为非零常数,则 G_1 与 G_2 同解,且成立 $v_2 = \alpha v_1$.

证　略.

上述两个定理可用来简化矩阵中的元素数字,使得以后的求解更为方便.

(三) 方程组试解法

定理 8.6　设矩阵对策 $G = \{S_1, S_2; A\}$,G 的混合扩充 $G^* = \{S_1^*, S_2^*; E\}$,$G^*$ 的值为 v,则方程(不等式)组

$$\begin{cases} \sum\limits_{i=1}^{m} a_{ij}x_i \geqslant v & (j=1, 2, \cdots, n), \\ \sum\limits_{i=1}^{m} x_i = 1, \\ x_i \geqslant 0 & (i=1, 2, \cdots, m) \end{cases}$$

的解 X^* 是局中人 I 的最优混合策略;方程(不等式)组

$$
\begin{cases}
\sum_{j=1}^{n} a_{ij} y_j \leqslant v & (i=1,2,\cdots,m),\\
\sum_{j=1}^{n} y_j = 1,\\
y_j \geqslant 0 & (j=1,2,\cdots,n)
\end{cases}
$$

的解 $\boldsymbol{Y}^*$ 是局中人 Ⅱ 的最优混合策略.

证　略.

定理 8.7　设矩阵对策 $\boldsymbol{G}=\{S_1,S_2;\boldsymbol{A}\}$，$\boldsymbol{G}$ 的混合扩充 $\boldsymbol{G}^*=\{\boldsymbol{S}_1^*,\boldsymbol{S}_2^*;\boldsymbol{E}\}$，$\boldsymbol{G}^*$ 的值为 v，$\boldsymbol{X}^*$ 和 $\boldsymbol{Y}^*$ 分别为局中人 Ⅰ 和 Ⅱ 的最优混合策略，下述结论成立：

(1) 若 $\sum_{j=1}^{n} a_{ij} y_j^* < v$，则 $x_i^* = 0$.

(2) 若 $\sum_{i=1}^{m} a_{ij} x_i^* > v$，则 $y_j^* = 0$;

(3) 若 $x_i^* \neq 0$，则 $\sum_{j=1}^{n} a_{ij} y_j^* = v$.

(4) 若 $y_j^* \neq 0$，则 $\sum_{i=1}^{m} a_{ij} x_i^* = v$.

证　略.

由前述结论，可以形成一种利用方程（不等式）组来求解最优混合策略的方程（不等式）组试解法，往往能够求得对策 $\boldsymbol{G}$ 的解.

例 8-5　求解田忌赛马的对策问题.

解　显然，该对策不存在鞍点.观察矩阵 $\boldsymbol{A}$ 的各行各列元素，发现彼此相差不大，且策略间不存在优超关系.因而，可以设想局中人选取每个纯策略的可能性都存在，即，可以假定各 x_i 与各 y_j 均不为零.于是，由定理 8.7 的结论(3)和结论(4)，可得下列两个线性方程组：

$$
\begin{cases}
3x_1 + x_2 + x_3 - x_4 + x_5 + x_6 = v,\\
x_1 + 3x_2 - x_3 + x_4 + x_5 + x_6 = v,\\
x_1 + x_2 + 3x_3 + x_4 - x_5 + x_6 = v,\\
x_1 + x_2 + x_3 + 3x_4 + x_5 - x_6 = v,\\
x_1 - x_2 + x_3 + x_4 + 3x_5 + x_6 = v,\\
-x_1 + x_2 + x_3 + x_4 + x_5 + 3x_6 = v,\\
x_1 + x_2 + x_3 + x_4 + x_5 + x_6 = 1
\end{cases}
\text{和}
\begin{cases}
3y_1 + y_2 + y_3 + y_4 + y_5 - y_6 = v,\\
y_1 + 3y_2 + y_3 + y_4 - y_5 + y_6 = v,\\
y_1 - y_2 + 3y_3 + y_4 + y_5 + y_6 = v,\\
-y_1 + y_2 + y_3 + 3y_4 + y_5 + y_6 = v,\\
y_1 + y_2 + y_3 + y_4 + 3y_5 + y_6 = v,\\
y_1 + y_2 + y_3 - y_4 + y_5 + 3y_6 = v,\\
y_1 + y_2 + y_3 + y_4 + y_5 + y_6 = 1.
\end{cases}
$$

分别将各等式相加，得

$$6(x_1 + x_2 + x_3 + x_4 + x_5 + x_6) = 6v,$$

$$6(y_1 + y_2 + y_3 + y_4 + y_5 + y_6) = 6v,$$

故 $v=1$.

代入原方程组中,由克莱姆(Cramer)法则,解得

$$x_1 = x_2 = x_3 = x_4 = x_5 = x_6 = \frac{1}{6}, \quad y_1 = y_2 = y_3 = y_4 = y_5 = y_6 = \frac{1}{6}.$$

齐王的最优混合策略为

$$\boldsymbol{X}^* = \left(\frac{1}{6}, \frac{1}{6}, \frac{1}{6}, \frac{1}{6}, \frac{1}{6}, \frac{1}{6}\right)^{\mathrm{T}}.$$

田忌的最优混合策略为

$$\boldsymbol{Y}^* = \left(\frac{1}{6}, \frac{1}{6}, \frac{1}{6}, \frac{1}{6}, \frac{1}{6}, \frac{1}{6}\right)^{\mathrm{T}}.$$

齐王的期望赢得为一千金.

注意　在使用方程组试解法得到的结果中,若有某个 x_i(或 y_j)$\leqslant 0$,则该方法失效.

二、2×2 矩阵对策的公式解法

设矩阵对策中的 $\boldsymbol{A}$ 为

$$\begin{bmatrix} a_{11} & a_{12} \\ a_{21} & a_{22} \end{bmatrix}.$$

若无鞍点,则 $\boldsymbol{X}^*$ 与 $\boldsymbol{Y}^*$ 中各分量必不为零(否则,即有鞍点).由定理 8.7 的结论(3)和结论(4),得

$$\begin{cases} a_{11}x_1^* + a_{21}x_2^* = v, \\ a_{12}x_1^* + a_{22}x_2^* = v, \\ \quad x_1^* + \quad x_2^* = 1 \end{cases} \text{和} \begin{cases} a_{11}y_1^* + a_{12}y_2^* = v, \\ a_{21}y_1^* + a_{22}y_2^* = v, \\ \quad y_1^* + \quad y_2^* = 1. \end{cases}$$

求解后,得

$$x_1^* = \frac{a_{22} - a_{21}}{(a_{11} + a_{22}) - (a_{12} + a_{21})}, \quad x_2^* = 1 - x_1^*;$$

$$y_1^* = \frac{a_{22} - a_{12}}{(a_{11} + a_{22}) - (a_{12} + a_{21})}, \quad y_2^* = 1 - y_1^*;$$

$$v = \frac{a_{11}a_{22} - a_{12}a_{21}}{(a_{11} + a_{22}) - (a_{12} + a_{21})}.$$

例 8-6　求解例 8-4.

解　将例 8-4 中化简所得的 2×2 矩阵元素代入上述公式,可求得

$$x_1^* = \frac{15}{22}, \; x_2^* = \frac{7}{22}; \; y_2^* = \frac{11}{22}, \; y_3^* = \frac{11}{22}; \; v = \frac{55}{22}.$$

局中人 I 和 II 的最优混合策略为 $\boldsymbol{X}^* = \left(\frac{15}{22}, \frac{7}{22}, 0\right)^{\mathrm{T}}$ 和 $\boldsymbol{Y}^* = \left(0, \frac{1}{2}, \frac{1}{2}\right)^{\mathrm{T}}$.

三、$2 \times n$ 和 $m \times 2$ 矩阵对算策的图解法

当对策双方中的某一方策略的个数为 2,而另一方策略个数大于 2 时,可以采用图解法来方便地求解这类对策问题.下面通过例子来介绍这种直观的几何方法.

例 8-7 求解矩阵对策,其中,

$$\boldsymbol{A} = \begin{bmatrix} 1 & 7 & 13 \\ 9 & 0 & -2 \end{bmatrix}.$$

解 显然,$\boldsymbol{G}$ 无鞍点且无优超关系.

设局中人 I 的混合策略为 $\boldsymbol{X} = (x_1, x_2)^{\mathrm{T}} = (x, 1-x)^{\mathrm{T}}$,则按"理智行为",I 期望的赢得为

$$v = \max_{0 \leqslant x \leqslant 1} \min[x + 9(1-x), 7x, 13x - 2(1-x)]$$
$$= \max_{0 \leqslant x \leqslant 1} \min[-8x + 9, 7x, 15x - 2] = \max_{0 \leqslant x \leqslant 1} f(x).$$

在 Oxv 平面直角坐标系中,取 $x \in [0, 1]$,画直线如图 8-1 所示.

$L_1 : v = -8x + 9$,

$L_2 : v = 7x$,

$L_3 : v = 15x - 2$.

于是,$v = f(x)$ 的图形就是折线 $CDEF$.
因为点 E 是折线的最高点,所以 $v = f(x^*)$.
注意到点 E 是 L_1 与 L_2 的交点,求解

$$\begin{cases} v = -8x + 9, \\ v = 7x, \end{cases}$$

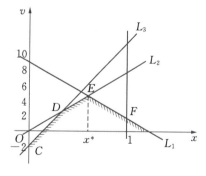

图 8-1

得 $x = \frac{3}{5}$,$v = \frac{21}{5}$.

局中人 I 的最优混合策略为 $\boldsymbol{X}^* = \left(\frac{3}{5}, \frac{2}{5}\right)^{\mathrm{T}}$.

设局中人 II 的最优混合策略为 $\boldsymbol{Y}^* = (y_1^*, y_2^*, y_3^*)^{\mathrm{T}}$,则由定理 8.7 知

$$\begin{cases} y_1^* + 7y_2^* + 13y_3^* = \dfrac{21}{5}, \\ 9y_1^* \qquad - 2y_3^* = \dfrac{21}{5}. \end{cases}$$

由于点 E 只与 L_1、L_2 有关且此处 L_3 高于点 E,即只与 β_1、β_2 有关且 β_3 不必考虑,所以,$y_3^* = 0$,代入上式,可解得 $y_1^* = \dfrac{7}{15}$,$y_2^* = \dfrac{8}{15}$.

于是,局中人 Ⅱ 的最优混合策略为 $\boldsymbol{Y}^* = \left(\dfrac{7}{15},\ \dfrac{8}{15},\ 0\right)^{\mathrm{T}}$.

例 8-8 求解矩阵对策,其中,

$$\boldsymbol{A} = \begin{bmatrix} 1 & -5 \\ -4 & 4 \\ -2 & 3 \\ 0 & -5 \end{bmatrix}.$$

解 使用优超原理(删去最后一行),将 $\boldsymbol{A}$ 简化为

$$\begin{bmatrix} 1 & -5 \\ -4 & 4 \\ -2 & 3 \end{bmatrix}.$$

易知,G 无鞍点.

设局中人 Ⅱ 的混合策略为 $Y = (y_1, y_2)^{\mathrm{T}} = (y, 1-y)^{\mathrm{T}}$,则按"理智行为",Ⅱ 期望的支付为

$$v = \min_{0 \leqslant y \leqslant 1} \max[y - 5(1-y), -4y + 4(1-y), -2y + 3(1-y)]$$
$$= \min_{0 \leqslant y \leqslant 1} \max[6y - 5, -8y + 4, -5y + 3] = \min_{0 \leqslant y \leqslant 1} g(y).$$

在 Oyv 平面直角坐标系中,取 $y \in [0, 1]$,
画直线如图 8-2 所示

$L_1: v = 6y - 5$,

$L_2: v = -8y + 4$,

$L_3: v = -5y + 3$.

于是,$v = g(y)$ 的图形就是折线 $CDEF$.

因为点 E 是折线的最低点,所以
$v = g(y^*)$.

注意到点 E 是 L_1 与 L_3 的交点,求解

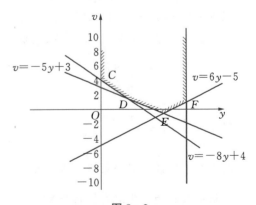

图 8-2

$$\begin{cases} v = 6y - 5, \\ v = -5y + 3, \end{cases}$$

得 $y = \dfrac{8}{11}$，$v = -\dfrac{7}{11}$.

局中人 Ⅱ 的最优混合策略为 $\boldsymbol{Y}^* = \left(\dfrac{8}{11}, \dfrac{3}{11} \right)^{\mathrm{T}}$.

设局中人 Ⅰ 的最优混合策略为 $\boldsymbol{X}^* = (x_1^*, x_2^*, x_3^*, 0)^{\mathrm{T}}$，则由定理 8.7 知

$$\begin{cases} x_1^* - 4x_2^* - 2x_3^* = -\dfrac{7}{11}, \\ -5x_1^* + 4x_2^* + 3x_3^* = -\dfrac{7}{11}. \end{cases}$$

由于点 E 只与 L_1、L_3 有关且此处 L_2 低于点 E，即只与 α_1、α_3 有关且 α_2 不必考虑，所以 $x_2^* = 0$，代入上式，可解得 $x_1^* = \dfrac{5}{11}$，$x_3^* = \dfrac{6}{11}$.

于是，局中人 Ⅰ 的最优混合策略为 $\boldsymbol{X}^* = \left(\dfrac{5}{11}, 0, \dfrac{6}{11}, 0 \right)^{\mathrm{T}}$.

四、线性规划解法

对于前述各种方法全都失效的一般形式的矩阵对策，线性规划解法是最终的通用方法.
不失一般性，可以先假设 $v > 0$.
然后令

$$x_i' = \frac{x_i}{v} \ (i = 1, 2, \cdots, m); \quad y_j' = \frac{y_j}{v} \ (j = 1, 2, \cdots, n).$$

由定理 8.6 知，矩阵对策 $\boldsymbol{G}$ 的解等价于两个方程组. 由于 v 最大等价于 $\dfrac{1}{v}$ 最小，所以可取极小化

$$\sum_{i=1}^{m} x_i' \left(= \frac{1}{v} \right)$$

作为局中人 Ⅰ 的目标函数.

同理，v 最小等价于 $\dfrac{1}{v}$ 最大，所以可取极大化

$$\sum_{j=1}^{n} y_j' \left(= \frac{1}{v} \right)$$

作为局中人 Ⅱ 的目标函数.

于是,结合定理 8.6,可得到如下两个线性规划:

$$\min f = \sum_{i=1}^{m} x_i'.$$

$$\text{s.t.} \begin{cases} \sum_{i=1}^{m} a_{ij} x_i' \geqslant 1 & (j=1,\ 2,\ \cdots,\ n), \\ x_i' \geqslant 0 & (i=1,\ 2,\ \cdots,\ m). \end{cases}$$

和

$$\max z = \sum_{j=1}^{n} y_j'.$$

$$\text{s.t.} \begin{cases} \sum_{j=1}^{n} a_{ij} y_j' \leqslant 1 & (i=1,\ 2,\ \cdots,\ m), \\ y_j' \geqslant 0 & (j=1,\ 2,\ \cdots,\ n). \end{cases}$$

设最优解分别为 $\boldsymbol{X}'^*$、$\boldsymbol{Y}'^*$ 和 $\dfrac{1}{v}$,则由 $x_i^* = v x_i'^*\ (i=1,\ 2,\ \cdots,\ m)$ 和 $y_j^* = v y_j'^*$ $(j=1,\ 2,\ \cdots,\ n)$,可得局中人 Ⅰ、Ⅱ 的最优混合策略.

不难看出,上述两个线性规划问题互为对偶,因此,求出其中之一的最优解,另一个最优解就可同时得到.

例 8-9　求解矩阵对策,其中,

$$\boldsymbol{A} = \begin{bmatrix} 8 & 4 & 2 \\ 2 & 8 & 4 \\ 1 & 2 & 8 \end{bmatrix}.$$

解　易知,$\boldsymbol{G}$ 无鞍点且无法优超.解线性规划

$$\max z = y_1' + y_2' + y_3'.$$

$$\text{s.t.} \begin{cases} 8y_1' + 4y_2' + 2y_3' \leqslant 1, \\ 2y_1' + 8y_2' + 4y_3' \leqslant 1, \\ y_1' + 2y_2' + 8y_3' \leqslant 1, \\ y_1',\ y_2',\ y_3' \geqslant 0. \end{cases}$$

迭代后,得原规划最优解为

$$\boldsymbol{Y}'^* = \left(\frac{1}{14},\ \frac{11}{196},\ \frac{5}{49} \right)^{\mathrm{T}}.$$

对偶规划最优解为

$$\boldsymbol{X}'^* = \left(\frac{5}{49},\ \frac{11}{196},\ \frac{1}{14} \right)^{\mathrm{T}}.$$

最优值 $z^{*} = \dfrac{45}{196}$. 于是, $v = \dfrac{1}{z^{*}} = \dfrac{196}{45}$. 最优混合策略如下:

$$\boldsymbol{X}^{*} = v\boldsymbol{X}'^{*} = \left(\frac{20}{45}, \frac{11}{45}, \frac{14}{45}\right)^{\mathrm{T}}, \quad \boldsymbol{Y}^{*} = v\boldsymbol{Y}'^{*} = \left(\frac{14}{45}, \frac{11}{45}, \frac{20}{45}\right)^{\mathrm{T}}.$$

五、近似解法

近似解法是一种通过迭代而逐次逼近精确值的方法,也称布朗(Brown)算法.其出发点是假设局中人进行多次重复对策,始终理智地选取策略来进行计算,该过程可以获得对策值和最优混合策略的近似值,且能满足所需要的精度.基本思想为:在每一局中,各局中人都从自己的策略集中选取一个使对方获得最不利结果的纯策略,即,第 k 局对策的选择是使对方在前 $k-1$ 局中的累计所得(或所失)最少(或最多).

这种手工进行的近似计算方法发展于计算机技术尚未普及的年代,因其计算繁复而使用的场合越来越少.当然,如今可借助计算机编程来方便实现,这里不再赘述.

第五节　非零和对策

除了前面所讨论的两人零和对策,现实生活中往往还会出现多人对策的问题,其中,各个局中人的赢得函数之和也不一定为零,如许多经济过程中的对策模型常常是非零和的.就两人对策而言,非零和意味着对一个局中人有利的未必就对另一局中人不利,两个局中人的行动不一定完全互相反对,可以在使其各自策略为对方所知晓中获得益处.

对于多人的非零和对策一般有合作与非合作之分.

一、非合作对策

为便于理解,我们用著名的"囚徒困境"(prisoner's dilemma)例子来作一简单的分析和说明.

例 8-10　(囚徒困境)有位富翁在家中被杀,财物被盗.警方在侦破过程中,抓到两个犯罪嫌疑人甲与乙,并从其住处搜出被害人家中丢失的财物.但是,他们矢口否认杀过人,辩称是先发现富翁被杀,然后只是顺手牵羊偷了点东西.鉴于缺乏证据,警方寄希望于嫌犯自己招供,于是就将两人隔离,分别审讯,并交代政策如下:"如果你认罪了,另一人没认罪,那么就将你释放,另一人判 20 年;如果你不认罪,另一人认罪了,那么你得判 20 年,另一个人被释放;如果两人都认罪,则证据充分,各判 10 年;如果两人都不认罪,则因杀人罪证据不足,偷盗罪证据确凿,所以各判 1 年."这样,两个囚徒都面临两个选择：或者供出他的同伙（即与警察合作，背叛同伙），或者保持沉默（即是与同伙合作，不与警察合作）.

按照认罪和不认罪两种策略，可以写出甲与乙的赢得矩阵 A 与 B：

$$A = \begin{bmatrix} -10 & 0 \\ -20 & -1 \end{bmatrix}, B = \begin{bmatrix} -10 & -20 \\ 0 & -1 \end{bmatrix}.$$

那么，他们应该选择互相合作还是互相背叛？

解　从表面上看，他们应该互相合作，保持沉默，因为这样的话，两人都能得到最好的结果：各判 1 年.但他们不得不仔细考虑对方可能采取什么选择：对甲犯而言，如果他选择沉默，他无法相信他的同伙不会向警方提供对他不利的证据，然后获得自由，让他独自坐牢；但他也意识到，他的同伙也不是傻子，也会这样来设想他.所以甲犯的结论是，唯一理性的选择就是背叛同伙，把一切都告诉警方，因为如果他的同伙笨得只会保持沉默，那么他就会是那个获得自由的幸运者了，而如果他的同伙也按这个逻辑向警方交代了，那么，甲犯反正也得服刑，起码他不必坐 20 年的牢.所以最终结果就是，这两个囚徒都得坐 10 年牢.

囚徒困境最早由美国普林斯顿大学数学家塔克（A.W.Tucker）提出，对它的研究涉及了数学、经济学、政治学、社会学、哲学、伦理学、心理学，甚至计算机科学等广泛的领域，所展示的个体理性与集体理性之间的冲突、个人利益与社会道德的关系等，都进一步深化了人们的认知，非常耐人回味.

就囚徒困境而言，唯一的均衡点是两人都认罪，但从赢得矩阵来看，这显然不是最有利的，最佳结果是两人都不认罪，可是在非合作条件下，这个最好的结局是难以达到的.用经济学的话语来说，就是个体理性选择的结果不符合集体理性的要求.

当然，在现实世界里，信任与合作很少达到如此两难的境地.谈判、人际关系、强制性的合同和其他许多因素都能左右当事人的决定，但囚徒的两难境地确实抓住了不信任和需要相互防范背叛这种现实冷酷的一面.其实，人们在生活中处处都有囚徒困境：幼儿园小朋友互相分享玩具（给他人玩，不给他人玩）；情窦初开的男女相互表露真情（表白，不表白）；公共区域的卫生（不扔垃圾，扔垃圾）；老板与下属的关系（信任，不信任）；生意场上的非正式合同或君子协定（不违约，违约）；竞争对手间的价格战（不降价，降价）；国家间的对抗（和平，战争）；等等.虽然括号内的前者都是各自想要达到的目标，但自私（理性选择）的结果却是大家不得不接受后者.小朋友仍在自己玩自己的玩具，虽然慢慢有点厌烦；韶华已逝的男女偶然发现当年对方暗恋的都是自己，徒呼奈何；你扔垃圾我也扔垃圾的结果是公共区域难以找到下足之地；害怕下属营私而事必躬亲的老板丧失了业务机会；怕对方违约的商人自己也没有做成买卖；怕竞争对手降价后独占市场的商家们竞相减价，把行业做烂；怕吃亏的国家之间也是永远战火连绵.这表明，人类过度地依赖理性或者过度地依赖感性都会出问题.

二、合作对策

无论在自然界还是在人类社会,"合作"都是一种随处可见的现象.其意义在于,合作行动比分开行动获益要大.但合作也需要付出代价,因此就产生了交易谈判.

例 8-11 (蔬菜公司合作博弈)某地区有两个蔬菜市场,由甲乙两家相互竞争的公司独自经营.由于运营模式的调整,这两个蔬菜市场在早市(早晨到中午)或者夜市(下午到晚上)轮流营业,并且这两家公司可自行选择营业时间.该地区居民习惯于上午买菜,如果在早市营业,销售量大;如果在夜市营业,运输成本低,蔬菜价格也低,因此也会吸引居民在夜市买菜.通常情况下,一位居民一天最多购买一次蔬菜.甲乙两公司合作博弈如图 8-3 所示.

问:这两家公司应如何选择营业时间? 是否应该合作?

解 假设甲乙双方有合作的意愿,约定一家在早市营业,另一家在夜市营业,并且定期轮换.根据图 8-3 可知,在合作的情况下,有两个均衡对策,即(20,30)和(30,20).但如果甲乙双方有任何一方违约或者合作成本高,就会在混合对策中探索最优方案,即双方都以概率(1/10,9/10)选择在早市和夜市营业.

	乙公司	
	早市	夜市
甲公司 早市	12,12	20,30
夜市	30,20	18,18

图 8-3 甲乙两公司合作博弈

当以 1/10 的概率选择在早市营业,以 9/10 的概率选择在夜市营业,预期收益为 19.2.即在非合作的情况下,每家公司的期望收益是 19.2;但在合作的情况下,每家公司的收益至少是 20.

通过上述比较可知,若采用非合作对策,则每家公司的期望收益会小于合作对策下的最低收益.因此,在这种情况下,合作可以给双方带来收益.

通常情况下,采用合作对策需要满足以下两个基本条件:一是整体收益要大于每个成员单独经营收益之和;二是每个成员都可以比非合作时获得更多的收益.

为了研究到底是何种机制促使生物体或者人类进行相互合作,在美国曾经组织过一场计算机竞赛.该竞赛的要求非常简单:所有参赛者都扮演"囚徒困境"案例中一个囚徒的角色,将自己的策略编入计算机程序.然后他们的程序会被成双成对地组合、分组后,参与者就开始运行"囚徒困境"的游戏,每个人都需要在合作与背叛之间做出选择.这个游戏被反复运行许多次,即"重复囚徒困境",允许程序在做出合作或背叛的抉择时参考对手程序前几次的选择,更为逼真地反映了具有经常而长期性的人际关系.如果这种重复的游戏只运行一个回合,则背叛显然就是唯一理性的选择.但如果两个程序已交手多次,则双方就建立了各自的历史档案,用以记录与对手的交往情况,树立了或好或差的声誉.

令人吃惊的是,竞赛的桂冠属于其中最简单的策略:一报还一报(tit for tat).其思想是:总是以合作开局,但从此以后就采取"以其人之道还治其人之身"的策略.也就是说,从"善意"和"宽容"出发,永远不先背叛对方;但同时又是"强硬的",允许采取背叛的行动来惩罚对手前一次的背叛.从而使得对手一望便知其用意何在,从这个意义上说它又是"简单明了的".竞赛的结论提醒我们:好人,或者确切地说,具备"善意、宽容、强硬、简单明了"这些特征的人,将总会是赢家.

在当今社会经济生活中,合作与同盟经常会出现,而那种善意、宽容、强硬、简单明了的合作思想,无论对个人还是组织的行为方式都有很大的指导意义.

大智若愚,大赢若输.我们先人所说的"仁者无敌"并不是说他能战胜所有的敌人,而是他根本就没有敌人,或者说,他战胜的是人类与生俱来最为凶险的敌人——自身的贪婪.

第六节　补充阅读材料——博弈论与当代经济学

对策论,在经济学领域又被称为博弈论,除了考虑策略,更加关注博弈的均衡.博弈论根据其所采用的假设不同而分为合作博弈理论和非合作博弈理论,前者主要强调团体理性,而后者主要研究人们在利益相互影响的局势中如何选择使自己收益最大的策略,即策略选择问题,强调的是个人理性.

虽然博弈论最初作为数学的一个分支而出现,但是它在军事、政治、经济等许多方面都有着重要的应用.随着当代经济学越来越转向人与人关系的研究,特别是人与人之间行为的相互影响和相互作用,人与人之间的利益和冲突、竞争与合作,博弈论在经济学内的运用最多也最为成功.

1994 年 10 月 12 日,瑞典皇家科学院宣布把该年度的诺贝尔经济学奖授予约翰·纳什(John Nash Jr.)、约翰·海萨尼(John Harsanyi)和莱因哈德·泽尔腾(Reinhard Selten)三人,以表彰他们把博弈论应用于现代经济分析所作的卓越贡献.

纳什对博弈论的巨大贡献,正在于他创造性地提出了纳什均衡的基本概念,为更加普遍广泛的博弈问题找到了解.例 8-10 囚徒困境中,由于两人处于隔离状态从而选择坦白并导致坐牢 10 年的结局,就被称为 Nash 均衡,也称非合作均衡.

纳什均衡首先对亚当·斯密"看不见的手"的原理提出挑战.传统经济学认为,市场经济有一只"看不见的手",每个人的理性选择最终会造成对整个集体的最大利益.按亚当·斯密的理论,市场经济中的每个人都从利己的目的出发,最终达到全社会的利他效果.问题是,就像"囚徒困境"一样,这只"看不见的手"在只有少数几个人参与选择的时候会失去作用,因为人们决策的过程会考虑其他参与者的想法,就像赌博和下棋的时候一样,这就与买家和卖家数量都巨大时的竞争出现了截然不同的情况.从纳什均衡引出的结论是:从利己目的出发,结果损人不利己.两个囚徒的命运就是如此.从这个意义上说,纳什均衡实际上动摇了西方经济学的基石.所以,纳什均衡实际上是对经典合作博弈理论的重大发展,甚至可以说是一场革命.

各种各样的价格战的结局也是纳什均衡.例如,新能源汽车降价引发的市场竞争愈发激烈.新能源汽车价格是消费者考虑的主要因素之一.降价策略有利于降低购买新能源汽车的门槛,增加消费者的购买动力,为消费者提供更多的选择和更具竞争力的价格.此外,新能源汽车降价会是一个大趋势.在电池等原材料价格波动较小的条件下,当整个汽车行业产量到达一定规模后,总成本将逐步降低,单辆车的边际成本也会降低,价格也会随之下降,新能源汽车厂商通常会通过价格战来巩固和提升市场地位.新能源汽车车企的"价格战"的结局也是纳什均衡.

如果企业在生产中存在污染,但政府并没有管制,企业为追求利润最大化,宁愿以牺牲环境为代价,也绝不会主动增加环保设备投资.按照"看不见的手"的原理,所有企业都会从利己的目的出发,采取不顾环境的策略,从而进入纳什均衡状态.如果某个企业从利他的目的出发,投资治理污染,而其他企业依然无动于衷,那么该企业的生产成本就会增加,价格就要提高,其产品就没有竞争力,甚至还会破产.这是一个典型的"看不见的手有效的完全竞争机制"失败的例证.中国政府提出加快发展方式绿色转型,推动经济社会发展绿色化、低碳化,如鼓励信用评级机构将 ESG 等因素纳入评级方法,完善 ESG 风险管理政策制度和流程,以实现高质量发展.

正是由于数学家们孜孜不倦地将直觉上升为科学,才使得其反作用于生活时,产生了极其深刻悠远的影响.在经济学领域,博弈论已融入整个学科的主流,各种经济学教材和杂志无不收入博弈论的内容,经济学家们已将博弈论作为最合适的分析工具来研究各类经济问题,诸如公共经济、国际贸易、自然资源经济、工业管理等等.现在,对博弈论的研究是如此的广泛,以至于有人说,最新的经济学和管理学都已经用博弈论的理论和工具重写过了,而对博弈论的哲学思考甚至推动了人类思维模式向前发展.

世事如棋局局新,生活中的人们如同棋手,其每个行为如在一张看不见的棋盘上布子,精明的棋手们慎终追远、相互揣摩,下出诸多精彩纷呈、变化多端的棋局.前辈人的辉煌和辛酸如过眼烟云,俱已成为历史,未来则掌握在新一代的手中,取决于他们的每一个决定.而我们的人生,又是一场什么样的博弈呢?

 练习题

1. 甲、乙两名儿童玩"剪刀石头布"游戏,双方可分别出拳头(代表石头)、手掌(代表布)、两指(代表剪刀).游戏规则是:剪刀赢布、布赢石头、石头赢剪刀,赢者得 1 分.若双方所出相同,则算和局,均不得分.试列出儿童甲的赢得矩阵.

2. 甲、乙两人进行游戏,双方可分别伸出一、二或三根手指.游戏规则是:用 k 表示两人伸出手指数之和.若 k 为偶数,则乙赢得 k 分;若 k 为奇数,则甲赢得 k 分.试写出甲的赢得矩阵.

3. 求解如下矩阵对策:

(1) $\begin{bmatrix} -1 & 3 & -2 \\ 4 & 3 & 2 \\ 6 & 1 & -8 \end{bmatrix}$.
  (2) $\begin{bmatrix} 9 & -6 & -3 \\ 5 & 6 & 4 \\ 7 & 4 & 3 \end{bmatrix}$.

(3) $\begin{bmatrix} 2 & 7 & 2 & 1 \\ 2 & 2 & 3 & 4 \\ 3 & 5 & 4 & 4 \\ 2 & 3 & 1 & 6 \end{bmatrix}$.
  (4) $\begin{bmatrix} 2 & -3 & 1 & -4 \\ 6 & -4 & 1 & -5 \\ 4 & 3 & 3 & 2 \\ 2 & -3 & 2 & -4 \end{bmatrix}$.

4. 为应对可能的突发情况,某单位在秋季要决定冬季备用饮用水量.该单位的冬季备用饮用水量在正常气温下需要 150 桶,而在气温较暖或较冷时分别需要 100 桶或 200桶.假定饮用水价是变化的,秋季为每桶 30 元,冬季在较暖、正常和较冷时分别为每桶 30 元、40 元和 50 元.问:在没有当年冬季气温准确预报的条件下,秋季备用多少桶饮用水较为合理?

5. 设矩阵对策

$$A = \begin{bmatrix} 2 & 4 & 0 \\ 1 & 0 & 4 \end{bmatrix}.$$

局中人 Ⅰ 的最优策略 $\boldsymbol{X}^* = \left(\dfrac{3}{5}, \dfrac{2}{5}\right)^{\mathrm{T}}$,局中人 Ⅱ 的最优策略 $\boldsymbol{Y}^* = \left(\dfrac{4}{5}, 0, \dfrac{1}{5}\right)^{\mathrm{T}}$.

(1) 求局中人 Ⅰ 赢得的期望值.

(2) 若局中人 Ⅰ 采取纯策略 α_1,局中人 Ⅱ 采取混合策略 $\boldsymbol{Y}^*$,求 Ⅰ 赢得的期望值.

6. 用优超原理求解矩阵对策:

(1) $\begin{bmatrix} 1 & 0 & 3 \\ -1 & 4 & 0 \\ 2 & 1 & 2 \\ 0 & 4 & 1 \end{bmatrix}$.
  (2) $\begin{bmatrix} 5 & 7 & -6 \\ -6 & 0 & 4 \\ 7 & 8 & -5 \end{bmatrix}$.

(3) $\begin{bmatrix} 3 & 5 & 4 & 2 \\ 5 & 6 & 2 & 4 \\ 2 & 1 & 4 & 0 \\ 3 & 3 & 5 & 2 \end{bmatrix}$.
  (4) $\begin{bmatrix} 3 & 4 & 0 & 3 \\ 5 & 0 & 2 & 5 \\ 7 & 3 & 9 & 5 \\ 4 & 6 & 8 & 7 \\ 6 & 0 & 8 & 8 \end{bmatrix}$.

7. 用图解法求解矩阵对策:

$$(1)\begin{bmatrix} 1 & 3 & -3 & 7 \\ 2 & 5 & 4 & -6 \end{bmatrix}. \quad (2)\begin{bmatrix} 1 & 3 & 11 \\ 8 & 5 & 2 \end{bmatrix}.$$

$$(3)\begin{bmatrix} 2 & 8 \\ 3 & 4 \\ 4 & 6 \\ 5 & 2 \end{bmatrix}. \quad (4)\begin{bmatrix} 2 & 4 \\ 2 & 3 \\ 3 & 2 \\ -2 & 6 \end{bmatrix}.$$

8. 用线性规划方法求解矩阵对策:

$$(1)\begin{bmatrix} 7 & 2 & 9 \\ 2 & 9 & 0 \\ 9 & 0 & 9 \end{bmatrix}. \quad (2)\begin{bmatrix} 2 & 5 & 4 \\ 6 & 1 & 3 \\ 4 & 6 & 1 \end{bmatrix}.$$

9. 求解矩阵对策:

$$(1)\begin{bmatrix} 6 & 2 & 2 \\ 2 & 2 & 10 \\ 2 & 8 & 2 \end{bmatrix}. \quad (2)\begin{bmatrix} -2 & -2 & 2 \\ 6 & -2 & -2 \\ -2 & 4 & -2 \end{bmatrix}.$$

$$(3)\begin{bmatrix} 32 & 20 & 20 \\ 20 & 20 & 44 \\ 20 & 38 & 20 \end{bmatrix}. \quad (4)\begin{bmatrix} 55 & 77 & -66 \\ -66 & 0 & 44 \\ 77 & 88 & -55 \end{bmatrix}.$$

10. 为什么线性规划解法中可设 $v > 0$ 而不失一般性?

第九章 排 队 论

学习目标

1. 理解排队论基本概念
2. 掌握泊松排队系统中各项指标的计算
3. 熟悉非泊松排队系统

> 是故智者之虑，必杂于利害．
>
> ——《孙子兵法·变篇》

日常生活中经常会有排队现象，如：汽车在加油站等待加油、病人在医院排队挂号等待就诊、发生故障的机器等待修理等．总之，只要一个服务系统在工作过程中，而对某项服务的需求超过当前该系统提供该项服务的能力，就会出现排队现象．如果把服务系统和排队的含义再拓广一下，那么银行排队办理业务、企业生产的中间产品等待加工等，都是有形或无形的排队现象．这里，将这种具有排队等候现象的服务系统称为**排队系统**（简称**系统**）．

任何一个排队系统总是由两个相辅相成的要素——顾客和服务员所构成，凡是要求接受服务的人与物统称为**顾客**，如要求加油的汽车、要求通话的客户都是顾客．凡是给予顾客服务的人与物统称为**服务员**，如给汽车加油的加油站、办理业务的银行都是服务员．

针对排队现象，为了使顾客到达后能少排队，甚至不排队而迅速接受服务，可增添服务员，但这需要增加投资，也可能发生空闲浪费．如果服务员太少，排队现象就会严重．作为服务系统的管理人员，面临的问题是如何使服务的供求达到合理的平衡．显然，如果顾客的到达时刻及对顾客的服务时间固定，问题是容易解决的．因为总可以适当安排或调整服务员，使服务的供求达到合理的平衡，使顾客能少排队或不排队，如，通常情况下的火车调度就属于这种情况．然而，由于实际环境的复杂多变乃至随机因素的影响，使得多数情况下顾客到达服务系统的时刻及对顾客的服务时间都是随机的，这就给服务系统造成了服务供求之间一系列的不平衡．例如，有时顾客到达多而服务跟不上，造成严重的排队现象，即供不应求;有时,顾客到达少而服务量过小,服务员处于空闲状态,即供过于求.研究这类问题的理论称为排队论(queuing theory),亦称为随机服务系统理论.

显然,解决上述问题的关键是掌握顾客到达时刻和顾客服务时间等变化过程的规律.因此,排队论的主要研究任务就是:通过对排队系统的变化过程概率规律性的分析研究,去寻求达到服务供求平衡的手段和策略.

第一节　排队论的基本概念

一、泊松过程

在系统中,首要任务是弄清系统运行过程中有关要素变化过程的概率特性,如:顾客逐个到达系统的变化过程、对每个不同顾客服务时间的变化过程、不同时间进入系统的顾客总数变化过程.这些具有随机特性的事物变化过程,在概率论中用随机过程来定量描述.

定义 9.1　设 T 为时间参数集,若对每个 $t \in T$,有一个随机变数 $X(t)$ 与之对应,则当 t 取遍参数集 T 中的每一值时,由这簇依赖于 T 的随机变数构成的集合称为随机过程,记作 $\{X(t) \mid t \in T\}$.

在随机过程中,参数集 T 可以为连续集和离散集,也可以为有限集和无限集.

设 $M(t)$ 为在 $[0, t)$ 时间间隔内到达系统的顾客数,$P_n(t_1, t_2)$ 表示在时间区间 $[t_1, t_2)$ 内有 n 个顾客到达系统的概率,即

$$P_n(t_1, t_2) = P\{M(t_2) - M(t_1) = n\} \quad (t_2 > t_1, n \geqslant 0).$$

当 $P_n(t_1, t_2)$ 满足下列三个条件时,随机过程 $\{M(t) \mid t \geqslant 0\}$ 被称为泊松(Poisson)过程或泊松(Poisson)流:

(1) 无后效性.在互不重叠的时间区间内,到达系统的顾客数是相互独立的.

(2) 平稳性.对于充分小的 Δt,在时间区间 $[t, t + \Delta t)$ 内有一个顾客到达的概率与 t 无关,且几乎与 Δt 成正比,即 $P_1(t, t + \Delta t) = \lambda \Delta t + o(\Delta t)$,其中,$o(\Delta t)$ 表示当 $\Delta t \to 0$ 时关于 Δt 的高阶无穷小,常数 $\lambda > 0$ 为过程参数.

(3) 普通性.对于充分小的 Δt,在时间区间 $[t, t + \Delta t)$ 内,到达系统的顾客数大于 1 的概率几乎为 0,即

$$\sum_{n=2}^{\infty} P_n(t, t + \Delta t) = P\{M(t + \Delta t) - M(t) > 1\} = o(\Delta t).$$

由平稳性,总可以将起始时间由 0 算起,且将 $P_n(0, t)$ 简记作 $P_n(t)$.

现实中具有上述概率特性的客观事物的变化过程非常普遍.由于在排队论研究中,顾客的含义具有广泛性,因此,泊松过程就具有描述许多事物变化过程的一般意义.

下述定理给出在泊松过程中,$[0, t)$ 内顾客到达数 n 的概率分布.

定理 9.1 若 $\{M(t)\mid t\geqslant 0\}$ 为参数为 $\lambda(>0)$ 的泊松过程,则

$$P_n(t)=P\{M(t)=n\}=\frac{(\lambda t)^n}{n!}\mathrm{e}^{-\lambda t}\quad(\lambda>0).$$

证 略.

定理 9.1 表明,随机变量 $M(t)$ 服从参数为 λt 的泊松分布,这正是 $\{M(t)\mid t\geqslant 0\}$ 称为泊松过程的由来.

由概率论知,$M(t)$ 的数学期望与方差都为 λt.由此得知,λ 表示单位时间内已到达系统的平均顾客数,称为平均到达率.

二、(负)指数过程

若随机变量 X 的概率密度为

$$\varphi(t)=\begin{cases}k\mathrm{e}^{-kt}, & \text{当 } t>0 \text{ 时;}\\0, & \text{当 } t\leqslant 0 \text{ 时.}\end{cases}\quad(k>0),$$

则称 X 服从参数为 k 的(负)指数分布,其分布函数为

$$F(t)=\begin{cases}1-\mathrm{e}^{-kt}, & \text{当 } t>0 \text{ 时;}\\0, & \text{当 } t\leqslant 0 \text{ 时.}\end{cases}$$

X 的数学期望与方差分别为

$$E(X)=\frac{1}{k},\ D(X)=\frac{1}{k^2}.$$

定义 9.2 设相互独立的随机变量 $X_n(n=1,2,\cdots)$ 服从同一(负)指数分布,则随机过程 $\{X_n\mid n=1,2,\cdots\}$ 称为(负)指数过程.

定理 9.2 到达系统顾客数的随机过程为泊松过程等价于前后两个顾客相继到达的时间间隔的随机过程为(负)指数过程.

证 略.

泊松过程中,λ 表示单位时间内已到达的平均顾客数,负指数分布过程中,$\frac{1}{\lambda}$ 表示顾客相继到达的平均间隔时间,两者意义正好相符.

定义 9.3 若对任何 t 与 $s>0$,随机变量 X 满足:$P\{X>t+s\mid X>s\}=P\{X>t\}$,则称 X 具有无后效性,也称马尔可夫(Markov)性.

定理 9.3 随机变量具有无后效性的充分必要条件是服从(负)指数分布.

证 略.

三、埃尔朗过程

埃尔朗(Erlang)过程为研究系统的排队过程提供了更为广泛的模型.

定义 9.4　若随机变数 X 的概率密度为

$$\varphi(t) = \begin{cases} \dfrac{\mu n (\mu n t)^{n-1}}{(n-1)!} \mathrm{e}^{-\mu n t}, & \text{当 } t > 0 \text{ 时}; \\ 0, & \text{当 } t \leqslant 0 \text{ 时}. \end{cases} \quad (\mu > 0, n \text{ 为正整数}),$$

则称 X 服从 n 阶埃尔朗(Erlang)分布,其数学期望与方差分别为

$$E(X) = \frac{1}{\mu}, \quad D(X) = \frac{1}{n\mu^2}.$$

定义 9.5　设相互独立的随机变数 $X_n (n = 1, 2, \cdots)$ 服从 n 阶埃尔朗分布,则随机过程 $\{X_n \mid n = 1, 2, \cdots\}$ 称为埃尔朗过程.

定理 9.4　设 $X_1, X_2, \cdots, X_n$ 是 n 个相互独立的随机变数,服从参数为 $n\mu$ 的同一(负)指数分布,则 $V_n = X_1 + X_2 + \cdots + X_n$ 服从 n 阶埃尔朗分布.

证　略.

定理 9.5　当顾客按泊松过程到达时,其到达的时刻形成埃尔朗过程.

证　略.

四、排队系统与排队模型

排队过程如图 9-1 所示,其中虚线框内是排队系统.各个顾客从顾客源出发,到达服务机构,按一定的排队规则等待服务,直到按一定的服务规则接受服务后离开.

图 9-1

排队系统由三个基本部分构成:输入过程;排队规则与队列结构;服务规则与服务机构.

(一) 输入过程

输入是指顾客到达系统,而输入过程则是与输入相对应的用来刻画顾客到达规律的一种数学描述.顾客源与顾客的到达可以有多种形式:顾客源可能是有限的,也可能是无限的;顾客的到达可能是单个的,也可能是成批的;顾客相继到达的间隔时间可以是确定的,也可以是随机的;顾客的到达可以是相互独立的,也可以是彼此关联的;等等.为便于对不同的系统进行研究,人们根据不同概率特性,将输入过程分成如下四类,并用不同的记号来加以区分:

(1) 定长输入(D).顾客有规律地按照固定的时间间隔相继到达,这种情况简单而容易处理,属确定型输入.

(2) 泊松输入(M).$\{M(t) \mid t \geqslant 0\}$ 为泊松过程.

(3) k 阶埃尔朗输入(E_k).顾客相继到达的时间间隔相互独立,且服从相同的 k 阶埃

尔朗分布.

(4) 一般独立输入(GI).顾客相继到达的时间间隔相互独立且同分布.

显然,(2)与(3)都是(4)的特例.

(二) 排队规则与队列结构

1. 排队规则

排队规则是指顾客遵照某种制度进行排队来接受服务,一般有下列三种:

(1) 损失制.当顾客到达时,若所有的服务员被占用,顾客立即自行离去.损失制又称即时制.例如,一般情况下的电话呼唤就属于这种情况.

(2) 等待制.当顾客到达时,若所有的服务员被占用,顾客就排成队列,等待服务.大多数排队系统都采用这种排队规则.例如,电动汽车在充电站排队等待充电就属于这种情况.

(3) 混合制.当顾客到达时,排队系统的队长小于某一临界值 N,顾客就排队等待接受服务,否则,顾客就离去.例如,药品过期失效等待处理就属于这种情况.

2. 队列结构

队列有单列与多列之分.多列有可更换(顾客从一个队列转到另一队列)与不可更换之分.也有单列、多列混合编排等其他形式.

(三) 服务规则与服务机构

1. 服务规则

服务规则是指顾客进入排队系统后,按某种方式接受服务,一般有下列四种:

(1) 先到先服务.按顾客到达的先后顺序进行服务,如排队购买火车票.

(2) 后到先服务.按顾客到达先后,反序进行服务,如发出存货的后进先出规则.

(3) 随机服务.服务员随机选择顾客进行服务,而不问到达的先后,如检验员对大批产品进行抽样检查.

(4) 优先服务.对某种特殊顾客提前进行服务,如病情严重的患者到医院急诊就属于这种情况.

2. 服务机构

服务机构有单个服务员与多个服务员之分,其结构形式有串联、并联、混联或网络等形式.服务顾客有单个服务与成批服务之分,服务时间也有确定型和随机型两种.例如,自动洗车的装置,对每辆汽车冲洗的时间都是确定的.但是,大多数情形下,服务时间是随机的.

3. 服务时间分布

服务时间分布一般有以下四种:

(1) 定长分布服务(D).对每一顾客服务时间为一常数 c,属确定型服务.

(2) (负)指数分布服务(M).对各顾客服务时间相互独立,且服从同一(负)指数分布.

(3) k 阶埃尔朗分布服务(E_k).对各顾客服务时间相互独立,且服从相同的 k 阶埃尔朗分布.

(4) 一般独立分布服务(GI).对各顾客服务时间相互独立,且服从相同的分布.

显然,(2)与(3)都是(4)的特例.

五、排队模型分类

由于排队系统中的各过程、结构、规则等有多种不同的情况,所以人们无法将其抽象成一个结构统一的数学模型来研究.英国数学家肯德尔提出对排队模型分类方法影响最大的三个特征,后来在国际符号排队符号标准会上扩充至六个特征,具体如下:

(1)输入过程(相继顾客到达间隔时间的分布).

(2)对顾客服务时间的分布.

(3)并联服务员的个数.

(4)系统容量(系统内所允许的最大顾客数).

(5)顾客源中顾客总数.

(6)服务规则.

可以用短竖线分隔依次排列的专门符号来表示这种按特征分类的排队模型.如:$M\mid M\mid 1\mid \infty\mid m\mid \text{FCFS}$,表示输入过程为泊松过程,服务时间为(负)指数分布,单服务员,系统容量无限(即等待制),有限顾客源中顾客数为 m,先到先服务的排队模型.

由于大部分情况下顾客源为无限总体,且一般遵循先到先服务的规则,所以,通常只取前三个或四个特征.如:$GI\mid E_k\mid 1\mid 1$,表示一般独立输入,服务时间为 k 阶埃尔朗分布,单服务员,系统容量为 1 的排队模型.

六、排队系统性能指标

排队系统经历一个不稳定的短期初始运行阶段后,一般会达到稳定的长期持续运行阶段.将与时间 t 有关的系统状态特性称为**瞬态特性**(主要指初始阶段),而将与时间 t 无关的系统状态特性称为**稳态特性**(反映持续运行阶段).

衡量系统瞬态特性的主要性能指标如表 9-1 所示.

表 9-1

$L(t)$	t 时刻系统中顾客总数的平均系统队长
$L_q(t)$	t 时刻系统中顾客排队数的平均等待队长
$W(t)$	t 时刻到达系统的顾客在系统中的平均逗留时间
$W_q(t)$	t 时刻到达系统的顾客在队列中的平均等待时间
$P_n(t)$	t 时刻系统中有 n 个顾客的概率,称为系统在 t 时刻的**状态概率**

当 $t\to\infty$ 时,上述各项性能指标即为系统的稳态特性,记作 L、L_q、W、W_q、P_n.

一般地,性能指标值愈小,说明系统中顾客队列愈短,等待时间愈少,因此系统性能愈好.显然,无论是顾客还是服务系统管理人员,都关注这些数量指标.

应该指出,在各种排队模型的研究中,对系统瞬时状态与稳定状态下的各种性能指标的求解都是需要的.但由于系统瞬时状态特性的研究需要深广的数学理论与方法,难度过大.就大多数具体应用来说,仅需了解系统的稳态特性即可.

经研究发现,许多排队系统在稳定状态下,其主要数量指标满足如下李特尔(Little)公式:

$$L = \lambda_e W,$$

$$L_q = \lambda_e W_q.$$

其中,λ_e 表示单位时间内已经到达并实际进入系统的平均顾客数,称为**有效到达率**.

为简便起见,在具体数据计算中近似值的计算式一律以等号表示.

第二节　泊松排队系统

输入过程为泊松过程,服务时间分布为(负)指数分布的排队系统称为**泊松排队系统**,这是最常见的排队系统.

一、$M|M|1|\infty$ 系统

习惯上,将 $M|M|1|\infty$ 简记为 $M|M|1$.此类系统具有下述特性:

(1) 输入过程 $\{M(t) \mid t \geqslant 0\}$ 为泊松过程,平均到达率为 λ.

(2) 对每个顾客的服务时间相互独立,且有同一(负)指数分布,平均服务率为 μ.

(3) 单服务员.

(4) 系统容量无限.因此,每个到达系统的顾客总能进入系统接受服务或排队等待,即有

$$\lambda_e = \lambda.$$

(5) 到达过程与服务过程相互独立.

令 $\rho = \lambda/\mu$,由泊松流的特性,可推导出系统状态概率为

$$P_0 = 1 - \rho, \quad P_n = \rho^n P_0 \quad (n = 1, 2, \cdots).$$

ρ 是平均到达率与平均服务率之比,即在单位时间内顾客到达的平均数与被服务的平均数之比,称为**服务强度**.当 $\lambda < \mu$ 时,系统能正常运行,队长为有限;当 $\lambda > \mu$ 时,系统超负荷运行,队长将趋于无限;当 $\lambda = \mu$ 时,由于随机性,也将出现队列愈来愈长的情况.所以,一般假设 $\rho < 1$.

由状态概率 P_n 可推导出系统的主要稳态性能指标如下:

(1) 平均系统队长:

$$L = \frac{\rho}{1 - \rho} = \frac{\lambda}{\mu - \lambda}.$$

（2）平均等待队长：

$$L_q = \frac{\rho^2}{1-\rho} = \frac{\lambda^2}{\mu(\mu-\lambda)}.$$

（3）平均逗留时间：

由 Little 公式，得

$$W = \frac{L}{\lambda} = \frac{1}{\mu-\lambda}.$$

（4）平均等待时间：

由 Little 公式，得

$$W_q = \frac{L_q}{\lambda} = \frac{\lambda}{\mu(\mu-\lambda)}.$$

例 9-1　市医院某科室有 1 位专家设特需门诊，就诊病人按泊松过程到达，平均到达率为 10 人/h，专家诊病时间服从（负）指数分布，平均诊断率为 15 人/h. 求该排队系统的主要稳态性能指标.

解　此为 $M|M|1$ 系统.

已知 $\lambda = 10$（人/h），$\mu = 15$（人/h），$\rho = \lambda/\mu = 10/15 = 0.67$.

平均系统队长

$$L = \frac{\lambda}{\mu-\lambda} = \frac{10}{15-10} = 2（人）.$$

平均等待队长

$$L_q = \frac{\lambda^2}{\mu(\mu-\lambda)} = \frac{10^2}{15(15-10)} = \frac{4}{3} = 1.3（人）.$$

平均逗留时间

$$W = \frac{1}{\mu-\lambda} = \frac{1}{15-10} = \frac{1}{5} = 0.2（\text{h}）.$$

平均等待时间

$$W_q = \frac{\lambda}{\mu(\mu-\lambda)} = \frac{10}{15(15-10)} = \frac{2}{15} = 0.13（\text{h}）.$$

必须指出，在 $M|M|1$ 系统中，可以证明，平均逗留时间 W 服从参数为 $\mu-\lambda$ 的（负）指数分布. 据此，可以求出顾客在系统中逗留某一时间界限中的概率. 例如，例 9-1 中病人在医院逗留不超过 0.2 h 的概率为

$$P\{W \leqslant 0.2\} = 1 - \mathrm{e}^{-\frac{15-10}{5}} = 1 - \mathrm{e}^{-1} = 0.632\,1.$$

二、$M|M|1|N$ 系统

设系统容量为 N，对于单服务员的情形，排队等待的顾客最多为 $N-1$ 个.当系统中已有 N 个顾客时，后来的顾客不再进入系统而选择离开，其他条件与 $M|M|1$ 系统相同，记作 $M|M|1|N$.

这里，给出系统状态概率为

$$P_n = \begin{cases} \dfrac{1}{N+1}, & \text{当 } \rho = 1 \text{ 时}; \\ \dfrac{1-\rho}{1-\rho^{N+1}}\rho^n, & \text{当 } \rho \neq 1 \text{ 时}. \end{cases} \quad (n = 0, 1, 2, \cdots, N)$$

需要指出的是，这里的 ρ 没有限制.不过当 $\rho > 1$ 时，可明显看出，系统满员的概率，也就是顾客损失率 P_N 将是很大的.

由状态概率 P_n 可推导出系统的主要稳态性能指标如下：

（1）平均系统队长：

$$L = \begin{cases} \dfrac{N}{2}, & \text{当 } \rho = 1 \text{ 时}; \\ \dfrac{\rho}{1-\rho} - \dfrac{N+1}{1-\rho^{N+1}}\rho^{N+1}, & \text{当 } \rho \neq 1 \text{ 时}. \end{cases}$$

（2）平均等待队长：

$$L_q = L - (1 - P_0).$$

为利用 Little 公式，需求出有效到达率 λ_e.由 λ_e 的定义，可知

$$\lambda_e = \lambda(1 - P_N) = \mu(1 - P_0).$$

（3）平均逗留时间：
由 Little 公式，得

$$W = \frac{L}{\lambda_e} = \frac{L}{\mu(1 - P_0)} = W_q + \frac{1}{\mu}.$$

（4）平均等待时间：
由 Little 公式，得

$$W_q = \frac{L_q}{\lambda_e} = \frac{L}{\mu(1 - P_0)} - \frac{1}{\mu}.$$

例 9-2　某照相馆只有 1 个摄影室，接待厅有 6 把椅子供顾客排队等待拍照.当这 6 把椅子都坐满时，后到的顾客就不再等待而离去.顾客按泊松过程到达，平均到达率为 3 人/h，拍照时间服从（负）指数分布，平均每人拍照时间为 15 min.求：

（1）顾客来拍照而不必等待的概率.

（2）照相馆内的平均顾客数.

（3）顾客在照相馆内的平均逗留时间.

（4）在可能到来的顾客中不等待的离去者占多少?

解　此为 $M|M|1|N$ 系统.

已知 $N=7$，$\lambda=3$(人/h)，$\mu=4$(人/h).

（1）$P_0=\dfrac{1-\rho}{1-\rho^{N+1}}=0.278.$

（2）$L=\dfrac{\rho}{1-\rho}-\dfrac{N+1}{1-\rho^{N+1}}\rho^{N+1}=2.11$(人).

（3）$\lambda_e=\mu(1-P_0)=2.89$(人/h)，$W=L/\lambda_e=0.73$(h).

（4）离去者的百分率等于系统满员概率

$$P_7=0.037=3.7\%.$$

三、$M|M|c|\infty$ 系统

$M|M|c|\infty$ 系统是一个单队列、c 个服务员的(并联)系统,简记为 $M|M|c$.

除服务员个数 $c\geqslant1$ 外,该系统的其他系统特性均与 $M|M|1$ 系统相同.另外,规定各个服务员的工作相互独立,且平均服务率相同,即 $\mu_1=\mu_2=\cdots=\mu_c=\mu$. 于是,服务机构实际运行时的平均服务率为

$$\bar{\mu}=\begin{cases}c\mu, & \text{当 } n\geqslant c \text{ 时;}\\ n\mu, & \text{当 } n<c \text{ 时.}\end{cases}$$

其中,n 为系统中的顾客数.

系统的服务强度为 $\rho=\lambda/c\mu$. 为避免形成无限长队列,假设 $\rho<1$.

系统的状态概率为

$$P_0=\dfrac{1}{\displaystyle\sum_{k=0}^{c-1}\dfrac{(c\rho)^k}{k!}+\dfrac{(c\rho)^c}{c!\,(1-\rho)}},$$

$$P_n=\begin{cases}\dfrac{(c\rho)^n}{n!}P_0, & \text{当 } n<c \text{ 时;}\\[4mm] \dfrac{(c\rho)^n}{c!\,c^{n-c}}P_0, & \text{当 } n\geqslant c \text{ 时.}\end{cases}$$

由状态概率 P_n 可推导出系统的主要稳态性能指标如下：

（1）平均系统队长：

$$L = L_q + c\rho.$$

（2）平均等待队长：

$$L_q = \frac{(c\rho)^c \rho}{c!\ (1-\rho)^2} P_0.$$

（3）平均逗留时间：

$$W = \frac{L}{\lambda}.$$

（4）平均等待时间：

$$W_q = \frac{L_q}{\lambda}.$$

此外，系统中顾客数已有 c 人（即各服务台都没有空闲），后继顾客到来必须等待的概率为

$$P\{W_q > 0\} = P\{n \geqslant c\} = \frac{(c\rho)^c}{c!\ (1-\rho)} P_0.$$

例 9-3 某售票处有三个窗口，顾客到达为泊松过程，平均到达率为 0.9 人/min. 服务（售票）时间服从（负）指数分布，平均服务率为 0.4 人/min. 假设：

（1）顾客到达后排成单队，依次到空闲窗口买票.

（2）顾客到达后可在任一窗口前排队，形成三队，但各队之间有栏杆隔开，不能互相转移.

分析比较这两种排队系统的主要性能指标.

解 （1）此为 $M|M|c$ 系统.

已知 $c=3$，$\lambda = 0.90$（人/min），$\mu = 0.40$（人/min）.

$$\rho = \frac{\lambda}{c\mu} = \frac{0.9}{3 \times 0.4} = 0.75,\ P_0 = 0.074\,8.$$

顾客必须排队等待的概率为

$$P\{W_q > 0\} = P\{n \geqslant 3\} = 0.57.$$

（2）这相当于 3 个 $M|M|1$ 子系统，且平均到达率相等，即

$$\lambda_1 = \lambda_2 = \lambda_3 = \frac{\lambda}{3} = 0.30（人/min）.$$

这两种排队系统的主要性能指标如表 9-2 所示.

表 9-2

指 标	$M|M|3$	$M|M|1$
P_0	0.074 8	0.25(子系统)
$P\{W_q > 0\}$	0.57	0.75
L	3.95 人	9.00 人(总系统)
L_q	1.70 人	2.25 人(子系统)
W	4.39 min	10 min
W_q	1.89 min	7.5 min

对比表 9-2 中的各项指标,容易看出,按单队列进入一个 $M|M|3$ 系统比按三个队列进入三个 $M|M|1$ 系统有显著的优越性.

四、$M|M|c|N$ 系统

设系统容量为 $N(\geqslant c)$,对于 c 个服务员的情形,系统中排队等待的顾客最多为 $N-c$ 个.当系统中已经有 N 个顾客时,后来的顾客不再进入系统而选择离开,其他条件与 $M|M|c$ 系统相同,记作 $M|M|c|N$.

设 $\rho = \lambda/c\mu \neq 1$,系统的状态概率和性能指标公式如下:

$$P_0 = \frac{1}{\displaystyle\sum_{k=0}^{c-1} \frac{(c\rho)^k}{k!} + \frac{c^c(\rho^c - \rho^{N+1})}{c!\,(1-\rho)}}.$$

$$P_n = \begin{cases} \dfrac{(c\rho)^n}{n!}P_0, & \text{当 } 0 \leqslant n < c \text{ 时}; \\[2ex] \dfrac{c^c}{c!}\rho^n P_0, & \text{当 } c \leqslant n \leqslant N \text{ 时}. \end{cases}$$

$$L_q = \frac{(c\rho)^c \rho}{c!\,(1-\rho)^2}P_0\{1 - \rho^{N-c}[1 + (N-c)(1-\rho)]\}.$$

$$L = L_q + c\rho(1-P_N),\quad W_q = \frac{L_q}{\lambda(1-P_N)},\quad W = W_q + \frac{1}{\mu}.$$

当 $N = c$(即时制)时,有

$$P_0 = \frac{1}{\displaystyle\sum_{k=0}^{c} \frac{(c\rho)^k}{k!}},\quad P_n = \frac{(c\rho)^n}{n!}P_0 \quad (0 \leqslant n \leqslant c).$$

$$L_q = 0, \ L = c\rho(1 - P_c), \ W_q = 0, \ W = \frac{1}{\mu}.$$

此时，L 既是系统内的顾客平均数，也是正忙着的服务员平均数。

例 9-4　某银行有两台自动取款机，设取款人到达后排成一队，依次走向空闲机器前取款。据以往观察，当两台取款机前满 5 人时，到达的顾客即会自动离去。假定取款人到达的间隔时间与取款时间均为（负）指数分布。平均到达率为 30 人/h，平均取款时间约 3.2 min/人。求到达即能取款的概率与系统的主要性能指标。

解　此为 $M|M|c|N$ 系统。

已知 $c = 2, N = 5, \lambda = 30$（人/h），$\mu = \frac{60}{3.2} = 18.75$（人/h），$\rho = \frac{\lambda}{c\mu} = 0.8$。

（1）到达即能取款的概率：

$$P(W_q = 0) = P_0 + P_1.$$

计算得 $P_0 = 0.156\,8, P_1 = 0.250\,9$，故

$$P(W_q = 0) = 0.156\,8 + 0.250\,9 = 0.407\,7.$$

（2）系统的主要性能指标：

$$L_q = 0.73（人）, \ L = 2.16（人）, \ W_q = 0.027\,0（h）= 1.62（min）,$$

$$W = 1.62 + 3.20 = 4.82（min）.$$

第三节　非泊松排队系统

泊松排队系统的特点是输入过程为泊松过程，服务时间服从（负）指数分布。若两个条件中至少有一个不满足，则系统就称为非泊松排队系统。这里，仅对非泊松排队系统中较简单的 $M|G|1|\infty$ 系统作一介绍，该系统的输入过程为泊松过程，单服务员，无限顾客源，而服务时间 V_n 则服从一般分布，但要求其期望 $E(V_n)$ 和方差 $D(V_n)$ 都存在。显然，$M|M|1$ 为其特殊形式。

一、Pollaczek-Khintchine 公式

设 λ 为顾客的平均到达率，令 $\rho = \lambda E(V_n)$。为使系统达到稳定状态，要求 $\rho < 1$。
可以证明

$$L = \rho + \frac{\rho^2 + \lambda^2 D(V_n)}{2(1-\rho)}.$$

该式被称为 Pollaczek-Khintchine 公式,简称 **P-K 公式**.

由此,并引入 Little 公式,可得

$$L_q = L - \rho, \ W_q = \frac{L_q}{\lambda}, \ W = \frac{L}{\lambda}.$$

从 L、W、L_q、W_q 各表达式可见,当 λ 和 $E(V_n)$ 一定时,上述指标随 $D(V_n)$ 增大而增大.因此,减少服务时间的随机波动,从而降低方差 $D(V_n)$,就能改进各项指标.

例 9-5 某诊疗所只有一名医生看病.据统计推断,病人按泊松过程到达,平均到达率为 3 人/h,医生诊断每个病例的期望时间为 15 min,且具有标准差 5 min.求到该诊疗所就诊病人的平均等待时间.

解 此为 $M|G|1|\infty$ 系统.

已知 $\lambda = 3$ 人/h, $E(V_n) = \frac{1}{4}$ h/人.

$\rho = \lambda E(V_n) = \frac{3}{4} = 0.75 < 1.$ 代入 P-K 公式,计算得 $W_q = 25$ min.

二、$M|D|1|\infty$ 系统

此为确定型服务的排队系统,$E(V_n) = c$, $D(V_n) = 0$, $\rho = \lambda c$,代入 P-K 公式,得

$$L = \rho + \frac{\rho^2}{2(1-\rho)}, \ L_q = \frac{\rho^2}{2(1-\rho)}.$$

可以证明,各种服务时间分布的 L_q 与 W_q 值以定长服务时间的为最小,反映了无随机波动的规律性服务最为快捷.

三、$M|E_k|1|\infty$ 系统

设服务时间服从 k 阶埃尔朗分布.例如,当顾客进入系统后,连续接受 k 个互相独立且串联排列的服务员服务,每个服务员服务时间服从参数为 $k\mu$ 的同一(负)指数分布,则该顾客接受服务的总时间就服从 k 阶 Erlang 分布,且有

$$E(V_k) = \frac{1}{\mu}, \ D(V_k) = \frac{1}{k\mu^2}.$$

$$L = \rho + \frac{(k+1)\rho^2}{2k(1-\rho)}, \ L_q = \frac{(k+1)\rho^2}{2k(1-\rho)},$$

$$W = \frac{L}{\lambda}, \ W_q = \frac{L_q}{\lambda}.$$

例 9-6 某理发师在敬老节到城市中心广场为老人义务理发.每位顾客需依次先后接受剪发、洗头、修面、按摩 4 项服务,每项服务时间相互独立且服从同一(负)指数分布,平均时间为 10 分钟.设顾客到来为泊松过程,平均到达率为 0.5 人/h.问:顾客理发所耗费的平均时间有多长?

解 此为 $M|E_k|1|\infty$ 系统.

已知 $\lambda = 0.5$(人/h),$k = 4$,$1/(4\mu) = 10$(min) $= \dfrac{1}{6}$(h).可算得

$$\mu = \frac{6}{4} = 1.5(\text{人/h}), \rho = \frac{0.5}{1.5} = \frac{1}{3}, E(V_k) = \frac{1}{1.5} = \frac{2}{3}(\text{h/人}), D(V_k) = \frac{1}{4 \times 1.5^2} = \frac{1}{9},$$

$L = 0.437\,5$(人),$W = 0.875$(h)$= 52.5$(min).

第四节 补充阅读材料——排队系统成本分析

排队论的主要任务是:分析与研究排队系统变化过程的概率规律性,寻求达到供求平衡的手段与策略.排队系统的成本分析,正是从侧面来研究这一问题.

排队系统的成本可以作为评价该系统是否合理的一个指标,包括逗留成本与服务成本.

逗留成本是指由于排队使某种资源(人员或物资)停用而造成浪费的价值.例如,在加油站加油的出租车,如果逗留时间过长,将失去较多的载客机会,从而出租车本身的生产力被闲置和浪费.逗留成本显然与队长及逗留时间成正比.若到达加油站的车辆平均到达率是 5 辆/h,每辆平均逗留损失为 30 元/h,则系统逗留成本为 150 元/h.但是,有许多时候,逗留成本是无形的,人们难以直接用数字来表现,如顾客因排队时间过长而离去所造成的服务机构盈利损失.在时间观念愈强烈的社会环境中,就愈要求人们在系统的设计中考虑与分析逗留成本问题.在逗留成本难以确定的情况下,可根据统计资料加以估计.

服务成本是指服务机构服务设施的建设与配置费用及操作费用,一般较易确定.不同性能的服务机构,其服务成本往往不同.但是,有一个共性:一般来说,逗留时间缩短导致服务成本提高,逗留时间延长使得服务成本降低.所以,设计排队系统时,人们力求达到逗留成本与服务成本之间的协调,以使系统的总成本最低.

系统运行的最佳状态应该是逗留成本与服务成本之和为最小.

现以 $M|M|1|\infty$ 系统为例,来说明如何根据系统的最低成本去决定服务机构的相应能力.由于成本实际上是一种费用,所以习惯上把某种成本也称为某种费用.

设 z 为单位时间系统成本的期望值,c_w 为每一顾客在系统中逗留单位时间的费用,c_s 为服务机构服务一名顾客的单位时间费用,则

$$z = c_w L + c_s \mu.$$

服务成本是随系统服务率 μ 而变化的,由于在大多数情况下,系统服务率是一个离散

变量,所以在逗留成本已知时,可以采用逐点试算法求出系统最优服务率 μ^* ,进而确定服务机构的服务能力.当逗留成本难以估计时,可以规定一个平均逗留时间或平均队长的合理上限,然后求服务机构应该具有的服务能力.

例 9-7 设有机械化货车装料系统,货车的到达为泊松过程,平均到达率为 2 辆/h,逗留成本为每辆 20 元/h,装料设备的装料服务时间服从(负)指数分布,每台设备平均服务率为 1 辆/h,服务成本为 5 元/h.问:配置几台装料设备可使系统成本最小?

解 首先,将多服务员(装料设备)的 $M|M|c|\infty$ 系统转化为 $M|M|1|\infty$ 系统来讨论.实际上,令 μ 为装料设备台数,问题就变成寻找使系统成本 z 最小(为多名顾客服务的)单服务员的最优服务率 μ^* ,μ 取某一正整数值就表示配置相应台数的装料设备.

已知 $\lambda=2$, $c_w=20$, $c_s=5$,

$$z=c_w L+c_s\mu=\frac{c_w\rho}{1-\rho}+c_s\mu.$$

为使 $\rho<1$,取 $\mu=3,4,5,\cdots$,逐点试算,如表 9-3 所示.

表 9-3

λ/(辆/h)	μ/台	L/辆	z/(元/h)
2	3	2	55
2	4	1	40
2	5	0.67	38.3*
2	6	0.5	40

得 $\mu^*=5$,即,配置 5 台装料设备可使系统成本最小.

例 9-8 在例 9-7 中,若逗留成本 c_w 未知,但管理人员提出要求:货车等待时间不应超过 5 min.问:需配置多少台装料设备才能符合要求?

解 先求系统服务率 μ ,再决定应配置的装料设备台数.

由于 $W_q=\frac{\lambda}{\mu(\mu-\lambda)}$,故有 $\mu^2-\mu\lambda-\frac{\lambda}{W_q}=0$.

可得 $\mu=\frac{\lambda}{2}\pm\sqrt{\frac{\lambda^2}{4}+\frac{\lambda}{W_q}}$.

因为 $\lambda<\mu$,故根号前取正,得

$$\mu=\frac{\lambda}{2}+\sqrt{\frac{\lambda^2}{4}+\frac{\lambda}{W_q}}.$$

又 $W_q\leqslant 5(\min)=\frac{1}{12}(h)$,于是,$\mu\geqslant 6(辆/h)$.

故而,应配置的装料设备取为 6 台.

练习题

1. 一家个体经营的电器修理门市部,每天营业 8 h.顾客按泊松分布到达,平均间隔时间 45 min,修理时间服从(负)指数分布,平均修理时间 25 min,求:

   (1) 系统每天平均空闲时间.

   (2) 系统每天运行的主要性能指标.

2. 一家个体理发店(配一名理发师),顾客按泊松分布到达,平均到达率 3 人/h.理发时间服从(负)指数分布,平均需 15 min/人.求:

   (1) 顾客到达即能理发的概率.

   (2) 店内有 1 个以上顾客的概率.

   (3) 店内顾客的平均数.

   (4) 顾客在店内的平均逗留时间.

   (5) 顾客在店内逗留至少 20 min 的概率.

   (6) 顾客到达而未能立即理发,若要求可以坐着等待,并希望不小于 95% 的顾客来店后能有座位休息,则至少应准备几把供休息的椅子?

3. 某工厂需招聘一名修理技师,已知仪器送来修理的平均到达率 0.2 台/h.今有两种级别的技师:甲级技师的能力是修理 0.30 台/h,工资 12 元/h;乙级技师的能力是修理 0.21 台/h,工资 6 元/h.假设由于仪器送修而导致不能工作所造成的停工损失费是 5 元/h.问:应聘用哪级技师,才能使总费用较小?(用 $M|M|1$ 模型进行讨论)

4. 人们购买球赛票.购票人按泊松分布到达,平均 1 人/min.唯一售票处的售票时间服从(负)指数分布,平均每张票需 20 s.问:

   (1) 若某球迷赛前 2 min 到达,买好票后,花 1.5 min 来到座位处,该球迷能否期望在开赛前坐好?

   (2) 该球迷在开赛前能来得及坐好的概率有多大?

   (3) 若要以 99% 的把握在开赛前坐好,该球迷应提早多久到达售票处?

5. 某理发店有 2 名理发师设有 2 张理发椅,另有 4 把休息椅供顾客等待使用.当 4 把休息椅都坐满时,后来的顾客将自动离去.设顾客按泊松分布到达,平均 4 位/h,理发时间服从(负)指数分布,平均需 15 min/人,求:

   (1) 顾客不必等待的概率.

   (2) 顾客损失率.

   (3) 平均等待人数及等待时间.

6. 现有某 $M|M|1$ 排队系统,已知在单位时间内使服务率提高一个单位的成本是 100 元,每位顾客等待一个单位时间的成本是 20 元,平均每单位时间到达 20 位顾客.求最优服务率 μ^*.

第十章 库 存 论

学习目标

1. 理解库存论的基本概念
2. 掌握不允许缺货的经济订货批量模型和允许缺货的经济订货批量模型的计算方法
3. 熟悉经济生产批量模型和批量价格折扣的经济订货批量模型的求解方法

> 节其流,开其源,而时斟酌焉.
>
> ——《荀子·富国》

库存是指一个组织所有资源的储备.无论是在企业运营中,还是在日常生活中,都需要存贮一定的物品,以满足未来的需求.对于企业来说,库存一定量的产成品、原材料、零部件或商品,可以增强生产计划的柔性,保持生产的均衡,减少生产准备的次数和原材料交货时间的波动,降低缺货风险.然而,过多的库存占用大量资金和存贮仓库,导致成本大量增加,库存的维持和保值费用非常高昂.因此,减少库存可以带来明显的经济效益.此外,过量的库存也掩盖了许多管理问题.基于以上因素,库存管理已成为企业管理者讨论的一个重要话题.

库存管理首先需要回答两个问题:

(1) 何时需要补充库存?

(2) 补充库存时的订货量为多少?

科学的库存管理用数学模型来描述库存系统特征,根据数学模型来确定最优的库存策略,用计算机记录库存水平、补充库存的时间及数量.本章主要阐述基本的库存模型及运用这些模型进行库存决策.

第一节 库存论的基本概念

一、库存成本

库存成本主要包括:

（1）存储成本.包括存储设备的成本、搬运费、保险费、折旧费、利息、税金、占用资金的机会成本、损耗与变质成本.

（2）生产准备成本.自行生产一种新产品的准备成本,以及设备调试和生产准备的费用.

（3）订货成本.与订货相关的所有成本,如手续费、差旅费、运费.

（4）缺货成本.库存不能满足需求造成的损失.包括未实现销售的机会成本、停工待料的损失、延期交货的费用等.有时,缺货成本很难度量,只能进行主观估计.

（5）购货成本.购买货物的成本,与购买价格和数量有关.

二、需求

需求可以分为确定性需求和随机需求.需求可以是离散的,也可以是连续的.对于随机需求,一般只研究已知需求概率分布的情况.

在运营管理中,需求通常分为独立需求和非独立需求.如果一种物质的需求与其他物质需求无关时,这种物质需求称为独立需求,独立需求一般是来自外部顾客的需求,通常为随机的、不确定的.反之,与其他物质需求相关联的需求称为非独立需求,企业最终产品生产所需要的零部件和物料均为非独立需求.

三、库存策略

常见的库存策略有以下四种:

（1）t 循环策略.每隔时间 t 补充固定库存,补充量为 Q.

（2）(t, S) 策略.每隔时间 t 补充一次,补充量 Q 根据库存量 I 和最大库存量 S 决定.补充量 $Q = S - I$.

（3）(s, S) 策略.当库存量 $I > s$ 时,不进行补充;当 $I \leqslant s$ 时,补充库存,补充量 $Q = S - I$.

（4）(t, s, S) 混合策略.每隔时间 t,检查库存量 I,当 $I > s$ 时,不进行补充;当 $I \leqslant s$ 时,补充库存,补充量 $Q = S - I$.

四、库存模型

库存模型分为两种基本类型:

（1）定量订货模型.当库存量降低到某一特定水平(再订购点 R)时,发生订货,每次订货量不变.这种模型由事件驱动,称为 Q 模型.

（2）定期订货模型.只在预定时期的期末进行订货,两次订货时间的间隔(订货周期 t)是固定的,订货量可变.这种模型由时间驱动,称为 P 模型.

第二节　确定性定量订货库存模型

一、不允许缺货的经济订货批量模型

不允许缺货的经济订货批量模型的基本假设:

(1) 产品需求是连续均匀的,不允许缺货,单位时间需求量 D 为常数.

(2) 生产提前期(从订货到收到货物时间)L 是固定的.

(3) 每次订货批量 Q 不变,每次订货成本或生产准备成本 C_1 是固定的.

(4) 货物单价 C 是固定的.

(5) 不允许缺货,即缺货成本为无穷大.

(6) 单位货物存储成本 H 不变.

不允许缺货的经济订货批量模型库存状态变化如图 10-1 所示,其中 R 称为再订货点.

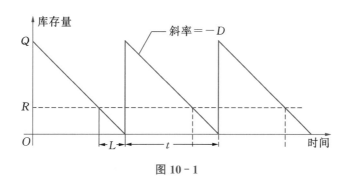

图 10-1

在一个订货循环周期 $[0,t]$ 内,订货量 $Q=D\times t$,时刻 T 的库存量 $f(T)=Q-D\times T$, $[0,t]$ 内的平均库存量为

$$\frac{1}{t}\int_0^t f(T)\mathrm{d}T=\frac{1}{t}\left(Qt-\frac{1}{2}Dt^2\right)=\frac{1}{2}Q.$$

在 $[0,t]$ 内的存储成本以平均库存量来计算, $[0,t]$ 内平均存储成本为 $\frac{1}{2}QH$,在 $[0,t]$ 内发生一次订货,每次订货成本为 C_1 ,故在 $[0,t]$ 内的平均总库存成本为

$$Z(t)=\frac{1}{2}HQ+\frac{1}{t}(C_1+CQ)=\frac{1}{2}HQ+\frac{C_1}{t}+CD. \tag{10-1}$$

如用订货量来表示,则平均总库存成本为

$$Z(Q)=\frac{1}{2}HQ+\frac{C_1D}{Q}+CD. \tag{10-2}$$

用微积分求函数极小值,将 $Z(Q)$ 对 Q 求导,得

$$\frac{\mathrm{d}Z(Q)}{\mathrm{d}Q}=\frac{H}{2}-\frac{C_1 D}{Q^2}.$$

令导数为零,解得最佳订货批量为

$$Q^*=\sqrt{\frac{2C_1 D}{H}}. \tag{10-3}$$

式(10-3)为**经济订货批量(economic order quantity,EOQ)**.最佳订货周期为

$$t^*=\frac{Q^*}{D}=\sqrt{\frac{2C_1}{HD}}. \tag{10-4}$$

模型中的订货周期可以是一周、一月或一年,通常许多公司的存储费用都用年来表示,所以可以取年费用为基准.式(10-2)中,D 为年需求量,则 $n=\dfrac{D}{Q}$ 为年订货批次.

总库存成本与各项成本的曲线示意图如图 10-2 所示.

在式(10-1)、式(10-2)和式(10-3)中,总库存成本函数和最优订货批量不是货物单价 C 的函数,省略 CD 项费用不影响比较结果,故在后面的一些模型讨论中,将不考虑这项费用.

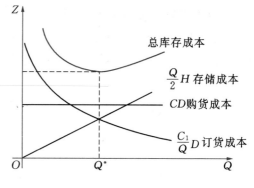

图 10-2

例 10-1　某公司全年需某种材料 2 000 t,材料单价为 150 元/t,每次订货成本为 720 元,每年的存储成本为 200 元/t,设生产提前期为 3 天.试求最佳订货批量、最佳订货批次、再订货点和年总库存成本.

解　年需求 $D=2\,000$ t,订货成本 $C_1=720$ 元/次,存贮成本 $H=200$ 元/(t·年),单价 $C=150$ 元,提前期 $L=3$ 天,日平均需求 $d=\dfrac{2\,000}{365}$ t.

最佳订货批量为 $Q^*=\sqrt{\dfrac{2\times 720\times 2\,000}{200}}=120\,(\mathrm{t}).$

最佳订货批次为 $n^*=\dfrac{D}{Q^*}=\dfrac{2\,000}{120}\approx 16.67\,(次).$

再订货点为 $R=d\times L=\dfrac{2\,000}{365}\times 3\approx 16.4\,(\mathrm{t}).$

最优总库存成本为

$$Z^*=\frac{1}{2}\times 200\times 120+\frac{720\times 2\,000}{120}+150\times 2\,000=324\,000\,(元).$$

由于最佳订货批次 16.67 不是整数,需分别讨论 16 次和 17 次的年总成本.

订货 16 次,总库存成本为

$$\frac{1}{2} \times 200 \times \frac{2\,000}{16} + 720 \times 16 + 150 \times 2\,000 = 324\,020(元/年).$$

订货 17 次,总库存成本为

$$\frac{1}{2} \times 200 \times \frac{2\,000}{17} + 720 \times 17 + 150 \times 2\,000 = 324\,005(元/年).$$

所以,每年应订货 17 次,每次订货 $\frac{2\,000}{17} = 117.65\,\text{t}$,年总库存成本为 324\,005 元,比理论上的 Z^* 多 5 元.

二、允许缺货的经济订货批量模型

本模型假设瞬时进货,允许缺货,缺货成本可以计量,缺货时库存为零.由于允许缺货,因此可以减少订货和库存费用,但会导致缺货成本.设缺货成本(单位缺货损失)为 C_2,其余假设与不允许缺货的经济订货批量模型相同,此模型的库存状态变化图如图 10-3 所示.

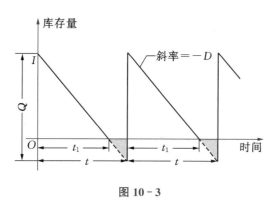

图 10-3

期初库存量 $I = Dt_1$,可以满足时间 t_1 内的需求,时间 t_1 内的平均库存量为 $\frac{1}{2}I$.

订货批量 $Q = Dt$,最大缺货量为 $Q - I$,时间 $t - t_1$ 内的平均缺货量为 $\frac{1}{2}(Q - I)$.

时间 t 内单位时间的平均库存量为

$$\frac{1}{2}I\frac{t_1}{t} = \frac{I^2}{2Dt} = \frac{I^2}{2Q}(库存三角形面积除以 t).$$

时间 t 内单位时间的平均缺货量为

$$\frac{1}{2}(Q - I)\frac{(t - t_1)}{t} = \frac{(Q - I)^2}{2Q}(缺货三角形面积除以 t).$$

单位时间的总平均成本为(不考虑购置成本)

$$Z(Q, I) = \frac{C_1}{t} + \frac{HI^2}{2Q} + \frac{C_2(Q-I)^2}{2Q} = \frac{C_1 D}{Q} + \frac{HI^2}{2Q} + \frac{C_2(Q-I)^2}{2Q}. \tag{10-5}$$

Z 是两个变量 Q、I 的二元函数,因为 $Z(Q、I)$ 的 Hesse 矩阵为正定矩阵,所以是严格凸函数,利用多元函数求极值方法,可解得

$$Q^* = \sqrt{\frac{2C_1 D}{H}} \sqrt{\frac{H + C_2}{C_2}}, \quad I^* = \sqrt{\frac{2C_1 D}{H}} \sqrt{\frac{C_2}{C_2 + H}}. \tag{10-6}$$

最大缺货量 $Q^* - I^* = \sqrt{\dfrac{2C_1 DH}{C_2(C_2 + H)}}.$

总平均成本 $Z^*(Q^*, I^*) = \sqrt{2C_1 DH} \sqrt{\dfrac{C_2}{C_2 + H}}.$

总平均成本函数可以表示成时间 t 与期初库存量 I 的函数:

$$Z(t, I) = \frac{1}{t} \left[C_1 + \frac{HI^2}{2D} + \frac{C_2(Dt - I)^2}{2D} \right]. \tag{10-7}$$

同样可得到最佳订货批量 Q^*、最佳订货周期 t^* 与最佳库存量 I^* 分别为

$$Q^* = \sqrt{\frac{2C_1 D}{H}} \sqrt{\frac{H + C_2}{C_2}},$$

$$t^* = \frac{Q^*}{D} = \sqrt{\frac{2C_1}{HD}} \sqrt{\frac{H + C_2}{C_2}}, \tag{10-8}$$

$$I^* = \sqrt{\frac{2C_1 D}{H}} \sqrt{\frac{C_2}{C_2 + H}}.$$

例 10-2　彩虹电器公司生产扬声器和电视机,每台电视机需装配一只扬声器.该公司每年生产电视机 480 000 台;扬声器采用短时间、批量生产方式生产,然后存储起来满足电视机生产需求.从该公司得到的相关信息如下:

(1) 扬声器每次批量生产的生产准备成本为 12 000 元/次.

(2) 扬声器每月存储成本 0.3 元/只.

(3) 扬声器每月缺货成本为 1.2 元/只;不考虑生产成本.

试确定最优库存策略、最大缺货量及最小费用.

解　每月需求量 $D = \dfrac{480\,000}{12} = 4\,000$(只);生产准备成本 $C_1 = 12\,000$ 元/次,每月存储成本 $H = 0.30$ 元/只;每月缺货成本 $C_2 = 1.20$ 元/只.

$$Q^* = \sqrt{\frac{2C_1 D}{H}} \sqrt{\frac{H + C_2}{C_2}} = \sqrt{\frac{2 \times 12\,000 \times 4\,000}{0.3}} \sqrt{\frac{0.3 + 1.2}{1.2}} = 20\,000(\text{只}).$$

$$I^* = \sqrt{\frac{2C_1 D}{H}} \sqrt{\frac{C_2}{C_2 + H}} = \sqrt{\frac{2 \times 12\,000 \times 4\,000}{0.3}} \sqrt{\frac{1.2}{1.2 + 0.3}} = 16\,000(\text{只}).$$

最大缺货量为

$$Q^* - I^* = 20\,000 - 16\,000 = 4\,000(\text{只}).$$

$$t^* = \sqrt{\frac{2C_1}{HD}} \sqrt{\frac{H + C_2}{C_2}} = \frac{Q^*}{D} = \frac{20\,000}{4\,000} = 5(\text{月}).$$

总平均成本为

$$Z^*(Q^*,\ I^*) = \sqrt{2C_1 DH} \sqrt{\frac{C_2}{C_2 + H}}$$

$$= \sqrt{\frac{2 \times 12\,000 \times 4\,000 \times 0.3 \times 1.2}{1.2 + 0.3}}$$

$$= 4\,800(\text{元}).$$

可以将存储成本、缺货成本和需求量以年来计算.

若不允许缺货,则最佳订货批量 $Q^* = \sqrt{\frac{2C_1 D}{H}} = \sqrt{\frac{2 \times 12\,000 \times 4\,000}{0.3}} \approx 17\,889(\text{只}).$

每月存储成本 $H = 17\,889 \times \frac{0.3}{2} = 2\,683.35$ 元,生产准备成本 $C_1 = 4\,000 \times \frac{12\,000}{17\,889} \approx$ $2\,683.21$ 元,

总库存成本为 $5\,366.56$ 元,比允许缺货的情况多 566.56 元.

三、经济生产批量模型

上面讨论的模型假设订货成批到达(瞬时进货),库存量可无限.但实际情况并不总是如此,尤其当存货补充不是向外界购买,而是由内部生产系统提供,就会出现边补充、边消耗的情况.存货在一段时间内均匀补充,当库存达到一定量时,补充停止.此种模型被称为**经济生产批量模型**.

假设供货的生产率为 P(单位时间内的生产量),其他条件与经济订货批量相同,有 $P > D$,经济生产批量模型库存状态变化如图 10-4 所示.在该模型中,以生产率 P 进行补充,以需求率 D 进行消耗,库存量以速度 $P - D$ 上升,当补充量达到 Q 后,停止补充,T 为生产运作时间,生产运作结束时达到最大库存量 $I_{\max}$,然后库存量按需求率 D 降低,当库存量减为 0 时,开始新一轮生产,生产提前期为 L,此时对应的库存量为 R.

最大库存量 $I_{\max} = (P - D) \cdot T$,而补充量 $Q = PT = Dt$,所以

$$I_{\max} = \frac{Q(P - D)}{P},$$

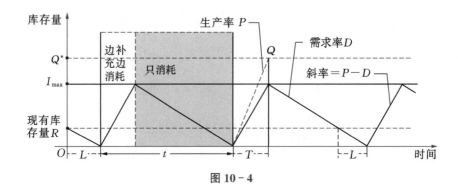

图 10-4

时间 t 内的平均库存量为 $\dfrac{I_{\max}}{2}$.

平均总成本为

$$Z(Q) = CD + \frac{C_1}{Q}D + \frac{Q(P-D)}{2P}H. \tag{10-9}$$

对 Q 求导,得 $\dfrac{\mathrm{d}Z}{\mathrm{d}Q} = -\dfrac{C_1 D}{Q^2} + \dfrac{(P-D)}{2P}H,$

令 $\dfrac{\mathrm{d}Z}{\mathrm{d}Q} = 0,$ 得

$$Q^* = \sqrt{\frac{2C_1 D}{H}}\sqrt{\frac{P}{(P-D)}}. \tag{10-10}$$

例 10-3　一家玩具厂每年需生产 250 000 只橡胶轮子用于制造玩具车,生产能力为 3 000 只/日,每个轮子的库存成本为 3.60 元/年,每次生产的生产准备成本为 12 000 元,生产提前期为 2 天,工厂每年生产营运 250 天.试确定该厂橡胶轮子的最佳生产批量、最小年总成本、最佳生产运作时间和最佳生产周期,以及最佳年生产批次和开始新一轮生产时轮子的库存量.

解　每年需求量 $D = 250\,000$ 只,生产准备成本 $C_1 = 12\,000$ 元 / 次,年库存成本 $H = 3.60$ 元/只,生产率 $P = 3\,000$ 只/日.

由于生产率以日计算,年工作日为 250 日,因此可以用需求率 $d = \dfrac{250\,000}{250} = 1\,000$(只 / 天) 来计算最佳生产批量.

最佳生产批量为

$$Q^* = \sqrt{\frac{2C_1 D}{H}}\sqrt{\frac{P}{(P-d)}} = \sqrt{\frac{2 \times 12\,000 \times 250\,000}{3.6}}\sqrt{\frac{3\,000}{3\,000 - 1\,000}}$$

$$= 50\,000(只).$$

最小年总成本(不包括橡胶轮子的生产成本)为

$$Z_{\min} = \frac{I_{\max}}{2}H + \frac{C_1}{Q^*}D = \frac{Q^*(P-d)}{2P}H + \frac{C_1}{Q^*}D$$

$$= \frac{50\,000 \times (3\,000 - 1\,000)}{2 \times 3\,000} \times 3.60 + \frac{12\,000}{50\,000} \times 250\,000 = 120\,000(\text{元}).$$

最佳生产运作时间为 $T^* = \dfrac{Q^*}{P} = \dfrac{50\,000}{3\,000} \approx 16.67 \approx 17(\text{天}).$

最佳生产周期为 $\qquad\qquad t^* = \dfrac{Q^*}{d} = \dfrac{50\,000}{1\,000} = 50(\text{天}).$

最佳年生产批次为 $\qquad n^* = \dfrac{D}{Q^*} = \dfrac{250\,000}{50\,000} = 5(\text{次}).$

开始新一轮生产时轮子的库存量为 $R = d \times L = 1\,000 \times 2 = 2\,000(\text{只}).$

可以将生产率和需求率用年生产量和年需求量来计算.对于允许缺货的经济生产批量模型,除考虑以上因素外,还需计算平均缺货成本,具体模型与指标这里从略.

四、批量价格折扣的经济订货批量模型

通常情况下,供应商为了刺激需求,当顾客的订货批量超过一定数量时,会提供一定的价格折扣.订货批量越大,价格的折扣越大.下面讨论享有批量价格折扣的经济订货批量模型.

假设单位产品的订货价格 C 随订货量 Q 而变化,即 C 是 Q 的函数.其他假设与不允许缺货的经济订货批量模型相同.批量价格折扣可使购买者享受更低的价格,通过大量订货可以降低订货成本,但大量订货会使库存成本提高.现要确定是否接受价格折扣,如果接受,应接受怎样的价格折扣.

下面仍然以总费用最小来确定批量价格和订货批量.

假定单位产品订货价格为

$$C(Q) = C_i,$$

当 $Q_{i-1} \leqslant Q < Q_i$ 时$(i = 1, 2, \cdots, m)$,$(C_1 > C_2 > \cdots > C_m)$.

其中,Q_i 为享有折扣价格 C_i 的最小订货量 $(Q_0 = 0 < Q_1 < Q_2 < \cdots < Q_i < \cdots < Q_m)$.

批量折扣模型的平均总费用函数为

$$Z(Q) = \begin{cases} Z^1(Q), & \text{当 } Q_0 \leqslant Q \leqslant Q_1 \text{ 时}; \\ Z^2(Q), & \text{当 } Q_1 \leqslant Q \leqslant Q_2 \text{ 时}; \\ \vdots & \qquad\qquad \vdots \\ Z^m(Q), & \text{当 } Q_{m-1} \leqslant Q \leqslant Q_m \text{ 时}. \end{cases}$$

其中,$Z^i(Q) = \dfrac{1}{2}HQ + \dfrac{C_1 D}{Q} + C_i D$,当 $Q_{i-1} \leqslant Q < Q_i$ 时$(i = 1, \cdots, m)$.

根据微积分知识,对于固定的 C_i,$Z(Q)$ 对 Q 求导,令导数为 0,可求得 $\widetilde{Q}=\sqrt{\dfrac{2C_1D}{H}}$,当 $Q_{i-1}\leqslant\widetilde{Q}<Q_i$ 时,$Z^i(\widetilde{Q})$ 为 $Z^i(Q)$ 的最小值.由于有批量折扣,$Z^i(\widetilde{Q})$ 并不一定是总成本函数 $Z(Q)$ 的最小值.图 10-5 为 $m=3$ 时的总成本函数图,$Z^i(Q)$ 是订货价格为 C_i 时的总成本函数.如果不考虑定义域,$Z^1(Q)$,$Z^2(Q)$,$Z^3(Q)$…为只相差一个常数的一族平行曲线,它们在同一个点 $\widetilde{Q}$ 达到最小值,$Q_1\leqslant\widetilde{Q}<Q_2$,但 $Z^2(\widetilde{Q})>Z^3(Q_2)$.

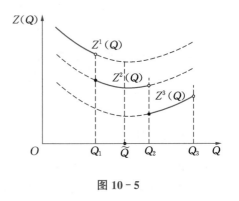

图 10-5

为了求出使 $Z(Q)$ 最小的订货批量 Q^*,需要计算其他大于 $\widetilde{Q}$ 的可行区间 $[Q_k,Q_{k+1})$ $(k=i,\cdots,m)$ 的总成本最小值 $Z^{k+1}(Q_k)$,然后与 $Z^i(\widetilde{Q})$ 进行比较,求出总成本最小值:

$$Z(Q^*)=\min\{Z^i(\widetilde{Q}),Z^{k+1}(Q_k)\mid(k=i,\cdots,m)\}.$$

其中,Q^* 为最佳订货批量.

根据上面分析,确定最小费用订货批量 Q^* 的步骤如下:

(1) 计算 $\widetilde{Q}=\sqrt{\dfrac{2C_1D}{H}}$ 和 $\widetilde{Q}$ 所在区间 $Q_{i-1}\leqslant\widetilde{Q}<Q_i$,求出 $Z^i(\widetilde{Q})$;

(2) 计算 $Z^{k+1}(Q_k)$ $(k=i,\cdots,m)$,与 $Z^i(\widetilde{Q})$ 进行比较,取 $Z^*(Q^*)=\min\{Z^i(\widetilde{Q}),Z^{k+1}(Q_k)\mid(k=i,\cdots,m)\}$,则 Q^* 为最佳订货批量.

例 10-4 某医院每年需要 735 箱液体清洗剂,每次订货成本为 20 元,库存成本每年为 6 元/箱,订货价格 $C(Q)$ 为

$$C(Q)=\begin{cases}20,&\text当 0<Q<50 \text时;\\18,&\text当 50\leqslant Q<80 \text时;\\17,&\text当 80\leqslant Q<100 \text时;\\16,&\text当 Q\geqslant100 \text时.\end{cases}$$

试确定医院清洗剂的最佳订货批量和总成本.

解 依题意知 $D=735$,$C_1=20$,$H=6$.

通常的经济订货批量为

$$\widetilde{Q}=\sqrt{\frac{2C_1D}{H}}=\sqrt{\frac{2\times20\times735}{6}}=70(\text箱),\ 50\leqslant\widetilde{Q}<80.$$

$$Z^2(70)=735\times18+\frac{735}{70}\times20+\frac{70}{2}\times6=13\,650(\text元).$$

$$Z^3(80) = 735 \times 17 + \frac{735}{80} \times 20 + \frac{80}{2} \times 6 = 12\,918.75 \approx 12\,919(元),$$

$$Z^4(100) = 735 \times 16 + \frac{735}{100} \times 20 + \frac{100}{2} \times 6 = 12\,207(元).$$

由于 $\min\{Z^2(70), Z^3(80), Z^4(100)\} = Z^4(100) = 12\,207(元)$,
故 $Q^* = 100$ 箱为最佳订货批量.总成本为 $Z^4(100) = 12\,207(元)$.

在批量价格折扣订货情况中,库存成本如果随着订货批量的变化而变化,则不同总成本曲线的最佳订货批量$\widetilde{Q}$也不同.对于可行的$\widetilde{Q}$(落在相应价格对应的数量范围内),计算其总成本;对于不可行的$\widetilde{Q}$,则计算以相应价格对应区间左端点为订货批量的总成本,然后加以比较,如图 10-6 所示.

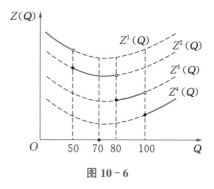

图 10-6

例 10-5　某公司需要一种产品,年需求量为 5 000 件,每次订货成本为 49 元,供应商提供的批量价格折扣为:订货批量 0~999 件,单价 5 元;1 000~2 499 件,单价 4.85 元;2 500 件以上,单价 4.75 元.假定每件产品的年存储成本为购买单价的 20%,求最佳订货批量.

解　依题意知 $D = 5\,000$,$C_1 = 49$,存储成本与购买单价之比值 $k = 0.2$.
不同价格的总成本和经济订货批量为

$$Z^i(Q) = \frac{Q}{2}kC_i + \frac{C_1 D}{Q} + C_i D; \quad \widetilde{Q}_i = \sqrt{\frac{2C_1 D}{kC_i}}.$$

三种不同价格下的最佳订货批量分别为

$$\widetilde{Q}_1 = \sqrt{\frac{2 \times 49 \times 5\,000}{0.2 \times 5}} = 700;$$

$$\widetilde{Q}_2 = \sqrt{\frac{2 \times 49 \times 5\,000}{0.2 \times 4.85}} \approx 711;$$

$$\widetilde{Q}_3 = \sqrt{\frac{2 \times 49 \times 5\,000}{0.2 \times 4.75}} \approx 718.$$

$\widetilde{Q}_2$ 和 $\widetilde{Q}_3$ 不可行.

$$Z(700) = \frac{700}{2} \times 0.2 \times 5 + \frac{49 \times 5\,000}{700} + 5 \times 5\,000 = 25\,700(元),$$

$$Z(1\,000) = 24\,980(元),$$

$$Z(2\ 500) = 25\ 036(元).$$

因此,最佳订货批量为 $Q^* = 1\ 000$(件),最小总成本为 24 980(元).

第三节　补充阅读材料——随机性需求库存模型

实际上,需求完全确定的情况是不多见的.本节讨论需求不确定但概率分布已知的随机性库存模型.

一、单周期随机性库存模型

单周期库存模型着重讨论为了满足某一规定时间的需求而只进行一次订货(在周期开始时)的最优订货策略.当货物销完时,并不补充进货;当货物销不完时,货物就失去价值或降价处理.

报童问题是一个典型的需求是随机离散的单周期库存模型.每天报纸的需求量 R(报童每天售报数量)是一个离散随机变量,设 R 取值 r 的概率为 $P(r)$,$\sum_{r=0}^{\infty} P(r) = 1$,每份报纸的成本为 μ 元,售价为 ν 元($\nu > \mu$).如果报纸当天未售出,就要降价处理,每份报纸的处理价为 ω 元($\omega < \mu$).通过计算盈利的期望值最大来确定最佳订货批量 Q^*.

(1) 供大于或等于求 $(Q \geqslant r)$,其期望收益值为

$$\sum_{r=0}^{Q} [(\nu - \mu)r - (\mu - \omega)(Q - r)] P(r).$$

(2) 供不应求 $(Q < r)$,其期望收益值为

$$\sum_{r=Q+1}^{\infty} (\nu - \mu) Q P(r).$$

总期望收益值为

$$C(Q) = \sum_{r=0}^{Q} [(\nu - \mu)r - (\mu - \omega)(Q - r)] P(r) + \sum_{r=Q+1}^{\infty} (\nu - \mu) Q P(r). \quad (10-11)$$

由于 r 是离散变量,所以不能用微积分的方法求(10-11)式的极值,为此采用差分法求极值,设最佳订货批量为 Q^*,则 Q^* 应满足:

$$C(Q^*) \geqslant C(Q^* + 1), \quad (10-12)$$

$$C(Q^*) \geqslant C(Q^* - 1). \quad (10-13)$$

由式(10-12)出发进行推导,得

$$\sum_{r=0}^{Q}\left[(\nu-\mu)r-(\mu-\omega)(Q-r)\right]P(r)+\sum_{r=Q+1}^{\infty}(\nu-\mu)QP(r)$$

$$\geqslant\sum_{r=0}^{Q+1}\left[(\nu-\mu)r-(\mu-\omega)(Q+1-r)\right]P(r)+\sum_{r=Q+2}^{\infty}(\nu-\mu)(Q+1)P(r).$$

化简整理,得
$$\sum_{r=0}^{Q}P(r)\geqslant\frac{\nu-\mu}{\nu-\omega}. \tag{10-14}$$

同理,由式(10-13),得
$$\sum_{r=0}^{Q-1}P(r)\leqslant\frac{\nu-\mu}{\nu-\omega}. \tag{10-15}$$

由式(10-14)和式(10-15)联立,得

$$\sum_{r=0}^{Q-1}P(r)\leqslant\frac{\nu-\mu}{\nu-\omega}\leqslant\sum_{r=0}^{Q}P(r). \tag{10-16}$$

由式(10-16)可得最佳订货批量 Q^*.

例 10-6　设某种奶制品的需求量及其分布如表 10-1 所示.

表 10-1

需求量(r)/箱	1 000	1 100	1 200	1 300	1 400	1 500	1 600	1 700
概率 $P(r)$	0.06	0.10	0.16	0.25	0.20	0.12	0.08	0.03

已知成本为每箱 50 元,售价为每箱 68 元,处理价为每箱 42 元.问:最佳进货量为多少?

解　此题属于单周期需求是随机离散的库存模型,$\nu=68$,$\mu=50$,$\omega=42$,由式(10-16),得

$$\frac{\nu-\mu}{\nu-\omega}=\frac{68-50}{68-42}=0.692\,3.$$

$$P(1\,000)+P(1\,100)+P(1\,200)+P(1\,300)=0.57<0.692\,3,$$

$$P(1\,000)+P(1\,100)+P(1\,200)+P(1\,300)+P(1\,400)=0.77>0.692\,3.$$

得最佳进货量为 $Q^*=1\,400$ 箱.

二、随机性库存问题的再订货点与定期订货模型

在随机性库存问题中,精确确定订货批量与再订货点并非易事.下面,介绍一种近似最佳且简便易行的方法.

(一) 安全库存和服务水平

为了减少缺货风险,持有一定的安全库存是必要的.安全库存(safety stock,SS)是指在提前期中超出预期平均需求的附加库存.例如,假定每季的平均需求量为 2 000 件,由于需求是不确定的,为了防止缺货,我们订购 2 200 件,则 200 件为安全库存.确定安全库存,

一般可以采用概率统计方法.

服务水平是指在提前期中,库存及时满足客户需求的概率.例如,95%的服务水平,是指现有的库存保证不出现缺货的概率为 95%.

假定需求量服从正态分布 $N(100, 20^2)$,平均需求量为 100,标准差为 20,如果订货批量为 100 单位,则出现缺货概率为 50%;如果订货批量为 120 单位(平均需求加一个标准差的量),查正态分布表,得概率为 0.84,即不出现缺货的概率为 84%.如果要达到 95%的服务水平,查表得应增加 1.64 倍标准差的订货批量,即订货批量为 $100 + 1.64 \times 20 = 132.8 \approx 133$ 单位,33 单位为安全库存.

(二) 再订货点实用计算公式

$$R = \bar{d}L + z\sigma_L.$$

其中,L 为提前期,$\bar{d}$ 为日平均需求,σ_L 为提前期内需求的标准差,z 为安全系数(标准差的倍数).

例 10-7 假定年需求量为 1 000 单位,经济订货批量 $Q = 200$ 单位,不出现缺货的概率 $P = 0.95$,提前期标准差 $\sigma_L = 25$ 单位,提前期 $L = 15$ 天.需求在工作日发生,该年度工作日为 250 天,计算再订货点.

解　$\bar{d} = \dfrac{1\,000}{250} = 4$,查正态分布表,得 $z = 1.64$.

$$R = 4 \times 15 + 1.64 \times 25 = 101 \text{(单位)}.$$

因此,当库存降到 101 单位时,就应再订购 200 单位.

(三) 定期订货模型

对于需求不确定的情况,由于定期订货模型在固定盘点期进行订货,因此缺货的可能性更大.甚至可能在整个盘点期和提前期内发生缺货,所以定期订货模型一般比定量订货模型需要更高的安全库存,以保证在盘点期和提前期(发出订单到收到货物)都不发生缺货.

使用安全库存的定期订货模型.在定期订货系统中,需求为随机变量,在盘点期 t 进行订货,安全库存 $= z\sigma_{t+L}$,成立下述关系式:

订货批量 = 盘点期和提前期的平均需求 + 安全库存 - 目前已有库存,

记作 $\qquad\qquad Q = \bar{d}(t+L) + z\sigma_{t+L} - I,$ $\qquad\qquad$ (10-17)

其中,Q 为订货批量,L 为生产提前期天数,$\bar{d}$ 为预测的日平均需求,t 为两次盘点期的时间间隔,z 为满足特定服务水平概率的标准差倍数,σ_{t+L} 为盘点期和提前期期间需求的标准差,I 为现有库存(包括已订而未到达数).

模型中需求量 $\bar{d}$ 可以用预测值,也可根据需要在每个盘点期进行修改,如果合适,可选择年平均值.需求周期、提前期等时间单位可以用日、周、月、年等,只要求式(10-17)中的时间单位保持一致.可以假定需求服从正态分布,z 值可通过查标准正态分布表得到.

例 10-8 某种产品的日需求量为 10 个单位,日需求的标准差为 3 个单位,盘点周期 30 天,提前期 14 天,管理部门的需求政策是库存以 98% 的概率满足需求,在盘点期开始时,有 150 单位的库存,求订购量.

解 $P = 0.98$,查表,得 $z = 2.05$,由于 $\sigma = 3$,σ_{t+L} 是一系列独立随机变量的总标准差,根据概率论知识,得到在 $t + L$ 期间的标准差为

$$\sigma_{t+L} = \sqrt{\sum_{i=1}^{t+L} \sigma_i^2} = \sqrt{(30+14)3^2} \approx 19.90.$$

因此,订货批量为

$$Q = \bar{d}(t+L) + z\sigma_{t+L} - I = 10(30+14) + 2.05 \times 19.9 - 150 = 331 (单位).$$

所以,要满足 98% 不出现缺货的概率,应当在盘点期订购 331 单位的产品.

 练习题

1. 简述库存管理首先要解决的问题,以及库存模型主要包括的基本模型.

2. 黄河汽车公司从供应商购进一种生产汽车发动机的零件,该公司每年这种零件的需求量为 18 000 个.假定每个零件的购买成本为 40 元,每个零件的年存储费用为购买成本的 15%,每次订货成本为 240 元,订货提前期为 5 天,不允许缺货,汽车公司全年生产运营时间为 250 天.试求最佳订货批量、最佳订货批次、再订货点、最佳订货周期(天)和年总费用.

3. 世纪图书公司计划出版一套新书,根据市场预测,该书每年需求稳定在 2 500 套,该书每套成本为 120 元,年存储成本为 9 元/本,每次启动生产的准备成本为 400 元,该书的生产能力为 90 套/天,年生产工作日为 250 天,一个批次图书的提前期为 5 天,不允许缺货.
   (1) 求最佳生产批量、一年生产批次数、最佳生产周期、最大库存量、年总成本、再订购点.
   (2) 若每批次书的生产量达到 1 000 套时,每套书的生产成本可降至 118 元,其他成本(生产准备成本、存储成本)不变,问世纪公司是否应采纳每批生产 1 000 套的方案?

4. 某电器公司生产电脑需要购买一种元器件,已知每月需求为 1 500 件,该元器件的成本为 180 元/件,每件的年存储成本为购买成本的 20%,每次的订货费用为 640 元,提前期为 3 天.该公司年生产工作日为 250 天.该公司决定采取允许缺货的库存策略,缺货成本为 64 元/件.

(1) 求经济订货批量、最大缺货量、订货周期、年总成本、再订购点.

(2) 如果不允许缺货,求经济订货批量和年总成本,并将年总成本与(1)进行比较.

5. 某百货店销售一款服装,其销量稳定在每3个月600件,生产商提供给百货店的批量订货折扣如下:订货量0~99件,每件36元;100~199件,每件32元;200~299件,每件30元;300~399件,每件28元,400件及以上,每件26元.假定每件服装的年库存成本为购买单价的20%,每次订货成本为30元,目前该百货店每次根据3个月的销量来订货,每次以最低价格每件26元订货600件.问:最佳订货批量为多少? 如果采用最佳订货批量订货,比百货店目前的订货策略能省多少钱?

6. 某商店在新年前订购一批日历批发销售,已知每批发售出100本日历可获利70元.如果日历在新年前销不出去,则每100本损失40元.根据以往经验,该商店的日历销售量及其概率如表10-2所示.

表 10-2

销售量 x/百本	0	1	2	3	4	5
概率 $P(x)$	0.05	0.10	0.25	0.35	0.15	0.10

如果该商店对日历只能提出一次订货,应订购多少本,才能使期望收益最大?

第十一章　启发式算法

> 鱼在于渚，或潜在渊.……
> 它山之石，可以攻玉.
> ——《诗经·小雅·鹤鸣》

　　进入 21 世纪，尽管人们已经可以让计算机完成一些过去无法想象的任务，但仍有许多复杂的实际问题得不到很好的解决，如问题难度随其规模呈指数增长的 NP（非确定性多项式时间）难题.其中，有著名的汉诺（Hanoi）塔问题、旅行商问题（TSP）等.当问题规模较大时，由于"组合爆炸"，计算机无法在现有的存储空间和有效的时间内求得问题的最佳答案.于是在实际应用中，为得到一个现实的解决方案，人们往往放弃获得问题的最优解，退而求其次，借助启发式（Heuristic）算法来获得较满意的解决方案.

　　启发式算法的研究源于 20 世纪 50 年代末，长期以来，已在运筹学中起着重要的作用，其主要应用领域是一些组合型问题.这类方法通常被理解为一种迭代法，但理论上并不追求是否收敛于问题的最优解.由于相当一部分组合优化问题不存在有效的收敛算法，即不存在一种在可接受的计算时间内收敛于所求结果的算法，因此，启发式算法就成了目前唯一可取的方法.此外，对于一些存在有效收敛算法的问题，启发式算法可用来加速求解的过程.自 20 世纪 70 年代初计算复杂性理论的建立，人们开始接受这样的观点：对于一些特殊优化问题来说，至少在可预见的将来，不太可能出现有效的求解算法.于是，在启发式算法方面，陆续出现了许多新的想法和思路.

拓展阅读

　　本杰明·富兰克林的启发式思想,被称作富兰克林规则:在复杂决策的情形中,首要的困难是所有需要考虑的优劣决策因素并非同时都能想到,而是一个一个出现在脑海中,最重要的决策因素也许根本就没有想到.因此,多样化的目的和偏好会交替占优,不确定性也困扰着我们.应对这个问题的方法是,在一张纸上用一条线将其分为左右两个部分,一侧写优点,另一侧写缺点.在三到四天的思考过程中,记下不同时间、不同动机下出现在脑海中赞成或者反对某个决策的因素.然后,将所有的因素放在一起,努力去估计它们的权重.当发现两侧有相同的两个因素时,就将它们删除;或者当一个正方的因素对应两个反方的因素时,将三个因素一起删除;如果两个反方因素与三个正方因素相等,则删除这五个因素.将这一过程继续下去,直至达到平衡状态.如果接下来的几天没有想到新的因素,那么就会据此作出决定.但是对每一个因素的权重很难给出精确的数学度量,尤其是在分别考虑每一个因素时.如果将所有的因素放在一起,就能判断哪个更重要.

第一节　启发式算法的基本概念

一、启发式算法的定义与设计

(一) 启发式算法的定义

　　启发式算法是相对于最优算法提出的,至今尚未有统一的定义,这里给出两种较常见的解释:

　　(1) 启发式算法是一种基于直观或经验构造的算法,在可接受的耗费(指计算时间、占用空间等)下给出待解决优化问题每一实例的一个可行解,该可行解与最优解的偏离程度未必可事先估计.

　　(2) 启发式算法是一种技术,该技术使得能在可接受的计算费用内去寻找尽可能好的解,但不一定能保证所得解的可行性和最优性,甚至在多数情况下,无法描述所得解与最优解的近似程度.

　　上述两个启发式算法的解释中,其共同特点是不考虑算法所得解与最优解的偏离程度.

(二) 启发式算法的设计

　　启发式算法的设计一般分为数学途径和工程途径:

　　(1) 数学途径.如果随着问题规模的增大,计算时间的增加速度不高于其多项式界限,则算法被认为是有效的,其好坏用最优解与启发式解的目标函数间的最大相对差来衡量,以 ε 为参数保证所得解对应的目标值不低于最优值的百分之 ε ,称为 ε-**最优**.这种数学途径能够用参数来体现最坏的情形,但是,至今只被用于相当简单的标准问题,而难以用来解决复杂的现实世界问题.

(2)工程途径从给定的问题开始,不预先规定最坏情形的界限,更倾向于直观、全局概念以及系统的测试和误差,因此,更适合求解实际问题.

二、启发式算法的策略

在利用启发式算法处理问题时,需要采用一定的策略.以下给出几种常用的策略,可以单独使用一种策略也可以几种策略结合使用.

(一)逐步构解策略

通常情况下,一个解向量由多个分量组成.在采用该策略时,设计某种规则,根据一定的顺序每次确定解的一个分量,直到产生解的所有分量为止.

(二)分解合成策略

在求解复杂的大规模问题时,可以首先将该问题分解为多个小规模的子问题,然后采用合适的方法按一定的次序求解每个子问题,根据子问题之间和子问题与原问题之间的关系(包含关系、平行关系和递阶关系等),将子问题的解作为下一个子问题的输入,或者根据相容原则对子问题的解进行综合,最后得到原问题的解.

(三)改进策略

首先从问题的一个或者多个初始解(初始解不一定要求为可行解)出发,然后对解的质量(如可接受性、可行性和目标函数值)进行评价,并设计某种规则对解进行改进,不断重复上述过程,直至得到满意解或者最优解为止.

(四)搜索学习策略

在算法迭代过程中,不断收集和利用新发现的搜索信息,调整不合适的拟定策略,建立新的搜索规则,并缩小搜索范围,以尽快产生符合问题要求的解.

三、启发式算法的分类

启发式算法可以分为经典启发式算法和现代启发式算法.

经典启发式算法,其基本原理是根据问题的部分已知信息来启发式地探索该问题的解决方案,在探索解决方案的过程中将发现的有关信息记录下来,不断积累和分析,并根据越来越丰富的已知信息来指导下一步的动作并修正以前的步骤,从而获得在整体上更好的解决方案.

现代启发式算法,又称元启发式算法或者智能优化算法,是人类通过对自然界现象的模拟和对生物智能的学习,提出的计算和搜索技术,吸收了生物进化、人工智能、数学、物理等多学科的思想、概念和方法,主要包括遗传算法(genetic algorithm,GA)、模拟退火(simulated annealing,SA)算法、禁忌搜索(tabu search,TS)算法、蚁群算法(ant algorithm,AA)、蚁群优化(ant colony optimization,ACO)算法、人工神经网络(artificial neural network,ANN),以及这些算法与其他启发式算法相结合而形成的混合型方法.这类算法可以弥补经典启发式算法只生成数量非常有限的解或算法而陷入质量不高的局部最优的缺陷.

第二节　经典启发式算法

一、贪婪经典启发式算法的基本思路

许多经典启发式算法都是基于贪婪搜索策略,要求每一次优化搜索后的目标函数值有所改进,重复上述过程直到目标函数值无法改进为止,并以当前解作为最终解.

贪婪启发式算法的基本思路是:将问题的求解过程看作是一系列选择,每次选择都是当前状态下的最好选择(局部最优解,即只注重目前的局部利益,不考虑全局和整体的利益).每作一次选择后,所求问题会简化为一个规模更小的子问题,从而通过每一步的局部解逐步到达整体解(可以是最优解,也可能不是最优解).

贪婪启发式算法不像单纯形算法那样有具体的计算步骤,而要对待求解问题进行具体分析,探讨问题和算法间的联系,并从中获得启发,设计求解问题的思路.下面,结合背包问题和旅行商问题分析如何采用贪婪启发式算法求解问题.

二、经典启发式算法的求解步骤

(一) 背包问题

最常见的背包问题是 0-1 背包问题,可描述为:给定 n 个物品和一个背包,每个物品 j 的重量为 w_j、价值为 $p_j(j=1,2,\cdots,n)$,背包能容纳的物品重量为 c,要求从这 n 个物品中选出若干件放入背包,使得放入物品的总重量不超过 c,且总价值达到最大.

令变量

$$x_j = \begin{cases} 0, & \text{不携带物品 } j; \\ 1, & \text{携带物品 } j. \end{cases} \quad (j=1,2,\cdots,n).$$

则 0-1 背包问题可写成如下的 0-1 整数线性规划形式:

$$\max Z = \sum_{j=1}^{n} p_j x_j.$$

$$\text{s.t.} \begin{cases} \sum_{j=1}^{n} w_j x_j \leqslant c, \\ x_j \in \{0,1\}, \quad (j=1,\cdots,n). \end{cases}$$

在求解背包问题时,令 $e_j = p_j/w_j$ 表示物品 j 的价值密度,并规定的 p_j、w_j 和 c 都为

正数,先作如下处理:

(1) 移除 $w_j > c$ 的物品.

(2) 若所有物品的 w_j 之和 $\leqslant c$,则所有物品均可装入,问题已不用求解.

(3) 将物品按价值密度 $e_j = p_j / w_j$ 非增排序.

$$\frac{p_1}{w_1} \geqslant \frac{p_2}{w_2} \geqslant \cdots \geqslant \frac{p_n}{w_n}.$$

综上所述,贪婪启发式算法求解 0-1 背包问题的步骤如下:

Step 1. 将各物品按价值密度由高到低排序.

Step 2. 选择价值密度值最高者放入背包.

Step 3. 计算背包剩余重量.

Step 4. 在剩余物品中取价值密度最高者放入背包.

Step 5. 放入物品的总重量达到最大重量限制,则算法终止.

这里,以一个具体算例说明其求解过程.

例 11-1 在背包问题中,$n=4$,$(w_j)=(40,30,10,30)$,$(p_j)=(200,180,30,120)$,$c=95$.

解 根据价值密度 p_j / w_j 的大小对这 4 个物品进行降序排序,结果为 2、1、4、3. 第一步,将第 2 个物品装入背包中,背包剩余重量为 55;第二步,将第 1 个物品装入背包中,背包剩余重量为 25;第三步,将第 4 个物品装入背包中,背包剩余重量为 15,此时背包剩余重量小于第 3 个物品重量,算法停止. 该背包问题的最优解为 $x_1^* = x_2^* = x_4^* = 1$,$x_3^* = 0$,最优值 $z^* = 410$.

该贪婪启发式算法求解背包问题时,采用了逐步构解策略,方法本身并不保证一定能获得全局最优解,但本例中得到的恰好是最优解.

(二) 旅行商问题

旅行商问题,也称货郎担问题或旅行推销员问题,是运筹学中一个著名的问题,其一般提法为:有一个旅行商从城市 1 出发,需要到城市 $2,3,\cdots,n$ 去推销货物,每个城市只经过一次,最后返回城市 1,若任意两个城市间的距离已知,则该旅行商应如何选择其最短行走路线?

记 $G=(V,E)$ 为赋权图,$V=\{1,2,\cdots,n\}$ 为顶点集,E 为边集,各顶点间的距离 d_{ij} 已知($d_{ij}>0$,$d_{ii}=\infty$;$i,j \in V$). 设

$$x_{ij} = \begin{cases} 1, & \text{若}(i,j)\text{在回路路径上;} \\ 0, & \text{其他.} \end{cases}$$

则经典的旅行商问题可写为如下的数学规划模型:

$$\min Z = \sum_{i=1}^{n} \sum_{j=1}^{n} d_{ij} x_{ij}.$$

$$\text{s.t.} \begin{cases} \sum_{j=1}^{n} x_{ij} = 1, & i \in V; \\ \sum_{i=1}^{n} x_{ij} = 1, & j \in V; \\ \sum_{i \in S} \sum_{j \in S} x_{ij} \leqslant |S| - 1, & \forall S \subset V, 2 \leqslant |S| \leqslant n-1; \\ x_{ij} \in \{0,1\}. \end{cases}$$

其中,$|S|$ 为集合 S 中所含图 G 的顶点数.前两个约束意味着对每个点而言,仅有一条边进和一条边出;第三个约束则保证了没有任何子回路解的产生.于是,满足所有约束的解构成了一条哈密顿(Hamilton)回路.

这里以一个具体算例,说明采用改进策略设计贪婪启发式算法.

例 11 - 2 求解有 7 个城市的旅行商问题,分别用 A、B、C、D、E、F 和 G 表示 7 个城市,对应位置坐标:$(10,23)$,$(0,13)$,$(1,0)$,$(21,2)$,$(14,3)$,$(11,6)$,$(10,10)$.

解 首先构造一个初始可行解.例如,如图 11 - 1 所示,以 A 点为起点(也可以取其他点为起点)的一条哈密顿回路为 AFCGDBEA,路径总长度为 114.50.

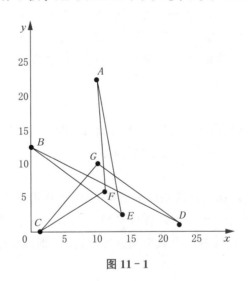

图 11 - 1

采用两元素优化(2-opt)方法对初始解进行改进,算法产生的最优哈密顿回路为 ABCDEFGA,如图 11 - 2 所示,路径总长度为 75.48.

这里,2-opt 方法是一种局部搜索算法,对给定的初始回路解,每次交换两条边来进行改进.该启发式算法并不保证一定得到最优解,但本例中获得的恰好是最优解.

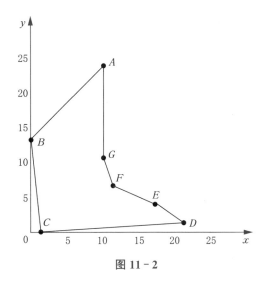

图 11 - 2

第三节 现代启发式算法

这一节,主要讨论遗传算法、模拟退火算法、禁忌搜索算法和蚂蚁算法这四种典型的现代启发式算法.

一、遗传算法

(一) 遗传算法的基本思想

遗传算法是一种(或者说一类)遵循生物进化理论中"自然选择、适者生存"原则的搜索(寻优)算法,其基本思想源于生物学的自然选择原理和遗传机制,用模拟生命进化的方式来寻找问题的最优解.遗传算法由约翰·霍兰德(John Holland)等人在 1975 年提出,获得了广泛的应用,尤其是在人工智能领域,取得了极大的成功,为解决许多复杂困难问题提供了强有力的处理办法.但是,遗传算法也存在自身的缺点,如进化过程缓慢、对约束的处理缺乏有效手段.

遗传算法用于解决优化问题时,其主要特征包括:

(1) 不在单点上寻优,而是从整个种群中选择生命力强的个体来产生新的种群.

(2) 使用随机转换原理而不是确定性规则来工作.

(二) 遗传算法的基本算子

遗传算法对群体的操作包括以下三个基本算子:

1. 选择(selection)

选择,又称复制,是指从当前群体中选择适应度函数值大的个体,使这些优良个体有可能作为父代来繁殖下一代.选择操作直接体现了"适者生存、优胜劣汰"的原则.在该阶段,个体的适应度函数值越大,被选择作为父代的概率也越大;个体的适应度函数值越小,被淘汰的概率也越大.

2. 交叉(crossover)

在生物进化中,两个个体通过交叉互换染色体部分基因而重组产生新个体.在遗传算法中,交叉是产生新解的重要操作.要进行交叉操作,首先需要解决配对问题,采用随机配对是最基本的方法.

一般地,对二进制编码的个体采用点交叉方法.点交叉是指在两个配对字符串随机选择一个或多个交叉点,互换部分子串从而产生新的字符串.如果只选择一个交叉点,则称为单点交叉.依此类推,还有两点交叉,以及多点交叉.

3. 变异(mutation)

在生物进化中,由于偶然因素,染色体某个(些)基因会发生突变,从而产生新的染色体.在遗传算法中,变异是产生新解的另一种操作.交叉操作相当于进行全局探索,变异操作则相当于进行局部开发,而全局探索和局部开发是智能优化算法必备的两种搜索能力.对二进制编码的染色体进行变异操作,相当于进行补运算,即将字符 0 变为 1,或将字符 1 变为 0.

(三) 遗传算法的主要步骤

遗传算法在具体实施中有各种变形和修正,但基本框架大致类似,其主要步骤可描述为:

Step 1. 产生初始群体.

Step 2. 计算每个个体适应度函数值.

Step 3. 选择进入到下一代群体中的个体.

Step 4. 两两配对的个体进行交叉操作以产生新个体.

Step 5. 新个体进行变异操作.

Step 6. 将群体中迄今出现的最好个体直接复制到下一代中(精英保留策略).

Step 7. 反复执行 Step 2 到 Step 6,直到满足算法终止条件.

在遗传算法中,交叉和变异算子有许多种类,至今未形成公认的最佳形式,只能依具体的问题实例而定.若每遗传一代都保留当前解组中的最好解,则整个解组(种群)的平均质量就能向优生的方向进化.一般地,将收敛条件定为遗传代数,在实际应用中更具可操作性,可以人为控制.

用遗传算法解决实际问题通常包括以下 5 个方面的重要内容:① 问题解的表示;② 初始解组的生成;③ 评价函数、适应度函数的表示;④ 遗传操作;⑤ 有关参数的确定,如解组规模、实行遗传操作的概率.

(四) 范例

1. 二进制编码法

例 11-3 求解 Max $Z=x^2, x\in[0,31], x$ 为整数.

解 (1) 采用 5 位二进制编码表示 $[0,31]$ 上的整数.

由于变量最大值是 31,故可采用 5 位二进制编码表示,如:10 000→16,11 111→31, 01 001→9,00 010→2.

上述编码称为**染色体**,每个二进制位称为**基因**.

(2) 产生初始种群.

现随机取 4 个染色体构成一个群组:

$$x_1=(00\ 000), x_2=(11\ 001), x_3=(01\ 111), x_4=(01\ 000).$$

适应度函数可根据目标函数而定,现采用 $\text{fitness}(x)=f(x)=x^2$.

于是,$\text{fitness}(x_1)=0$, $\text{fitness}(x_2)=25^2=625$, $\text{fitness}(x_3)=15^2=225$, $\text{fitness}(x_4)=8^2=64$.

定义第 i 个个体入选种群的概率 p_i 为

$$p_i=\frac{\text{fitness}(x_i)}{\sum\limits_{j=1}^{n}\text{fitness}(x_j)}.$$

其中,n 表示群体规模.

则各个体的选择概率为:$p_1=0, p_2=625/914=0.68, p_3=225/914=0.25, p_4=64/914=0.07$.

基于选择概率定义累积概率,第 i 个个体的累积概率 q_i 为

$$q_i=\sum_{j=1}^{i}p_j.$$

(3) 采用轮盘赌算法,确定被选中的个体.随机生成在 0 到 1 之间服从均匀分布的随机数 r,当 $q_{i-1}<r\leqslant q_i$ 时,选择个体 i.重复上述步骤 n 次,就可以选择 n 个个体.

经过计算,x_2 被选中 2 次,x_3 和 x_4 各被选中 1 次.

现对新群体进行如下交叉操作:

$$\left.\begin{aligned}x_2&=(11\,|\,001)\\x_3&=(01\,|\,111)\end{aligned}\right\}\quad\left\{\begin{aligned}y_1&=(11\,|\,111)\\y_2&=(01\,|\,001)\end{aligned}\right.$$

$$\left.\begin{aligned}x_2&=(11\,|\,001)\\x_4&=(01\,|\,000)\end{aligned}\right\}\quad\left\{\begin{aligned}y_3&=(11\,|\,000)\\y_4&=(01\,|\,001)\end{aligned}\right.$$

该过程是将 x_2 与 x_3 第二个位置以后的基因进行互相交换,而前两个基因保持不变;将 x_2 与 x_4 第二个位置以后的基因进行互相交换,而前两个基因也保持不变.这样就得到 4 个新个体 y_1、y_2、y_3 和 y_4,若 y_4 的第一个基因发生变异,则有 $y_4 = (11\,001)$.此时,y_1 对应的整数解为 31,算法已经找到最优解.

若结果不满足要求,可以按这种方式操作下去,并将适应值小的个体淘汰而保留适应值大的个体,从而可达到优化的效果.

2. 路径表示法

用 GA 解 TSP 时可以将距离(旅行费用)作为适应值函数,但困难之处在于表示方案和遗传算子的设计.一般认为用二进制编码来表示 TSP 回路的效果较差,其他常用方法包括:近邻表示法、序表示法、路径表示法、边表示法等.

路径表示法是一种最自然的表示方案.例如,对于 9 个城市的 TSP 问题,可将回路 1→2→4→3→9→7→8→6→5 简单地表示为 $(1,2,4,3,9,7,8,6,5)$.

在该方法中,各基因是按一定顺序排列的城市编号的组合.在计算过程中,只取部分的基因组作为初值,然后沿进化方向繁殖子代,这样,计算量可大大减少,而问题的适应度则是以基因组合的最短路程为结果.具体步骤为:

Step 1. 随机组成 M 个个体,每个个体由 N 个基因组成,表示一条 TSP 路径.

Step 2. 计算每个个体的路长,作为相应的评价函数值.

Step 3. 比较评价函数值并排序,进入选择阶段.

Step 4. 在选择阶段中,对路长最佳的个体进行复制,删除差的个体.

Step 5. 进行交叉和变异,具体操作为:① 将某个个体所代表的路径中的城市次序颠倒,每次只颠倒一部分;② 对换两个城市之间的位置.然后转 Step 2.

上述算法中采用的遗传操作未考虑选择概率的因素,每次迭代后只对路长较优的个体进行复制、交叉和变异.城市按十进制编码,即每个个体都是一个十进制串.子代存活的条件为优于父代中的最差解.算法终止条件为解组中的各个解都无优劣或有一个解满足小于设定值的条件.

例 11-4 求解 5 个城市的对称旅行商问题:

$$D = \begin{bmatrix} \infty & 10 & 15 & 6 & 2 \\ 10 & \infty & 8 & 13 & 9 \\ 15 & 8 & \infty & 20 & 15 \\ 6 & 13 & 20 & \infty & 5 \\ 2 & 9 & 15 & 5 & \infty \end{bmatrix}$$

解

(1) 构造初始群组.

$p_1 = \{1,2,3,4,5\}$,$p_2 = \{2,1,4,3,5\}$,$p_3 = \{1,3,4,2,5\}$,$p_4 = \{3,4,5,1,2\}$.

(2) 计算评价函数值.

$$f(p_1) = 10 + 8 + 20 + 5 + 2 = 45,$$

$$f(p_2) = 10 + 6 + 20 + 15 + 9 = 60,$$

$$f(p_3) = 15 + 20 + 13 + 9 + 2 = 59,$$

$$f(p_4) = 20 + 5 + 2 + 10 + 8 = 45,$$

(3) 比较评价函数值并排序,进行选择后得:

$$p_1, \quad p_4, \quad p_3, \quad p_2.$$

(4) 复制与删除.

删除 p_3、p_2,保留 p_1、p_4 并依次复制到 p_1、p_2,得

$$p_1 = \{1, 2, 3, 4, 5\}, \quad p_2 = \{3, 4, 5, 1, 2\},$$

$$f(p_1) = 10 + 8 + 20 + 5 + 2 = 45, f(p_2) = 20 + 5 + 2 + 10 + 8 = 45$$

(5) 交叉与变异.

① 交叉算子.对个体 p_1、p_2,交叉点为 2 和 4,交叉位置以"|"标记,则有

$$p_1 = \{1, |2, 3, 4, |5\}, p_2 = \{3, |4, 5, 1, |2\}.$$

按下述方式产生后代:

首先,将交叉点之间的片段拷贝到后代里:

$$o_1 = (\#, |2, 3, 4, |\#), \quad o_2 = (\#, |4, 5, 1, |\#).$$

其中,"#"表示待定.

为得到后代 o_1,我们只需要移走 p_2 中已在 o_1 中的城市 2、3 和 4 后,得到 5→1,并将该序列顺次放在 o_1 中,并令

$$p_3 = o_1 = (5, |2, 3, 4, |1), \quad f(p_3) = f(o_1) = 9 + 8 + 20 + 6 + 2 = 45.$$

类似地,为得到后代 o_2,只需移走 p_1 中已在 o_2 中的城市 4、5 和 1 后,得到 2→3,并将该序列顺次放在 o_2 中,并令

$$p_4 = o_2 = (2, |4, 5, 1, |3), \quad f(p_4) = f(o_2) = 13 + 5 + 2 + 15 + 8 = 43.$$

比较评价函数值并排序,得:

$$p_4, \quad p_1, \quad p_2, \quad p_3.$$

删除 p_2、p_3,保留 p_4、p_1 并依次复制到 p_1、p_2,得

$$p_1 = \{2, 4, 5, 1, 3\}, \quad p_2 = \{1, 2, 3, 4, 5\}.$$

$$f(p_1) = 13 + 5 + 2 + 15 + 8 = 43, \quad f(p_2) = 10 + 8 + 20 + 5 + 2 = 45.$$

② 变异算子.采用倒置变异,即在染色体上随机地选择两点,将两点间的子串反转.例如,对原个体

$$p_1=\{2,4,5,1,3\}, \quad p_2=\{1,2,3,4,5\},$$

随机选择两点:$p_1=\{2,4,|5,1,|3\}, p_2=\{1,|2,3,|4,5\}$,

倒置后得个体:$p_3=\{2,4,|1,5,|3\}, p_4=\{1,|3,2,|4,5\}$,

$$f(p_3)=13+6+2+15+8=44, \quad f(p_4)=15+8+13+5+2=43.$$

比较评价函数值并排序,得:

$$p_1, \quad p_4, \quad p_3, \quad p_2.$$

删除 p_3、p_2,保留 p_1、p_4,并依次复制到 p_1、p_2,得

$$p_1=\{2,4,5,1,3\}, \quad p_2=p_4=\{1,3,2,4,5\}.$$

$$f(p_1)=13+5+2+15+8=43, \quad f(p_2)=15+8+13+5+2=43.$$

(6) 可对得到的 p_1、p_2 继续前述运算.若在此时结束计算,则得到的解为

$$p_1=\{2,4,5,1,3\}, \quad f(p_1)=43.$$

即此时的 TSP 回路为$\{2,4,5,1,3\}$,回路总长为 43.

二、模拟退火算法

(一) 模拟退火算法的基本思想

模拟退火算法的思想最早由(Metropolis)于 1953 年提出,(Kirkpatrick)在 1983 年成功地将其应用于组合最优化问题中.

模拟退火算法源自物理学,其出发点是将组合优化问题与统计力学的热平衡作类比,把优化的目标函数视作能量函数,模拟物理学中固体物质的退火处理,先加温使之具有足够高的能量,然后再逐渐降温,其内部能量也相应下降,在热平衡条件下,物体内部处于不同状态的概率服从玻尔兹曼(Boltzmann)分布,若退火步骤恰当,则最终会形成最低能量的基态.在求解优化问题时,该算法不但接受对目标函数(能量函数)有改进的状态,还以某种概率接受使目标函数恶化的状态,从而可使之避免过早收敛到某个局部极值点,也正是这种概率性的扰动,使之能够跳出局部极值点.

(二) 模拟退火算法的主要过程

模拟退火法的主要过程可用如下的伪码表示:

```
Begin
    t ← 0
    随机选取一个当前点 v_c
    评估 v_c
    Repeat
```

```
        n ←0
        Repeat
            在 v_c 邻域内选择一新点 v_n
            if f (v_c) < f (v_n)   then v_c←v_n
            else if random(0,1)<e^((f(v_n)-f(v_c))/T)   then   v_c←v_n
            n ←n + 1
        Until n = N (t)
        T ← T (t)
        t ← t + 1
    Until   停机判别条件满足
End
```

其中，$T(t)$ 为降温函数，$N(t)$ 为邻域状态生成函数，其作用是产生反复次数.

降温函数和邻域状态生成函数的常用形式包括：$T(t)=C$；$T(t)=T(t-1)+C$；$T(t)=\alpha(t)T(t-1),\alpha(t)<1$；$T(t)=C/\ln(t+1)$；$N(t)=C$；$N(t)=N(t-1)+C$；等等.其中，$C$ 为常数.

停机判别条件可选择：① 达到一定的降温次数；② 温度低于给定的最低温度；③ 目标函数无改进；等等.

初始温度可选取目标函数在定义域上的上下限之差（或其大致估计值）.

由于模拟退火算法是一个通用型方法，因此，原则上它可以求解各种优化问题.在具体实施上，亦有许多变形和扩展，如降温函数的选取、邻域的生成方式、约束的处理、有关函数的设定.模拟退火算法所得解的好坏与初始状态、温度函数等都有一定的联系，降温较快的，效果不一定好；效果好的，其降温过程又极其缓慢.但由于该方法适用范围广，并可人为控制迭代次数，反复求解，因此具有较强的实用性.

自模拟退火算法提出以来，人们作了各种改进尝试，如加温退火法、带记忆模拟退火算法、带返回搜索模拟退火算法、多次寻优法、回火退火法、并行模拟退火算法，从速度和效果上提高了算法性能.由于模拟退火算法在运行时只保留一个当前解，虽然理论上已证明，在一定条件下算法原则上可以收敛到全局最优解，但应用中往往受时间的限制仅能得到一个近似最优解，因此，为使这种近似解的优化程度有所提高，可将模拟退火算法与其他一些启发式算法结合使用，如与遗传算法、禁忌搜索法等思想结合.

目前，用模拟退火法进行求解的典型优化问题有：旅行商问题、背包问题、独立集问题、图着色问题、排序问题、选址问题、权匹配问题及多目标问题等；此外，还可用于求解连续型的优化问题.

（三）范例

微视频

例 11-5 *求解旅行商问题*

根据标准问题库 TSPLIB 的算例 ulysses 16，共有 16 个城市，城市序号分别用 1~16   求解过程

表示,对应位置的坐标分别为:

$$(38.24,20.42),(39.57,26.15),(40.56,25.32),(36.26,23.12),$$
$$(33.48,10.54),(37.56,12.19),(38.42,13.11),(37.52,20.44),$$
$$(41.23,9.10),(41.17,13.05),(36.08,5.21),(38.47,15.13),$$
$$(38.15,15.35),(37.51,15.17),(35.49,14.32),(39.36,19.56).$$

解　采用运筹学—管理科学集成软件包,迭代 100 次,可得到问题的解为:

初始回路总长＝107,改进回路总长＝69,回路路径＝{8,4,2,3,16,12,7,6,10,9,11,5,15,14,13,1}.

三、禁忌搜索算法

(一) 禁忌搜索算法的基本思想

美国系统科学家格洛弗(F.Glover)在 1986 年首次提出禁忌搜索概念,进而形成一套完整的优化算法.禁忌搜索算法的基本思想相当简单,它采用一种"记忆装置",驱使算法去探索解空间的新区域、避免重复已做过的搜索工作,在具体操作中使用禁忌表来记录已经到达过的局部最优点,使得在以后一段时期的搜索中,不再重复搜索这些解,以此来跳出局部极值点.

禁忌搜索中被禁止的元素依靠不断演变的存储来接受其状态,这种存储允许元素的禁忌状态根据时间和环境来变化.

与模拟退火算法相比,禁忌搜索算法是一种更通用的邻域搜索算法,它采用了类似爬山法的移动原理,将最近若干步内所得到的解储存在禁忌表中,从而强制避免重复搜索表中的解.如果说遗传算法开创了在解空间中从多出发点搜索问题最优解的先河,禁忌搜索算法则是首次在搜索过程中使用了记忆功能,它们在求解各种实际应用问题中都取得了相当的成功.

(二) 禁忌搜索算法的基本流程

以函数 $f(x)$ 的极小化为例,给出禁忌搜索算法的基本流程:

Step 1. 生成初始可行解 x,

禁忌表 $T \leftarrow \varnothing, x* \leftarrow x, f(x*) \leftarrow \infty$,

破禁水平函数 $A(s,x) \leftarrow f(x*), k \leftarrow 0$,

这里 s 为某次邻域移动,$s \in S(x)$.

邻域移动

Step 2. 若 $T = S(x)$,则停止计算,输出当前最佳结果,否则,$k \leftarrow k+1$.

Step 3. 若 $k >$ 最大迭代次数,则停止计算,输出当前最佳结果.

Step 4. 按选择策略,从当前可移动集合 $S(x)$ 中选取非禁忌移动以产生新解 x'.

Step 5. 若 $f(x') < A(s,x)$,更新破禁水平:$A(s,x) \leftarrow f(x'), x \leftarrow x'$.

Step 6. 若 $f(x) < f(x*)$,则更新 $x* \leftarrow x$;

Step 7. 更新禁忌表 T ,转 Step 2.

(三) 禁忌搜索算法的相关参数

与遗传算法、模拟退火法类似,禁忌搜索算法的运行效果也在很大程度上受参数影响.

1. 禁忌对象、长度和候选集

禁忌对象是禁忌表中被禁的变化元素,可选取以下三种:解状态及其变化、解状态分量及其变化和目标值变化.禁忌长度是禁止对禁忌表中所记录状态进行改变的迭代次数.候选集是当前邻域中的解的集合.

在算法的构造和计算过程中,一方面要求占用尽量少的内存,即禁忌长度、候选集尽可能小;另一方面,禁忌长度过小会造成搜索的循环,候选集过小会造成过早陷入局部最优.因此,它们的选取同实际问题、试验和设计者的经验有紧密联系.

2. 破禁水平

破禁水平(aspiration level),又称藐视准则、破忌条件、特赦规则等,是指在禁忌搜索算法的迭代过程中,候选集中的全部对象或某一对象会被禁忌,如果解禁某些禁忌对象可使其目标值会有较大改善,则为达到全局最优,可让这些禁忌对象重新可选.

3. 记忆频率

在计算过程中,记忆一些信息对解决问题是有利的.例如,一个最好目标值出现的频率很高,则可推测现有参数下的算法可能无法再得到更好的解,因为重复的次数过高,有可能出现多次循环.此时,可以记忆解集合、有序被禁对象组、目标值集合等的出现频率.

4. 停止规则

禁忌搜索算法的停止规则通常有两种,一种是将最大迭代次数作为停止算法的标准;另一种是在给定次数的迭代内所发现的最好解无法改进或无法跳出时,停止计算.

禁忌搜索算法自提出以来,已陆续应用到旅行商问题、二次分配问题、工件排序问题、车辆路径问题、电路设计问题、图着色问题、背包问题等许多传统的优化难题中.例如,20 世纪 90 年代时,该算法曾成功地求解过有几十万个顶点的大型旅行商问题.目前,禁忌搜索算法已与神经网络、模拟退火法、遗传算法以及更为新颖的蚂蚁算法等都进行了有机结合,形成了强有力的混合型启发式算法.此外,各种变形的、特殊的禁忌搜索算法也在陆续提出和应用,如,用于欧氏旅行商问题的增量禁忌搜索算法等等.

(四) 范例

例 11 - 6　求解例 11 - 2 中的旅行商问题.

解　将 5 个顶点依次记为 A、B、C、D、E.禁忌对象为简单的解变化,禁忌表 H 只记忆三个被禁的解,即禁忌长度为 3.解的邻域采用 2-交换法,即交换解序列中某 2 个点以构成新的解序列.

第 0 步:

初始解 $x^0 = (ABCDE)$,$f(x^0) = 45$;

$x^{now} = x^0$;从当前邻域中选出最佳的五个解构成候选集 $Can\_N(x^{now})$.

第 1 步：

$x^{\text{now}}=(ABCDE)$，$f(x^{\text{now}})=45$，$H=\varnothing=\{\ \}$，$\text{Can\_N}(x^{\text{now}})=\{(ABCDE;45),(ACBDE;43),(ADCBE;45),(ABEDC;59),(ABCED;44)\}$；由于禁忌表 H 为空，因此，从候选集中选出最好的一个，并将其加入禁忌表，$x^{\text{next}}=(ACBDE)$，$H=\{(ACBDE;43)\}$.

第 2 步：

$x^{\text{now}}=(ACBDE)$，$f(x^{\text{now}})=43$，$H=\{(ACBDE;43)\}$，$\text{Can\_N}(x^{\text{now}})=\{(ACBDE;43),(ACBED;43),(ADBCE;44),(ABCDE;45),(ACEDB;58)\}$；由于$(ACBDE;43)$在禁忌表受禁，所以选 $x^{\text{next}}=(ACBED)$，并将其加入禁忌表，得 $H=\{(ACBDE;43);(ACBED;43)\}$.

第 3 步：

$x^{\text{now}}=(ACBED)$，$f(x^{\text{now}})=43$，$H=\{(ACBDE;43);(ACBED;43)\}$，$\text{Can\_N}(x^{\text{now}})=\{(ACBED;43),(ACBDE;43),(ABCED;44),(AEBCD;45),(ADBEC;58)\}$；由于 $H=\{(ACBDE;43);(ACBED;43)\}$受禁，所以选 $x^{\text{next}}=(ABCED)$，并将其加入禁忌表，得 $H=\{(ACBDE;43);(ACBED;43);(ABCED;44)\}$.

第 4 步：

$x^{\text{now}}=(ABCED)$，$f(x^{\text{now}})=44$，$H=\{(ACBDE;43);(ACBED;43);(ABCED;44)\}$，$\text{Can\_N}(x^{\text{now}})=\{(ACBED;43),(AECBD;44),(ABCDE;45),(ABCED;44),(ABDEC;58)\}$；由于 $H=\{(ACBDE;43);(ACBED;43);(ABCED;44)\}$受禁，所以选 $x^{\text{next}}=(AECBD)$，此时 H 中已达 3 个解，新加入禁忌表的解须替代最早被禁的解，得 $H=\{(ACBED;43);(ABCED;44);(AECBD;44)\}$.

第 5 步：

$x^{\text{now}}=(AECBD)$，$f(x^{\text{now}})=44$，$H=\{(ACBED;43);(ABCED;44);(AECBD;44)\}$，$\text{Can\_N}(x^{\text{now}})=\{(AEDBC;43),(ABCED;44),(AECBD;44),(AECDB;44),(AEBCD;45)\}$；由于 $H=\{(ACBED;43);(ABCED;44);(AECBD;44)\}$受禁，所以选 $x^{\text{next}}=(AEDBC)$，此时 H 中已达 3 个解，新加入禁忌表的解须替代最早被禁的解，得 $H=\{(ABCED;44);(AECBD;44);(AEDBC;43)\}$.

若此时停止，则将整个过程中遇到的最好解作为最终解输出.

四、蚂蚁算法

（一）蚂蚁算法的基本思想

蚂蚁算法或蚁群优化是一种仿生类算法,作为通用型随机优化方法,它吸收了蚂蚁的行为特性,通过其内在的搜索机制,在一系列困难的组合优化问题求解中取得了成效.

据昆虫学家的观察和研究,发现生物世界中的蚂蚁有能力在没有任何可见提示下找出从其巢穴至食物源的最短路径,并且能随环境的变化而变化,适应性地搜索新的路线,产生新的选择.作为昆虫的蚂蚁在寻找食物源时,能在其走过的路径上释放一种蚂蚁特有的分泌物——信息素(pheromone),使得一定范围内的其他蚂蚁能够察觉到并由此影响它们以后的行为.当一些路径上通过的蚂蚁越来越多时,其留下的信息素轨迹(trail)也越来越多,以致信息素强度增大(当然,随时间的推移会逐渐挥发减弱),后来蚂蚁选择该路径的概率也越高,从而更增加了该路径的信息素强度,这种选择过程被称为蚂蚁的自催化行为(autocatalytic behavior).由于其原理是一种正反馈机制,因此,也可将蚂蚁王国(ant colony)理解成增强型学习系统(reinforcement learning system).

　　自从蚂蚁算法在著名的旅行商问题和二次分配问题上取得成效以来,已陆续渗透到其他问题领域中,如:工件排序问题、图着色问题、车辆调度问题、大规模集成电路设计、机器人、通信网络中的负载平衡问题.这种来自自然界的随机搜索寻优方法目前已在许多方面表现出良好的性能,它的正反馈性和协同性使之可用于分布式系统,其隐含的并行性更是具有极强的发展潜力,其求解的问题领域也在进一步扩大,如一些约束型问题和多目标问题.自 1998 年于比利时布鲁塞尔召开了第一届蚂蚁优化国际研讨会以来,该主题已常常被列入一些国际性学术会议(尤其是人工智能领域)的专题研讨中,并由此使得这种带有构造性特征的搜索方法产生了广泛的影响和应用.

　　(二) 蚂蚁算法的运行机制

　　形象化地图示蚂蚁算法的运行机制,如图 11-3 所示.

　　假定障碍物的周围有两条道路可从蚂蚁的巢穴(Nest)到达食物源(Food),分别为 Nest-ABD-Food 和 Nest-ACD-Food,长度分别为 4 和 6.蚂蚁在单位时间内可移动一个单位长度的距离.开始时所有道路上都未留有任何信息素.

　　在 $t=0$ 时刻,20 只蚂蚁从巢穴出发移动到 A.它们以相同概率选择左侧或右侧道路,因此平均有 10 只蚂蚁走左侧,10 只走右侧.

　　在 $t=4$ 时刻,第一组到达食物源的蚂蚁将折回.

　　在 $t=5$ 时刻,两组蚂蚁将在 D 相遇.此时 BD 上的信息素数量与 CD 上的相同,因为各有 10 只蚂蚁选择了相应的道路.从而有 5 只返回的蚂蚁将选择 BD 而另 5 只将选择 CD.

　　在 $t=8$ 时刻,前 5 只蚂蚁将返回巢穴,而 AC、CD 和 BD 上各有 5 只蚂蚁.

　　在 $t=9$ 时刻,前 5 只蚂蚁又回到 A 并且再次面对往左还是往右的选择.这时,AB 上的轨迹数是 20 而 AC 上是 15,因此将有较多的蚂蚁选择往左,从而增强了该路线的信息素.

　　随着该过程的继续,两条道路上信息素数量的差距将越来越大,直至绝大多数蚂蚁都选择了最短的路线.

　　正是由于一条道路要比另一条道路短,因此,在相同的时间区间内,短的路线会有更多的机会

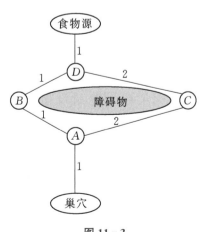

图 11-3

265

被选择.例如,在 96 个时间单元中,短的路线将会被一个蚂蚁走过 12 次,而长的路线仅仅走过 8 次.

第四节　补充阅读材料——其他现代优化思想与方法

一、人工神经网络

1982 年,美国生物物理学家霍普菲尔德(Hopfield)提出人工神经网络(artificial neural network,ANN)模型,被认为是一个重大突破.此后,霍普菲尔德等人于 1985 年用 ANN 求解旅行商问题获得成功,引起了极大的关注.

人工神经网络方法用于优化问题的思想是通过对神经网络引入适当的能量函数,使之与问题的目标函数相一致来确定神经元之间的联结权,随着网络状态的变化,其能量不断减少,最后达到平衡时,即收敛到一个局部最优解.但是,这种算法在求解中很有可能陷入在解空间中作无目标的周游或者落到许多局部最小点中的某一点上,尽管可以适当修正李亚普诺夫(Liapunov)函数,但一些根本性的困难仍很难消除.

ANN 可用数值方法进行软件模拟,亦可用硬件电路实现.人们已经用其尝试求解过的组合优化问题有:旅行商问题、图划分问题、点覆盖问题、独立集问题、最大团问题、匹配问题、图同构问题、图着色问题、分配问题、作业调度问题,等等.虽然 ANN 方法取得了一定的成功,但就一般实际问题而言,目前尚无法与其他近似算法相比,除非研制出专门的硬件产品,因此,该算法的适用范围很可能是一些局限性较强的特殊或专门问题领域.但是,ANN 与其他方法(如模拟退火算法)的结合也确实产生了一些新型的神经网络,而混沌理论中分叉思想的引入,又使得人们对优化过程中的非线性动力学机制有了清醒的认识,毫无疑问,ANN 方法正在步入一个新的层次和境界.

二、粒子群优化

粒子群优化(particle swarm optimization,PSO)或微粒群算法是一种基于群集智能(swarm intelligence)方法的演化计算(evolutionary computation)技术,同遗传算法类似,属于群体(population)型的优化工具.其寻优思想为:将系统初始化为一组随机解,再通过迭代搜寻最优解,其中,并没有遗传算法所用的交叉、变异等操作,而是借助粒子(潜在的解)在解空间中追随当前最佳粒子进行搜索的方式来进行,因此,PSO 的优势在于简单、易于实现,同时又具有深刻的智能背景,既适合科学研究,又特别适合工程应用.

PSO 最早由肯尼迪(Kennedy)和埃伯哈德(Eberhart)于 1995 年提出,受人工生命(Artificial Life)的研究结果启发,PSO 的基本概念源于对鸟群捕食行为现象的研究.设想这样一个场景:一群鸟在随机搜寻食物,而区域里只有一块食物,所有的鸟都不知食物在何处,只知道当前位置离食物还有多远,那么找到食物的最佳策略是什么呢? 最简单有效的策略就是搜寻目前离食物最近的鸟的周围区域.

将 PSO 应用于解决优化问题,每个优化问题的潜在解都是搜索空间中的一只鸟,称之为"粒子".每个粒子都有一个由优化函数决定的适应值(fitness value),以及一个决定其飞翔方向和距离的速度;粒子们追随当前的最优粒子(离最优解最近的粒子)在解空间中进行搜索.在具体操作中,PSO 初始化一群随机粒子(随机解),然后通过迭代找到最优解.在每次迭代中,粒子通过跟踪两个"极值"来更新自己:第一个是粒子本身所找到的最优解(称为个体极值);另一个是整个种群目前找到的最好解(为全局极值).此外,也可不用整个种群而只用其中一部分作为粒子的邻居,那么在所有邻居中的极值就是局部极值.

目前,已有多种 PSO 改进算法,并且已广泛用于函数优化、组合优化、神经网络训练、模式分类、模糊系统控制等领域.

三、人工蜂群算法

人工蜂群(artificial bee colony,ABC)算法是一种模仿蜜蜂行为的优化方法,由卡拉博加(Karaboga)等人在 2005 年提出.蜜蜂是一种群居昆虫,虽然单个昆虫的行为极其简单,但是由单个简单的个体所组成的群体却表现出极其复杂的行为.真实的蜜蜂种群在任何环境下,能够以极高的效率从食物源(花朵)中采集花蜜,同时能适应环境的改变.

在自然界中,蜂群采蜜过程包括以下四个组成要素:

(1) 食物源,其价值由多方面的因素决定,如离蜂巢的远近、包含花蜜的丰富程度和获得花蜜的难易程度.可以使用单一的参数,即食物源的"收益率",来代表以上各个因素.

(2) 引领蜂,其与所采集的食物源一一对应.引领蜂储存有某一个食物源的相关信息(相对于蜂巢的距离、方向、食物源的丰富程度等),并且将这些信息以一定的概率与其他蜜蜂分享.

(3) 侦查蜂,搜索蜂巢附近的新食物源.

(4) 跟随蜂,等在蜂巢里面并通过与引领蜂分享相关信息找到食物源.

此外,蜂群有为食物源招募蜜蜂和放弃某个食物源两种基本的行为.

ABC 算法将人工蜂群分为引领蜂、跟随蜂和侦查蜂.引领蜂、跟随蜂用于蜜源的开采,侦查蜂避免蜜源种类过少.优化问题的解和相应的适应度函数值对应蜜源的位置和花蜜的数量.寻找最优蜜源的过程如下:引领蜂发现蜜源并记忆,在各蜜源附近搜索新蜜源,根据前后蜜源的花蜜数量选择较优蜜源并做标记;引领蜂释放与标记蜜源质量成正比的信息,用来招募跟随蜂,跟随蜂在某种机制下选取合适的标记蜜源并在其附近搜索新蜜源,与标记蜜源进行比较,选取较优异的蜜源作为本次循环的最终标记蜜源,反复循环寻找最佳蜜源.但是如果在采蜜过程中,蜜源经若干次搜索不变,相应地,引领蜂变成侦查蜂,随机搜索新蜜源.

在群体智慧的形成过程中,蜜蜂间交换信息是最为重要的一环,舞蹈区是蜂巢中最为重要的信息交换地.蜜蜂在舞蹈区通过摇摆舞的形式将食物源的信息与其他蜜蜂共享,其中,引领蜂通过摇摆舞的持续时间等来表现食物源的收益率,故跟随蜂可以观察到大量的舞蹈并依据收益率来选择到哪个食物源采蜜.收益率与食物源被选择的可能性呈正相关.因而,蜜蜂被招募到某一个食物源的概率与食物源的收益率呈正相关.

四、差分进化算法

差分进化(differential evolution,DE)算法是由斯托恩(Storn)和普莱斯(Price)在1995年为求解切比雪夫(Chebyshev)多项式拟合问题而提出的,发表了基本差分进化算法的技术报告,标志着算法的正式提出.其设计思想来源于普莱斯于1994年提出的求解组合优化问题的遗传退火算法.在研究过程中,普莱斯对遗传退火算法重新进行设计,包括将二进制编码调整为浮点数编码,将逻辑操作调整为算术操作.此外,普莱斯和斯托恩还发现引入结合离散重组的差分变异和两两选择操作后,算法可以舍去退火因子,重新设计的算法被认为是差分进化算法最初的版本.

在完成群体初始化后,差分进化算法反复进行变异、交叉和选择三种操作,直到满足算法停止条件.变异操作是智能优化算法常用的搜索策略.最经典的变异操作是在目标向量的基础上,利用两个向量的差分进行解的更新,生成合成向量.交叉操作是智能优化算法常用的优化策略.交叉操作是利用合成向量和目标向量的分量进行重新组合,从而产生试验向量,以提高个体对应解的多样性.基于贪婪策略,选择操作是比较试验向量和目标向量的优劣,挑选更优的值作为下一代的目标向量.差分进化算法的搜索性能取决于算法全局探索和局部开发能力的平衡,而这在一定程度上依赖于算法的控制参数的选取,包括种群规模、缩放比例因子和交叉因子等.

五、DNA 计算

1994年美国南加洲大学计算机教授阿德曼(Adleman)在《科学》(Science)杂志上发表了第一篇关于DNA分子算法的文章,通过生化方法求解了七个节点的有向图哈密顿回路问题实例,显示了用DNA进行计算的可行性.DNA计算利用分子生物学的工具来解决数学问题,DNA序列可用来编码信息,而酶可用来模拟简单的运算.DNA的四个碱基能形成数学上的一种被称为"域"的代数结构,考虑到目前数字计算机只有0、1两个数字,因此,这种编码字母表理论上而言可满足NP问题计算的需要.就在Adleman实验成功后不久,利普顿(Lipton)等人很快提出了基于DNA模型的DNA算法,它是求解一类著名的NP完全问题——可满足性问题的有效算法.

DNA计算通常包括反应和提取两个阶段:反应阶段的任务是从反应前的一种(输入)代码,生成另一种(输出)代码,输出的结果中应包含计算问题实例的解或解集(如果有的话);提取阶段的任务是从反应后的结果中抽取或分离出所需要的解.这两个阶段均由多个DNA操作组成,每一种操作都能并行执行,这些操作构成分子计算机的基本指令,而一些有序、特定的分子操作指令的集合则可构成分子计算机上的程序或算法.

与现有的计算机相比,DNA计算机有着巨大的潜在优点,主要是分子生物学所提供的操作可实现巨大规模的并行搜索,其次,在速度、能量节省、信息存储的经济性等方面都有不可比拟的优越性.

目前的 DNA 计算还只能解决一些极其简单的问题实例,且还存在许多不足和障碍(如可靠性、灵活性、运输和逻辑),但它已在特定的复杂问题领域显示出极大的潜力,这种巨大潜力无疑是值得重视和培育的,而且,由此产生的生物计算机将能实现大规模并行处理和组合运算功能,是彻底解决 NP 等困难问题的突破口之一.随着生物技术和 DNA 计算水平的不断提高,这种关于计算的新的思想方法必将在更为广泛的领域中为人们所认识和应用,发挥其不可替代的优势.

六、量子计算

1900 年普朗克(Planck)提出量子的概念.20 世纪 80 年代,贝尼奥夫(Benioff)提出量子计算的概念.1982 年,诺贝尔物理学奖获得者费曼(Feynman)率先设想了量子计算机的概念.1994 年,AT&T 贝尔实验室的计算机科学家彼得·肖尔(Peter Shor)设计了第一个适合于量子计算机使用的算法,专门用来对大数进行因子分解.由于大数的因子分解对于经典计算机来说,是一个不可能的任务,因此,现代计算机加密算法,包括银行的密码系统,都是基于大数无法被人在有生之年分解为一些素数之积这个论断的.而量子计算机预期能为特定复杂计算问题提供指数级加速,对加密算法安全带来极大威胁.

经典计算机和量子计算机最为本质的差异来自对物理系统的状态描述.对经典计算机而言,对字节数据进行处理的每个步骤都表示机器的一个明确状态,上个步骤的输出作为下个步骤的输入,前后相续,整个计算任务是在一条线上进行的;而对量子计算机而言,由于原子没有结合而是处于分开和离散状态,处于量子状态的原子可以编码多个 0 和多个 1,系统不同状态之间的变换,可以并列存在多个途径,使得系统可以在多条路径上并行处理多个计算,计算能力获得了指数级的增强.

在优化领域,量子退火算法是一种代表性的量子计算方法.量子退火算法最早由 Finnila 等人在 1994 年提出,主要用于求解多元函数最小值优化问题.与模拟退火算法利用热波动寻找问题最优解不同,量子退火算法利用量子波动产生的量子隧穿效应来使算法避免早熟收敛,能够以更大概率实现全局最优.量子波动的优势在于它使量子具有穿透比其自身能量更高的势垒的能力,该性能被称为量子隧穿效应.量子波动最初用于搜索经典物理系统的能量最低态,通过在经典物理系统中引入穿透场来搜索系统空间的能量最小值,其搜索过程描述为:开始时,穿透场能量保持一个较大初始值,使得粒子具有足够大的波动,能够搜索整个系统的能量空间;然后根据一定策略逐渐减小穿透场的能量,直至穿透场能量为零.穿透场可以看作一个动能项,与经典物理系统的势能场互不影响;在缓慢减小穿透场强度的条件下使得量子系统恢复稳定,最终粒子停留在能量最低态,即优化问题目标函数的最终解.通过模拟上述过程,量子退火算法实现对目标函数的优化搜索.目前,量子退火算法已经成功用于求解旅行商问题和图着色问题等经典运筹学难题.

经过多年努力,我国近年来在量子计算方面取得多项重大进展.九章量子计算机是中国科学技术大学相关技术团队在 2020 年研制的 76 个光子的量子计算原型机,以"九章"

命名,是为了纪念中国古老的数学专著《九章算术》.实验结果显示,"九章"处理特定问题的速度比目前世界排名第一的超级计算机"富岳"快一百万亿倍,同时也等效地比 53 比特量子计算原型机"悬铃木"快一百亿倍,成功实现了量子计算领域的第一个里程碑——量子计算优越性.构建的 113 个光子 144 模式的量子计算原型机"九章二号",处理特定问题的速度比超级计算机快亿亿亿倍,并增强了光量子计算原型机的编程计算能力.此外,科研团队利用"墨子号"量子科学实验卫星,首次实现了地球上相距 1 200 公里两个地面站之间的量子态远程传输,向构建全球化量子信息处理和量子通信网络迈出重要一步.在 2023 年,成功交付一台量子计算机给用户使用.该计算机的成功交付使我国成为世界上第三个具备量子计算机整机交付能力的国家.这是我国继实现"量子计算优越性"之后,又一次确立了在国际量子计算研究领域的领先地位.

 练习题

1. 简述启发式算法的策略及其具体内容.
2. 采用贪婪启发式算法求解 0-1 背包问题,设 $n=7$,$(w_j)=(31,10,20,19,4,3,6)$,$(p_j)=(70,20,39,37,7,5,10)$,$c=50$.
3. 简述遗传算法的主要操作步骤.
4. 和传统优化算法相比较,模拟退火算法的特点是什么?
5. 采用地图软件选择一定数量的位置坐标信息,构建旅行商问题模型,并利用运筹学—管理科学集成软件包中的禁忌搜索等方法进行求解.

第十二章　运筹学综合案例

 学习目标

1. 会用运筹学模型对实际问题进行数学建模
2. 会对数学模型进行分析与讨论
3. 会用运筹学软件求解数学模型

> 举一隅不以三隅反,则不复也.
>
> ——《论语·述而》

第一节　住房分配问题

一、问题背景

某科研所 2022 年上半年已经招聘高校毕业生共 118 人,其中,男生 72 人,女生 46 人. 该所行政科拟提供集体宿舍为毕业生解决住宿问题.经调查,现有宿舍 38 间,分三种房间类型:可住 3 人的有 15 间,可住 4 人的有 10 间,可住 5 人的有 13 间.为提高住房效率,要求每间房必须住满.问:每种房间要用多少间,才能既满足住房要求,又能使腾出可作其他用途的房间数最多?

二、数学建模

(一) 决策变量

(1) x_1 为住男生 3 人的房间数.

(2) x_2 为住男生 4 人的房间数.

(3) x_3 为住男生 5 人的房间数.

(4) x_4 为住女生 3 人的房间数.

(5) x_5 为住女生 4 人的房间数.

(6) x_6 为住女生 5 人的房间数.

总共用去的房间数为

$$z = \sum_{j=1}^{6} x_j.$$

(二) 约束条件

(1) 男生住宿人数的约束：$3x_1 + 4x_2 + 5x_3 = 72$.

(2) 女生住宿人数的约束：$3x_4 + 4x_5 + 5x_6 = 46$.

(3) 住 3 人房间数的约束：$x_1 + x_4 \leqslant 15$.

(4) 住 4 人房间数的约束：$x_2 + x_5 \leqslant 10$.

(5) 住 5 人房间数的约束：$x_3 + x_6 \leqslant 13$.

(6) 变量的非负整数约束：$x_j \geqslant 0$ 且为整数,$j = 1, 2, \cdots, 6$.

(三) 目标函数

$$\min z = \sum_{j=1}^{6} x_j.$$

(四) 数学模型

$$\min z = \sum_{j=1}^{6} x_j.$$

$$\text{s.t.} \begin{cases} 3x_1 + 4x_2 + 5x_3 = 72, \\ 3x_4 + 4x_5 + 5x_6 = 46, \\ x_1 + x_4 \leqslant 15, \\ x_2 + x_5 \leqslant 10, \\ x_3 + x_6 \leqslant 13, \\ x_j \geqslant 0 \text{ 且为整数}, j = 1, 2, \cdots, 6. \end{cases}$$

此为线性整数规划.

三、模型求解

引入人工变量 x_7, x_8;松弛变量 x_9, x_{10}, x_{11}.用单纯形法求解.

求解过程

(一) 最优解 1

$x_1 = 4.33$, $x_2 = 10.00$, $x_3 = 3.80$, $x_6 = 9.20$, $x_9 = 10.67$, 其他变量为 0, $z^* = 27.33$.

分析　由舍入取整,得

男　住 3 人　4 间,男　住 4 人　10 间,

男　住 5 人　4 间,女　住 5 人　9 间.

此方案还缺 1 女生未安排,经调整,得

男 住 3 人 4 间,男 住 4 人 10 间,

男 住 5 人 4 间,女 住 5 人 8 间,

女 住 3 人 2 间.

共用房 28 间.

(二) 最优解 2

$x_2 = 10.00$, $x_3 = 6.40$, $x_4 = 4.33$, $x_6 = 6.60$, $x_9 = 10.67$,其他变量为 0,$z^* = 27.33$.

分析 由舍入取整,得

男 住 4 人 10 间,男 住 5 人 6 间,

女 住 3 人 4 间,女 住 5 人 7 间.

此方案还缺 2 男而多 1 女未安排好,经调整,得

男 住 3 人 2 间,女 住 3 人 4 间,

男 住 4 人 9 间,女 住 4 人 1 间,

男 住 5 人 6 间,女 住 5 人 6 间.

共用房 28 间.

(三) 最优解 3

$x_2 = 1.75$, $x_3 = 13.00$, $x_4 = 4.33$, $x_5 = 8.25$, $x_9 = 10.67$,其他变量为 0,$z^* = 27.33$.

分析 由舍入取整,得

男 住 4 人 2 间,男 住 5 人 13 间,

女 住 3 人 4 间,女 住 4 人 8 间.

此方案还多 1 男而缺 2 女未安排好,经调整,得

男 住 3 人 1 间,女 住 3 人 6 间,

男 住 4 人 1 间,女 住 4 人 7 间,

男 住 5 人 13 间.

共用房 28 间.

四、模型改进

针对问题的特殊性,可建立如下的住房分配问题数学模型:

设 x_{ij} 为第 i 种住房所住的第 j 种性别的学生人数.

其中,$i=1$ 表示住 3 人,$i=2$ 表示住 4 人,$i=3$ 表示住 5 人,$j=1$ 表示住男生,$j=2$ 表示住女生.

并记 z 为总共用去的房间数.

于是有

$$\min z = \frac{1}{3}x_{11} + \frac{1}{3}x_{12} + \frac{1}{4}x_{21} + \frac{1}{4}x_{22} + \frac{1}{5}x_{31} + \frac{1}{5}x_{32}.$$

273

$$\text{s.t.}\begin{cases} \sum\limits_{j=1}^{2} x_{1j} = 3a, \\ \sum\limits_{j=1}^{2} x_{2j} = 4b, \\ \sum\limits_{j=1}^{2} x_{3j} = 5c, \\ \sum\limits_{i=1}^{3} x_{i1} = 72, \\ \sum\limits_{i=1}^{3} x_{i2} = 46, \\ x_{ij} \geqslant 0 \text{ 且为整数}, i = 1, 2, 3; j = 1, 2, \\ 3a + 4b + 5c = 72 + 46 = 118. \end{cases}$$

其中，a，b，c 分别表示住 3 人、4 人、5 人的房间数量，为待定系数.

思考

目标函数 z 中 $\dfrac{1}{3}$、$\dfrac{1}{4}$、$\dfrac{1}{5}$ 诸系数的含义是什么？a、b、c 又如何确定？

五、改进模型求解

用表上作业法求解如表 12-1 所示住房分配问题.

表 12-1

项目	$\dfrac{1}{3}$ B_1	$\dfrac{1}{3}$ B_2	人数
A_1	$\dfrac{1}{3}$	$\dfrac{1}{3}$	$3a$
A_2	$\dfrac{1}{4}$	$\dfrac{1}{4}$	$4b$
A_3	$\dfrac{1}{5}$	$\dfrac{1}{5}$	$5c$
	72	46	

由最小元素法得初始可行解，并用位势法求诸检验数，得表 12-2.

表 12 - 2

项目		$v_1 = \dfrac{1}{3}$		$v_2 = \dfrac{1}{3}$		人数
		B_1		B_2		
$u_1 = 0$	A_1	$\dfrac{1}{3}$	$[72-5c]$	$\dfrac{1}{3}$	$[46-4b]$	$3a$
$u_2 = -\dfrac{1}{12}$	A_2	$\dfrac{1}{4}$	0	$\dfrac{1}{4}$	$[4b]$	$4b$
$u_3 = -\dfrac{5}{12}$	A_3	$\dfrac{1}{5}$	$[5c]$	$\dfrac{1}{5}$	0	$5c$
		72		46		

分析

(1) 初始可行解为

$$x_{11} = 72 - 5c, \quad x_{12} = 46 - 4b, \quad x_{22} = 4b, \quad x_{31} = 5c.$$

$$z = \frac{1}{3}[72-5c] + \frac{1}{3}[46-4b] + \frac{1}{4}[4b] + \frac{1}{5}[5c] = \frac{1}{3}[118 - b - 2c].$$

(2) 由于要极小化 z,故要求 b、c 尽量大.

因 $72-5c$ 须是 3 的倍数,故 $c = 12, 9, 6, 3$.

$$\max c = 12.$$

因 $46-4b$ 须是 3 的倍数,故 $b = 10, 7, 4, 1$.

$$\max b = 10.$$

(3) 于是,可解得 $a = \dfrac{118 - 4b - 5c}{3} = 6$.

(4) 最优方案如表 12 - 3 所示.

表 12 - 3

项目	B_1	B_2	人数
A_1	12	6	18
A_2		40	40
A_3	60		60
	72	46	118

即:男 住 3 人 4 间,男 住 5 人 12 间,

女 住 3 人 2 间,女 住 4 人 10 间.

共用房 28 间.

（5）多最优方案有 2 个，分别如表 12 - 4 和表 12 - 5 所示.

表 12 - 4

项目	B_1	B_2	人数
A_1		18	18
A_2	12	28	40
A_3	60		60
	72	46	118

即：男　住 4 人　3 间，男　住 5 人　12 间，
　　女　住 3 人　6 间，女　住 4 人　7 间.

共用房 28 间.

表 12 - 5

项目	B_1	B_2	人数
A_1		18	18
A_2	40		40
A_3	32	28	60
	72	46	118

此解不合题意，舍去.

（6）进一步分析.

① 由前述讨论知：当 $b = 10$、$c = 12$ 时，$z = \frac{1}{3}[118 - b - 2c] = 28$ 取得极小值，等价于 $b + 2c = 34$ 时，z 取得极小值.

② 当 $b = 8$、$c = 13$ 时，$z = \frac{1}{3}[118 - b - 2c] = 28$. 但 $b \notin \{10，7，4，1\}$，$c \notin \{12，9，6，3\}$，故无法继续求解.

③ 比较线性规划近似解法与运输问题的精确解法可知，前者正分量个数不受限制，解的形式灵活；后者正分量个数受到限制，解的形式也受到限制.

第二节　玻璃下料问题

一、问题背景

已知 4 种毛坯玻璃尺寸为

$$2 \times 1.5 \text{ m}^2，\quad 2.2 \times 1.5 \text{ m}^2，\quad 2.2 \times 1.65 \text{ m}^2，\quad 2.1 \times 1.65 \text{ m}^2.$$

现需要切割成的玻璃成品规格及需求量如表 12-6 所示.

表 12-6

成品规格/m²	需求量/块
1.00 × 0.75	20
1.05 × 0.90	15
0.80 × 0.85	30
1.10 × 0.85	35
1.50 × 1.20	50
0.95 × 1.25	45
1.30 × 0.75	100

问:应如何切割,才能使用料最省?

二、数学建模

(1) 各种可能的下料方式如图 12-1 所示.

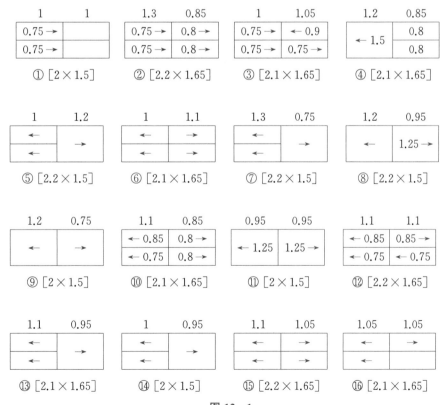

图 12-1

277

截法方案如表 12 - 7 所示.

表 12 - 7

方　案	1	2	3	4	5	6	7	8	9	10	11	12	13	14	15	16
1.00×0.75 m²	4	0	3	0	2	3	0	0	0	1	0	2	1	2	2	2
0.80×0.85 m²	0	2	0	2	0	0	0	0	0	2	0	0	0	0	0	0
1.50×1.20 m²	0	0	0	1	1	0	0	1	1	0	0	0	0	0	0	0
1.30×0.75 m²	0	2	0	0	0	0	3	0	1	0	0	0	0	0	0	0
1.05×0.90 m²	0	0	1	0	0	0	0	0	0	0	0	0	0	0	1	2
1.10×0.85 m²	0	0	0	0	0	1	0	0	0	1	0	2	1	0	1	0
0.95×1.25 m²	0	0	0	0	0	0	1	0	0	0	2	0	1	1	0	0

（2）数学模型.

设 x_j 为选择第 j 种截法方案的次数$(j=1，2，\cdots，16)$，总的余料为 $z(\text{m}^2)$，则问题的数学模型为

$$\min z = 0.32x_2 + 0.27x_3 + 0.305x_4 + 0.28x_6 + 0.375x_7 + 0.312\,5x_8 + 0.225x_9 +$$
$$0.345x_{10} + 0.625x_{11} + 0.11x_{12} + 0.592\,5x_{13} + 0.312\,5x_{14} + 0.175x_{15}.$$

$$\text{s.t.}\begin{cases} 4x_1 + 3x_3 + 2x_5 + 3x_6 + x_{10} + 2x_{12} + x_{13} + 2x_{14} + 2x_{15} + 2x_{16} = 20, \\ 2x_2 + 2x_4 + 2x_{10} = 30, \\ x_4 + x_5 + x_8 + x_9 = 50, \\ 2x_2 + 3x_7 + x_9 = 100, \\ x_3 + x_{15} + 2x_{16} = 15, \\ x_6 + x_{10} + 2x_{12} + x_{13} + x_{15} = 35, \\ x_8 + 2x_{11} + x_{13} + x_{14} = 45, \\ x_j \geqslant 0 \text{ 且为整数}(j=1，2，\cdots，16). \end{cases}$$

三、模型求解

用线性规划的两阶段法求解，其第一阶段目标函数值大于零，原问题无解.

分析　不难发现，含有 1×0.75 规格的方案有 10 个之多，但此规格的玻璃需求量仅 20 块，又太少，由此导致线性规划问题无可行解. 为使线性规划问题有解，可通过逐次增加 1×0.75 规格的需求数量，当此数量大于等于 50 时，问题便有解，玻璃下料方案如表 12 - 8 所示.

表 12 - 8

方案	x_1	x_2	x_4	x_5	x_7	x_8	x_9	x_{11}	x_{12}	x_{14}	x_{16}	料头/m²	1×0.75
一	0	10	5	0	26.67	45	0	0	17.5	0	7.5	30.71	50
二	0	15	0	0.5	21.83	45	4.5	0	17.5	0	7.5	29.99	51
三	0	15	0	1	22	45	4	0	17.5	0	7.5	29.94	52
四	0	15	1.5	0	22.17	45	3.5	0	17.5	0	7.5	29.89	53
五	0	15	0	2	22.33	45	3	0	17.5	0	7.5	29.84	54
六	0	15	0	2.5	22.5	45	2.5	0	17.5	0	7.5	29.79	55
七	0	15	0	3	22.67	45	2	0	17.5	0	7.5	29.74	56
八	0	15	0	3.5	22.83	45	1.5	0	17.5	0	7.5	29.69	57
九	0	15	0	4	23	45	1	0	17.5	0	7.5	29.64	58
十	0	15	0	4.5	23.17	45	0.5	0	17.5	0	7.5	29.59	59
十一	0	15	0	5	23.33	45	0	0	17.5	0	7.5	29.54	60
十二	0	15	0	5	23.33	45	0	0	17.5	0	7.5	29.54	80
十三	0	15	0	15	23.33	35	0	5	17.5	0	7.5	29.54	80
十四	0	15	0	10	23.33	40	0	0	17.5	5	7.5	29.54	80

玻璃下料修正方案如表 12 - 9 所示.

表 12 - 9

方案	x_1	x_2	x_4	x_5	x_7	x_8	x_9	x_{11}	x_{12}	x_{14}	x_{15}	x_{16}	料头/m²	1×0.75
一	0	10	5	0	26*	43	2	1	17	0	1	7	31.032 5	50
二	0	15	0	0	21	43	7	1	17	0	1	7	30.357 5	50
三	0	15	0	1	22	45	4	0	17	0	1	7	30.057 5	52
四	0	15	1	0	22	45	4	0	17	0	1	7	30.362 5	50
九	0	15	0	4	23	45	1	0	17	0	1	7	29.757 5	58

四、模型改进与求解

为得到问题所要求的解,另一途径就是减少含有 $1×0.75$ 规格的方案数量,可将表 12 - 8 中的方案十、十二、十三修改,如图 12 - 2 所示.

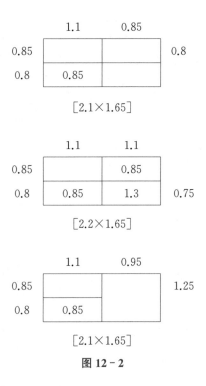

图 12 - 2

则修正截法方案如表 12 - 10 所示.

表 12 - 10

方案	1	2	3	4	5	6	7	8	9	10	11	12	13	14	15	16
1.00×0.75 m²	4	0	3	0	2	3	0	0	0	0	0	0	0	2	2	2
0.80×0.85 m²	0	2	0	2	0	0	0	0	0	3	0	3	1	0	0	0
1.50×1.20 m²	0	0	0	1	1	0	0	1	1	0	0	0	0	0	0	0
1.30×0.75 m²	0	2	0	0	0	0	3	0	1	0	0	1	0	0	0	0
1.05×0.90 m²	0	0	1	0	0	0	0	0	0	0	0	0	0	0	1	2
1.10×0.85 m²	0	0	0	0	0	1	0	0	0	1	0	0	1	0	1	0
0.95×1.25 m²	0	0	0	0	0	0	0	1	0	0	2	0	1	1	0	0

设 x_j 为选择第 j 种截法方案的次数($j=1, 2, \cdots, 16$),总的余料为 $z(\text{m}^2)$,则修正后问题的数学模型为

$$\min z = 0.32x_2 + 0.27x_3 + 0.305x_4 + 0.28x_6 + 0.375x_7 + 0.312\,5x_8 + 0.225x_9 +$$
$$0.49x_{10} + 0.625x_{11} + 0.105x_{12} + 0.662\,5x_{13} + 0.312\,5x_{14} + 0.25x_{15} +$$
$$0.075x_{16}.$$

$$\text{s.t.}\begin{cases} 4x_1 + 3x_3 + 2x_5 + 3x_6 + 2x_{14} + 2x_{15} + 2x_{16} = 20, \\ 2x_2 + 2x_4 + 3x_{10} + 3x_{12} + x_{13} = 30, \\ x_4 + x_5 + x_8 + x_9 = 50, \\ 2x_2 + 3x_7 + x_9 + x_{12} = 100, \\ x_3 + x_{15} + 2x_{16} = 15, \\ x_6 + x_{10} + x_{13} + x_{15} = 35, \\ x_8 + 2x_{11} + x_{13} + x_{14} = 45, \\ x_j \geqslant 0 \text{ 且为整数}(j = 1, 2, \cdots, 16). \end{cases}$$

解得最优方案如表 12-11 所示.

表 12-11

x_7	x_8	x_9	x_{13}	x_{15}	x_{16}	料头/m²
21.67	15	35	30	5	5	42.19

修正最优方案如表 12-12 所示.

表 12-12

x_7	x_8	x_9	x_{11}	x_{13}	x_{15}	x_{16}	料头/m²
21	13	37	1	30	5	5	42.387 5

思考

是否还有其他解决方案,可将料头降至 30.882 5 m²,并具有 91.28% 的用料率?

第三节　曲线拟合问题

一、问题背景

某公司生产塑料排水管道,已知生产这种管道的成本是其圆周长的函数.现有数据提供了几种管道直径的成本指标,这些采样数据的总体特性尚不知道.由于市场需要各种尺寸的管道,其中有些是公司以前从未生产过的,公司想尽快提出成本估算以作出响应.已收集到的数据如表 12-13 所示.

表 12 - 13

圆周长(x)	0.5	1.0	1.5	1.9	2.5	3.0	3.5	4.0	4.5	5.0	5.5	6.0	6.6	7.0	7.6	8.5	9.0	10.0
成本(y)	0.9	0.7	1.5	2.0	2.4	3.2	2.0	2.7	3.5	1.0	4.0	3.6	2.7	5.7	4.6	6.0	6.8	7.3

（1）若成本是管道圆周长的线性函数，即 $y = ax + b$，拟合成本曲线，使 y 的各观察值同预期值的绝对值偏差总和最小。

（2）按 $y = ax + b$ 的形式，拟合成本曲线，使 y 的各观察值同预期值的最大偏差最小.

二、数学建模

要求解的变量为参数 a、b、c，已知的常数为 x_i、$y_i (i = 1, 2, \cdots, 18)$.

（1）目标为极小化.

$$\sum_{i=1}^{18} \mid ax_i + b - y_i \mid.$$

其中，a、b 为自由变量.

为化掉目标中的绝对值，引入两个新的变量：

$$\begin{cases} u_i = \dfrac{\mid ax_i + b - y_i \mid + (ax_i + b - y_i)}{2}, \\ v_i = \dfrac{\mid ax_i + b - y_i \mid - (ax_i + b - y_i)}{2}. \end{cases}$$

显见，有

$$u_i + v_i = \mid ax_i + b - y_i \mid,$$
$$u_i - v_i = ax_i + b - y_i,$$
$$u_i, v_i \geqslant 0.$$

于是，问题的数学模型为

$$\min z = \sum_{i=1}^{18} (u_i + v_i).$$

$$\text{s.t.} \begin{cases} u_i - v_i = ax_i + b - y_i \ (i = 1, 2, \cdots, 18), \\ u_i, v_i \geqslant 0. \end{cases}$$

再令 $a = a^+ - a^-$，$b = b^+ - b^-$，其中，a^+、a^-、b^+、$b^- \geqslant 0$.

代入原模型，可化为

$$\min z = \sum_{i=1}^{18} (u_i + v_i).$$

$$\text{s.t.} \begin{cases} a^+ x_i - a^- x_i + b^+ - b^- - u_i + v_i = y_i \ (i = 1, 2, \cdots, 18), \\ a^+, a^-, b^+, b^-, u_i, v_i \geqslant 0 \ (i = 1, 2, \cdots, 18). \end{cases}$$

此为线性规划.

（2）目标为极小化.

$$\min_i \{|ax_i + b - y_i|\},$$

其中，a、b 为自由变量.

仿照（1），先将绝对值化掉，得

$$\min z = \max_i (u_i + v_i).$$

$$\text{s.t.} \begin{cases} u_i - v_i = ax_i + b - y_i \ (i = 1, 2, \cdots, 18), \\ u_i, v_i \geqslant 0. \end{cases}$$

为化掉目标函数中的 max 项，令

$$w = \max_i (u_i + v_i),$$

则得

$$\min z = w.$$

$$\text{s.t.} \begin{cases} u_i - v_i = ax_i + b - y_i \ (i = 1, 2, \cdots, 18), \\ u_i + v_i \leqslant w, \\ u_i, v_i, w \geqslant 0. \end{cases}$$

令 $a = a^+ - a^-$，$b = b^+ - b^-$，其中，a^+、a^-、b^+、$b^- \geqslant 0$.

$$\min z = w.$$

$$\text{s.t.} \begin{cases} a^+ x_i - a^- x_i + b^+ - b^- - u_i + v_i = y_i \ (i = 1, 2, \cdots, 18), \\ u_i + v_i \leqslant w \ (i = 1, 2, \cdots, 18), \\ a^+, a^-, b^+, b^-, u_i, v_i, w \geqslant 0 \ (i = 1, 2, \cdots, 18). \end{cases}$$

此为线性规划.

三、模型求解

（1）用单纯形法解得最优解如表 12-14 所示.

表 12-14

$u_2 = 0.478\,571$	$u_7 = 0.785\,714$	$u_8 = 0.407\,143$	$u_{10} = 2.750\,000$
$u_{11} = 0.071\,429$	$u_{12} = 0.792\,857$	$u_{13} = 2.078\,571$	$u_{15} = 0.821\,429$
$v_1 = 0.042\,857$	$v_4 = 0.242\,857$	$v_5 = 0.257\,143$	$v_6 = 0.735\,714$
$v_9 = 0.071\,429$	$v_{14} = 0.664\,286$	$v_{17} = 0.478\,571$	$v_{18} = 0.335\,714$
$a^+ = 0.642\,857$	$b^+ = 0.535\,714$	其余变量 $= 0$	$z^* = 11.014\,29$

于是，$a = a^+ - a^- = 0.642\,857$，$b = b^+ - b^- = 0.535\,714$，所求拟合直线方程为

$$y = 0.642\,857x + 0.535\,714.$$

（2）用单纯形法解得最优解后可知

$$z^* = 1.725, \quad a = a^+ - a^- = 0.625, \quad b = b^+ - b^- = -0.4.$$

所求拟合直线方程为

$$y = 0.625x - 0.4.$$

> **思考**
>
> 　　若成本是管道圆周长的二次函数，即 $y = ax^2 + bx + c$，分别用（1）和（2）两种目标进行拟合.

第四节　投资决策问题（A）

一、问题背景

　　某集团公司有五项工程可在四年内进行投资.公司决定：在前两年中，每年投资 10 亿元；在后两年中，每年投资 8 亿元.五个项目的投资需要量及其相应的获利情况如表 12-15 所示.

表 12-15　　　　　　　　　　　　　　　　　　单位：亿元

年　度	项　目				
	项目 1	项目 2	项目 3	项目 4	项目 5
年度 1	2	4	0	3	2
年度 2	2	1	5	3	-2
年度 3	3	-2	4	4	2
年度 4	3	3	5	0	2
四年净收入	14	17	15	11	14

　　注：表中的负数表示当年的收益返回.

　　问：如何投资能使总收益最高？

二、数学建模

　　设

$$y_i = \begin{cases} 1, & \text{对项目 } i \text{ 投资;} \\ 0, & \text{对项目 } i \text{ 不投资.} \end{cases} \quad (i = 1, 2, \cdots, 5)$$

　　则问题的数学模型为

$$\max z = 14y_1 + 17y_2 + 15y_3 + 11y_4 + 14y_5.$$

$$\text{s.t.} \begin{cases} 2y_1 + 4y_2 + 3y_4 + 2y_5 \leqslant 10, \\ 2y_1 + y_2 + 5y_3 + 3y_4 - 2y_5 \leqslant 10, \\ 3y_1 - 2y_2 + 4y_3 + 4y_4 + 2y_5 \leqslant 8, \\ 3y_1 + 3y_2 + 5y_3 + 2y_5 \leqslant 8, \\ y_i = 0 \text{ 或 } 1 \ (i = 1, 2, \cdots, 5). \end{cases}$$

三、模型求解

先将目标函数化为极小化形式,再对负系数的变量作变量代换:

$$x_i = 1 - y_i \ (i = 1, 2, \cdots, 5).$$

将目标函数的系数按递减次序排列,于是,0-1 规划模型化为:

$$\min f = 17x_2 + 15x_3 + 14x_1 + 14x_5 + 11x_4.$$

$$\text{s.t.} \begin{cases} -1 + 4x_2 + 2x_1 + 2x_5 + 3x_4 \geqslant 0, & (1) \\ 1 + x_2 + 5x_3 + 2x_1 - 2x_5 + 3x_4 \geqslant 0, & (2) \\ -3 - 2x_2 + 4x_3 + 3x_1 + 2x_5 + 4x_4 \geqslant 0, & (3) \\ -5 + 3x_2 + 5x_3 + 3x_1 + 2x_5 \geqslant 0, & (4) \\ x_j = 0 \text{ 或 } 1 \quad j = 1, 2, \cdots, 5. \end{cases}$$

这里,目标函数中已把常数 -71 省去.

先通过试探法找出一个可行解,容易看出:

$$(x_2, x_3, x_1, x_5, x_4) = (0, 0, 1, 1, 0)$$

是可行解,相应目标值为 28.因此,目标值大于 28 的解显然不可能是最优值.

增加一个过滤性约束如下:

$$17x_2 + 15x_3 + 14x_1 + 14x_5 + 11x_4 \leqslant 28,$$

即

$$28 - 17x_2 - 15x_3 - 14x_1 - 14x_5 - 11x_4 \geqslant 0. \tag{5}$$

计算表格如表 12-16 所示.

表 12-16

$(x_2, x_3, x_1, x_5, x_4)$	约　束　条　件					满足约束	目标值
	(5)	(1)	(2)	(3)	(4)		
$(0, 0, 0, 0, 0)$	28	-1				$\times$	
$(1, 0, 0, 0, 0)$	11	3	2	-5		$\times$	
$(1, 1, 0, 0, 0)$	-4					$\times$	26
$(1, 0, 1, 0, 0)$	-3					$\times$	

续　表

$(x_2, x_3, x_1, x_5, x_4)$	约　束　条　件					满足约束	目标值
	(5)	(1)	(2)	(3)	(4)		
(1, 0, 0, 1, 0)	−3					✗	
(1, 0, 0, 0, 1)	0	6	5	−1		✗	
(0, 1, 0, 0, 0)	13	−1				✗	
(0, 1, 1, 0, 0)	−1					✗	
(0, 1, 0, 1, 0)	−1					✗	
(0, 1, 0, 0, 1)	2	2	9	5	0	✓	26
(0, 0, 1, 0, 0)	14	1	3	0	−2	✗	
(0, 0, 1, 1, 0)	0					✗	
(0, 0, 1, 0, 1)	3	4	6	4	−2	✗	
(0, 0, 0, 1, 0)	14	1	−1			✗	
(0, 0, 0, 1, 1)	3	4	2	3	−3	✗	
(0, 0, 0, 0, 1)	17	2	4	1	−5	✗	

最优解 $\boldsymbol{X}^* = (0, 0, 1, 1, 0)^T$, $f^* = 26$.

原问题最优解 $\boldsymbol{Y}^* = (1, 1, 0, 0, 1)^T$, $z^* = 45$.

即,公司对项目 1、2、5 进行投资,最高总收益为 45 亿元.

第五节　投资决策问题(B)

一、问题背景

某投资方拥有总资金 100 万元,今有四个项目可供选择投资.

投入资金及预计收益如表 12 – 17 所示.

表 12 – 17　　　　　　　　　　　　　　　　　　　　　　　　　　单位:万元

项　目	项目一	项目二	项目三	项目四
投入资金	40	50	35	40
预计收益	30	40	25	35

问:如何决定投资方案?

二、数学建模

一个好的投资方案应是投资少、收益大的方案.

设 $x_i = \begin{cases} 1, & \text{去投资第 } i \text{ 项目;} \\ 0, & \text{不投资第 } i \text{ 项目.} \end{cases}$ $(i = 1, 2, 3, 4)$

于是,有数学模型:

$$\min(40x_1 + 50x_2 + 35x_3 + 40x_4).$$

$$\max(30x_1 + 40x_2 + 25x_3 + 35x_4).$$

$$\text{s.t.} \begin{cases} 40x_1 + 50x_2 + 35x_3 + 40x_4 \leqslant 100, \\ x_i(x_i - 1) = 0 \ (i = 1, 2, 3, 4). \end{cases}$$

将上述模型改写为分式规划形式为

$$\max z = \frac{30x_1 + 40x_2 + 25x_3 + 35x_4}{40x_1 + 50x_2 + 35x_3 + 40x_4}.$$

$$\text{s.t.} \begin{cases} 40x_1 + 50x_2 + 35x_3 + 40x_4 \leqslant 100, \\ x_i(x_i - 1) = 0 \ (i = 1, 2, 3, 4). \end{cases}$$

令 $x_j = \dfrac{y_j}{\tau}$,则

$$\max z = 30y_1 + 40y_2 + 25y_3 + 35y_4.$$

$$\text{s.t.} \begin{cases} 40y_1 + 50y_2 + 35y_3 + 40y_4 = 1, \\ 40y_1 + 50y_2 + 35y_3 + 40y_4 - 100\tau \leqslant 0, \\ \tau > 0, \ y_j = \tau \ \text{或} \ 0 \ (j = 1, 2, 3, 4). \end{cases}$$

简化,得

$$\max z = 30y_1 + 40y_2 + 25y_3 + 35y_4.$$

$$\text{s.t.} \begin{cases} 40y_1 + 50y_2 + 35y_3 + 40y_4 = 1, \\ \tau \geqslant \dfrac{1}{100}, \\ y_j = 0 \ \text{或} \ \tau \ (j = 1, 2, 3, 4). \end{cases}$$

三、模型求解

方法一:针对上述特殊结构模型,采用隐枚举算法思想进行求解.
计算表格如表 12-18 所示.

表 12-18

(y_1, y_2, y_3, y_4)	τ	满足约束	z
$(0, 0, 0, \tau)$	1/40	√	0.875
$(0, 0, \tau, 0)$	1/35	√	0.714
$(0, 0, \tau, \tau)$	1/75	√	0.8
$(0, \tau, 0, 0)$	1/50	√	0.8

续　表

(y_1, y_2, y_3, y_4)	τ	满足约束	z
$(0, \tau, 0, \tau)$	1/90	✓	0.833
$(0, \tau, \tau, 0)$	1/85	✓	0.765
$(0, \tau, \tau, \tau)$	1/125	✗	
$(\tau, 0, 0, 0)$	1/40	✓	0.75
$(\tau, 0, 0, \tau)$	1/80	✓	0.812 5
$(\tau, 0, \tau, 0)$	1/75	✓	0.733
$(\tau, 0, \tau, \tau)$	1/115	✗	
$(\tau, \tau, 0, 0)$	1/90	✓	0.777
$(\tau, \tau, 0, \tau)$	1/130	✗	
$(\tau, \tau, \tau, 0)$	1/125	✗	
(τ, τ, τ, τ)	1/165	✗	

最优解 $\boldsymbol{X}^* = (0, 0, 0, 1)^T$, $z^* = 0.875$.

此最优解对应的投资决策方案显然不合理:只投资第四项目,金额 40 万元,收益 35 万元,还余 60 万元未投资.因为建模时缺少考虑总资金应尽量使用的条件,例如,应把总资金的一半及以上投入相应项目.

考虑追加 $x_1 + x_2 + x_3 + x_4 > 1$ 约束条件,

于是,模型变为

$$\max z = \frac{30x_1 + 40x_2 + 25x_3 + 35x_4}{40x_1 + 50x_2 + 35x_3 + 40x_4}.$$

$$\text{s.t.} \begin{cases} 40x_1 + 50x_2 + 35x_3 + 40x_4 \leqslant 100, \\ x_1 + x_2 + x_3 + x_4 = 2, \\ x_i(x_i - 1) = 0 \ (i = 1, 2, 3, 4). \end{cases}$$

令 $x_j = \dfrac{y_j}{\tau}$, 则

$$\max z = 30y_1 + 40y_2 + 25y_3 + 35y_4.$$

$$\text{s.t.} \begin{cases} 40y_1 + 50y_2 + 35y_3 + 40y_4 = 1, \\ y_1 + y_2 + y_3 + y_4 = 2\tau, \\ \tau \geqslant \dfrac{1}{100}, \\ \tau > 0, \ y_j = \tau \text{ 或 } 0 \ (j = 1, 2, 3, 4). \end{cases}$$

计算表格如表 12 - 19 所示.

表 12-19

(y_1, y_2, y_3, y_4)	τ	满足约束	z
$(0, 0, \tau, \tau)$	1/75	✓	0.8
$(0, \tau, 0, \tau)$	1/90	✓	0.833
$(0, \tau, \tau, 0)$	1/85	✓	0.765
$(\tau, 0, 0, \tau)$	1/80	✓	0.812 5
$(\tau, 0, \tau, 0)$	1/75	✓	0.733
$(\tau, \tau, 0, 0)$	1/90	✓	0.777

$\boldsymbol{X}^* = (0, 1, 0, 1)^{\mathrm{T}}$.

即,应投资第二和第四项目,总投资金额为 90 万元,最大总收益为 75 万元.

方法二:以单位投资所获收益和最大为目标构造模型如下:

$$\max z = \frac{3}{4}x_1 + \frac{4}{5}x_2 + \frac{5}{7}x_3 + \frac{7}{8}x_4.$$

$$\text{s.t.} \begin{cases} 40x_1 + 50x_2 + 35x_3 + 40x_4 \leqslant 100, \\ x_j(x_j - 1) = 0 \ (j = 1, 2, 3, 4), \end{cases}$$

令 $x_j = 1 - y_j (j = 1, 2, 3, 4)$,

化为标准型

$$\min z = \frac{7}{8}y_4 + \frac{4}{5}y_2 + \frac{3}{4}y_1 + \frac{5}{7}y_3.$$

$$\text{s.t.} \begin{cases} \dfrac{41}{28} - \dfrac{7}{8}y_4 - \dfrac{4}{5}y_2 - \dfrac{3}{4}y_1 - \dfrac{5}{7}y_3 \geqslant 0, & (1) \\ -65 + 40y_4 + 50y_2 + 40y_1 + 35y_3 \geqslant 0, & (2) \\ y_j(y_j - 1) = 0 \ (j = 1, 2, 3, 4). \end{cases}$$

计算表格如表 12-20 所示.

表 12-20

(y_4, y_2, y_1, y_3)	约束条件		满足约束	z
	(1)	(2)		
$(0, 0, 0, 0)$	1.464 3	−65	✗	
$(1, 0, 0, 0)$	0.589 3	−25	✗	
$(1, 1, 0, 0)$	−0.210 7		✗	
$(1, 0, 1, 0)$	−0.160 7		✗	
$(1, 0, 0, 1)$	−0.125 0		✗	
$(0, 1, 0, 0)$	0.664 3	−15	✗	
$(0, 1, 1, 0)$	−0.085 7		✗	
$(0, 1, 0, 1)$	−0.050 0		✗	
$(0, 0, 1, 0)$	0.714 3	−25	✗	
$(0, 0, 1, 1)$	0	10	✓	$\dfrac{28}{41}$

$$\boldsymbol{X}^* = (0,\ 1,\ 0,\ 1)^{\mathrm{T}}.$$

即,应投资第二和第四项目,总投资金额为 90 万元,最大总收益为 75 万元.

方法三:利用多目标决策线性变换法.

对目标要求越小越好时,令

$$y_{ij} = x_j^{\min}/x_{ij},\quad x_j^{\min} = \min\{x_{ij}\,|\,i=1,2,\cdots,m\}.$$

对目标要求越大越好时,令

$$y_{ij} = x_{ij}/x_j^{\max},\quad x_j^{\max} = \max\{x_{ij}\,|\,i=1,2,\cdots,m\}.$$

于是得表 12-21 所示.

表 12-21

投入		产出		$\sum\limits_{j=1}^{2} y_{ij}$
40	$\dfrac{35}{40}=0.875$	30	$\dfrac{30}{40}=0.75$	1.625
50	$\dfrac{35}{50}=0.7$	40	$\dfrac{40}{40}=1$	1.7*
35	$\dfrac{35}{35}=1$	25	$\dfrac{25}{40}=0.625$	1.625
40	$\dfrac{35}{40}=0.875$	35	$\dfrac{35}{40}=0.875$	1.75*

因此,应投资第二和第四项目,总投资金额 90 万元,最大总收益 75 万元.

第六节 新能源汽车充电站布局规划问题

一、问题背景

"双碳"目标为我国新能源汽车产业带来了新的发展机遇.根据中汽协数据,2022 年我国新能源汽车持续爆发式增长,产销分别完成 705.8 万辆和 688.7 万辆,同比分别增长 96.9%和 93.4%,连续 8 年保持全球第一.随着新能源车的大规模普及,充电困难也日渐成为车主的焦虑来源.目前,加快建设充电基础设施是解决该问题的最优方案.某地区拟在 16 个备选点新建 8 个新能源汽车充电站,具体信息如表 12-22 所示.

表 12-22

备选点	成本	备选点	成本
1	761	9	762
2	889	10	730
3	635	11	763
4	615	12	814
5	691	13	605
6	774	14	840
7	759	15	643
8	870	16	744

问：如何在这 16 个备选点中选择 8 个，使得建设新能源汽车充电站的总成本最小？

二、数学模型

显而易见，这是一个在一定约束条件下欲取得最佳效益的优化问题，属于运筹学中线性规划的范畴．

(一) 变量设定

记 $x_j (j=1,2,\cdots,16)$ 表示第 j 个备选点的选址变量，当 $x_j=1$ 时，表示第 j 个备选点被选中；当 $x_j=0$ 时，表示第 j 个备选点未被选中．

(二) 约束条件

根据拟在 16 个备选点新建 8 个新能源汽车充电站的要求，约束条件为

$$x_1+x_2+x_3+\cdots+x_{16}=8$$

(三) 目标函数

该问题要求新建新能源汽车充电站的总成本最优，即 $z=761x_1+889x_2+635x_3+615x_4+691x_5+774x_6+759x_7+870x_8+762x_9+730x_{10}+763x_{11}+814x_{12}+605x_{13}+840x_{14}+643x_{15}+744x_{16}$ 最小．

于是，可得出基本模型如下：

$$\min z = 761x_1+889x_2+635x_3+615x_4+691x_5+774x_6+759x_7+870x_8+762x_9+$$
$$730x_{10}+763x_{11}+814x_{12}+605x_{13}+840x_{14}+643x_{15}+744x_{16}$$

$$\text{s.t.} \begin{cases} x_1+x_2+x_3+\cdots+x_{16}=8 \\ x_j \in \{0,1\} \ (j=1,2,\cdots,16) \end{cases}$$

三、模型求解与分析

(一) 计算结果

使用 MATLAB 软件求解，求得此模型的最优函数值为 5 422，最优解为 $x_1=0$；

微视频

求解过程

$x_2=0;x_3=1;x_4=1;x_5=1;x_6=0;x_7=1;x_8=0;x_9=0;x_{10}=1;x_{11}=0;x_{12}=0;x_{13}=1;$
$x_{14}=0;x_{15}=1;x_{16}=1.$ 根据上述结果,在第 3、4、5、7、10、13、15 和 16 个备选点新建新能源汽车充电站.

（二）分析与讨论

1. 充电站建设空间紧张,备选点成本增加

由于建设空间日益紧张,每个备选点的成本都有不同程度的增加,如表 12－23 所示.

表 12－23

备选点	成本	备选点	成本
1	830	9	822
2	951	10	791
3	700	11	829
4	678	12	888
5	765	13	669
6	834	14	900
7	846	15	725
8	949	16	815

微视频

求解过程

求得最优函数值为 5 965,最优解为 $x_1=0;x_2=0;x_3=1;x_4=1;x_5=1;x_6=0;x_7=0;x_8=0;x_9=1;x_{10}=1;x_{11}=0;x_{12}=0;x_{13}=1;x_{14}=0;x_{15}=1;x_{16}=1.$根据上述结果,在第 3、4、5、9、10、13、15 和 16 个备选点新建新能源汽车充电站.

2. 管理水平提升,备选点成本降低

由于管理水平的不断提升,每个备选点的成本都有不同程度的降低,如表 12－24 所示.

表 12－24

备选点	成本	备选点	成本
1	690	9	684
2	803	10	643
3	551	11	682
4	541	12	743
5	607	13	523
6	687	14	751
7	686	15	567
8	800	16	668

求得最优函数值为 4 782,最优解为 $x_1=0$；$x_2=0$；$x_3=1$；$x_4=1$；$x_5=1$；$x_6=0$；$x_7=0$；$x_8=0$；$x_9=0$；$x_{10}=1$；$x_{11}=1$；$x_{12}=0$；$x_{13}=1$；$x_{14}=0$；$x_{15}=1$；$x_{16}=1$.根据上述结果,在第 3、4、5、10、11、13、15 和 16 个备选点新建新能源汽车充电站.

微视频

求解过程

3. 充电需求量增加,充电站数量增加

由于充电需求量的增加,新建新能源汽车充电站的数量由 8 个增加到 10 个.求得最优函数值为 6 945,最优解为 $x_1=1$；$x_2=0$；$x_3=1$；$x_4=1$；$x_5=1$；$x_6=0$；$x_7=1$；$x_8=0$；$x_9=1$；$x_{10}=1$；$x_{11}=0$；$x_{12}=0$；$x_{13}=1$；$x_{14}=0$；$x_{15}=1$；$x_{16}=1$.根据上述结果,在第 1、3、4、5、7、9、10、13、15 和 16 个备选点新建新能源汽车充电站.

微视频

求解过程

4. 充电服务能力提高,充电站数量减少

由于充电服务能力的提高,新建新能源汽车充电站的数量由 8 个减少到 6 个.求得最优函数值为 3 919,$x_1=0$；$x_2=0$；$x_3=1$；$x_4=1$；$x_5=1$；$x_6=0$；$x_7=0$；$x_8=0$；$x_9=0$；$x_{10}=1$；$x_{11}=0$；$x_{12}=0$；$x_{13}=1$；$x_{14}=0$；$x_{15}=1$；$x_{16}=0$.根据上述结果,在第 3、4、5、10、13 和 15 个备选点新建新能源汽车充电站.

微视频

求解过程

第七节　太阳能电池生产决策问题

一、问题背景

中国力争于 2030 年前实现碳达峰,2060 年前实现碳中和."双碳"目标将我国的绿色发展之路提升到了新高度,将极大地推动我国经济社会发展全面绿色转型.立足"双碳"目标下的新发展阶段,践行绿色低碳的新发展理念,国家提出要加快构建清洁低碳安全高效能源体系的总要求,其中太阳能产业作为新能源产业中发展较为成熟的产业,正在为"双碳"目标实现的不断提供助力.

近年来,在太阳能的有效利用中,光电利用方面已成为其发展最快、进步最大的研究领域.太阳能电池的生产规模也随之日益壮大起来.太阳能电池在太阳光和光伏材料的相互作用下直接产生电能,无须消耗燃料等其他物质,且不释放二氧化碳等气体,是对环境污染较小的可再生能源.这对改善生态环境、缓解温室效应具有重大意义,但在太阳能电池生产的过程中,依旧会产生对空气的放射性污染.因此我国十分关注太阳能电池企业生产的优化升级与污染排放量.

某太阳能电池生产商为响应国家政策,在综合考虑企业利润收益最大化的同时需尽可能减少对空气的污染程度.此公司的太阳能电池共有 A、B、C、D、E 五种产品,已知加工每单位产品所需的设备工时、人工工时、原材料耗费量、利润、污染排放量等信息如表 12-25 所示,现要求五种产品产量不得少于 60.问:如何安排生产活动?

表 12-25

项目	A产品	B产品	C产品	D产品	E产品	资源最大值
设备工时	17	18	20	12	14	1 000
人工工时	12	8	10	12	20	800
原材料耗费量	2	3	3	4	6	220
利润	12	16	17	17	24	
污染排放量	1	2	2	3	4	

二、数学模型

在一个工作周期内,设 A、B、C、D、E 产品的产量分别是 $x_i(i=1,2,3,4,5)$,两个目标函数分别是利润最大化:

$$\max f_1(x) = 12x_1 + 16x_2 + 17x_3 + 17x_4 + 24x_5.$$

和污染最小化:

$$\min f_2(x) = x_1 + 2x_2 + 2x_3 + 3x_4 + 4x_5.$$

由此建立多目标线性规划模型:

$$\min\{-f_1(x), f_2(x)\}.$$

$$\text{s.t.}\begin{cases} 17x_1 + 18x_2 + 20x_3 + 12x_4 + 14x_5 \leqslant 1\ 000, \\ 12x_1 + 8x_2 + 10x_3 + 12x_4 + 20x_5 \leqslant 800, \\ 2x_1 + 3x_2 + 3x_3 + 4x_4 + 6x_5 \leqslant 220, \\ x_1 + x_2 + x_3 + x_4 + x_5 \geqslant 60, \\ x_i \geqslant 0, (i=1,2,3,4,5). \end{cases}$$

三、模型求解

方法一:直接求解法

求解思路:将多目标规划的目标函数通过权重设置,变成单目标优化问题,即:

$$\min f(x) = -0.1f_1(x) + 0.9f_2(x).$$

$$\min f(x) = -0.2f_1(x) + 0.8f_2(x).$$

$$\cdots\cdots$$

$$\min f(x) = -0.9f_1(x) + 0.1f_2(x).$$

即:$\min f(x) = -\lambda f_1(x) + (1-\lambda)f_2(x), \lambda = 0.1, 0.2, 0.3, \cdots 0.9.$

化简得：

$$\min f(x) = -\lambda[f_1(x) + f_2(x)] + f_2(x), \lambda = 0.1, 0.2, 0.3, \cdots, 0.9.$$

根据不同的加权系数，用 MATLAB 求解对应的单目标线性规划问题. 求解结果如表 12 - 26 所示.

微视频

求解过程

表 12 - 26

权重	x_1	x_2	x_3	x_4	x_5	$f_1(x)$	$f_2(x)$
$\lambda=0.1$	56	0	0	4	0	740	68
$\lambda=0.2$	19	15	7	0	19	1 043	139
$\lambda=0.3$	17	18	6	0	19	1 050	141
$\lambda=0.4$	16	14	10	2	18	1 052	142
$\lambda=0.5$	2	1	31	18	8	1 065	152
$\lambda=0.6$	0	3	31	19	7	1 066	153
$\lambda=0.7$	0	3	31	19	7	1 066	153
$\lambda=0.8$	0	3	31	19	7	1 066	153
$\lambda=0.9$	0	3	31	19	7	1 066	153

方法二：主要目标法

(1) 选择利润最大为主要目标，污染目标函数估计上下界进行约束，变为约束条件. 例如，规定污染目标函数值不超过 100，即 $f_2(x) \leqslant 100$.

则问题可变为：

$$\min -f_1(x).$$

$$\text{s.t.} \begin{cases} 17x_1 + 18x_2 + 20x_3 + 12x_4 + 14x_5 \leqslant 1\,000, \\ 12x_1 + 8x_2 + 10x_3 + 12x_4 + 20x_5 \leqslant 800, \\ 2x_1 + 3x_2 + 3x_3 + 4x_4 + 6x_5 \leqslant 220, \\ x_1 + 2x_2 + 2x_3 + 3x_4 + 4x_5 \leqslant 100, \\ x_1 + x_2 + x_3 + x_4 + x_5 \geqslant 60, \\ x_i \geqslant 0, i = 1,2,3,4,5. \end{cases}$$

(2) 选择污染最小为主要目标，利润目标函数估计上下界进行约束，变为约束条件. 例如，规定利润不少于 1 000，即 $f_1(x) \geqslant 1\,000$.

$$\min f_2(x).$$

$$
\text{s.t.}\begin{cases}
17x_1 + 18x_2 + 20x_3 + 12x_4 + 14x_5 \leqslant 1\,000, \\
12x_1 + 8x_2 + 10x_3 + 12x_4 + 20x_5 \leqslant 800, \\
2x_1 + 3x_2 + 3x_3 + 4x_4 + 6x_5 \leqslant 220, \\
12x_1 + 16x_2 + 17x_3 + 17x_4 + 24x_5 \geqslant 1\,000, \\
x_1 + x_2 + x_3 + x_4 + x_5 \geqslant 60, \\
x_i \geqslant 0, i = 1, 2, 3, 4, 5.
\end{cases}
$$

计算结果如表 12 - 27 所示.

表 12 - 27

x_1	x_2	x_3	x_4	x_5	$f_1(x)$	$f_2(x)$
42	4	3	0	11	883	100
25	13	5	0	17	1 001	129

方法三:理想点法

两个目标函数按其单目标优化所得的最优值分别为 f_1^*, f_2^*. 于是,可通过极小化范数意义下的总偏差来达到优化要求:

$$
\min z = \left[\sum_{k=1}^{2} (f_k(x) - f_k^*)^p \right]^{\frac{1}{p}}
$$

分别对单目标规划求出最优解 $x^{(1)} = (0, 2, 30, 28, 2)$, $x^{(2)} = (56, 0, 0, 4, 0)$, 对应的函数值 $f_1^* = 1\,066, f_2^* = 68$.

(1) 当 $p = 1$ 时,目标函数变为:

$$
\min z = [f_1(x) - 1\,066] + [f_2(x) - 68]
$$

(2) 当 $p = 2$ 时,目标函数为:

$$
\min z = \{[f_1(x) - 1\,066]^2 + [f_2(x) - 68]^2\}^{\frac{1}{2}}
$$

(3) 当 $p = 3$ 时,目标函数为:

$$
\min z = \{[f_1(x) - 1\,066]^3 + [f_2(x) - 68]^3\}^{\frac{1}{3}}
$$

约束条件为

$$
\text{s.t.}\begin{cases}
17x_1 + 18x_2 + 20x_3 + 12x_4 + 14x_5 \leqslant 1\,000, \\
12x_1 + 8x_2 + 10x_3 + 12x_4 + 20x_5 \leqslant 800, \\
2x_1 + 3x_2 + 3x_3 + 4x_4 + 6x_5 \leqslant 220, \\
x_1 + x_2 + x_3 + x_4 + x_5 \geqslant 60, \\
x_i \geqslant 0, i = 1, 2, 3, 4, 5.
\end{cases}
$$

当 $p=1,2,3$ 时,计算结果如表 12-28 所示.

表 12-28

p	x_1	x_2	x_3	x_4	x_5	$f_1(x)$	$f_2(x)$
1	2	1	31	18	8	1 065	152
2	1	4	28	23	5	1 063	154
3	1	6	26	26	3	1 064	155

采用直接求解法、主要目标法和理想点法求解时得到的太阳能电池生产方案会有差异,决策者可以根据实际情况选择最适合的方法.此外,这三种方法都是把多目标决策问题转换为单目标问题求解,也可以利用现代启发算法直接求解该问题的非劣解.

第八节　人员雇用问题

一、问题背景

某公共设施服务点需雇用工作人员.工作时间与需要人数如表 12-29 所示.

表 12-29　工作时间与需要人数

工 作 时 间	需 要 人 数	工 作 时 间	需 要 人 数
0:00—6:00	2	16:00—18:00	2
6:00—10:00	8	18:00—22:00	5
10:00—12:00	5	22:00—24:00	3
12:00—16:00	3		

工作人员可在任一时段的开始时刻开始上班,上班后连续工作 4 小时,休息 1 小时,再连续工作 4 小时.现要作出一份人员雇用计划,使得一天内雇用的总人数最少(假定不考虑前一天晚上连续工作至当天的人员数).

二、数学建模

设每天 24 小时内,每个单位小时雇用的人数为 $x_i(i=1,2,\cdots,24)$,则该问题可构造成一个整数规划模型,目标为极小化 $(x_1+x_2+\cdots+x_{24})$,约束条件为每个单位小时内的工作人员数不少于该单位小时所需要的人数,于是问题的数学模型为

$$\min z = x_1 + x_2 + \cdots + x_{24}.$$

$$\text{s.t.} \begin{cases} x_1 \geqslant 2, \\ x_1 + x_2 \geqslant 2, \\ x_1 + x_2 + x_3 \geqslant 2, \\ x_1 + x_2 + x_3 + x_4 \geqslant 2, \\ x_2 + x_3 + x_4 + x_5 \geqslant 2, \\ x_1 + x_3 + x_4 + x_5 + x_6 \geqslant 2, \\ x_1 + x_2 + x_4 + x_5 + x_6 + x_7 \geqslant 8, \\ x_1 + x_2 + x_3 + x_5 + x_6 + x_7 + x_8 \geqslant 8, \\ x_1 + x_2 + x_3 + x_4 + x_6 + x_7 + x_8 + x_9 \geqslant 8, \\ x_2 + x_3 + x_4 + x_5 + x_7 + x_8 + x_9 + x_{10} \geqslant 8, \\ x_3 + x_4 + x_5 + x_6 + x_8 + x_9 + x_{10} + x_{11} \geqslant 5, \\ x_4 + x_5 + x_6 + x_7 + x_9 + x_{10} + x_{11} + x_{12} \geqslant 5, \\ x_5 + x_6 + x_7 + x_8 + x_{10} + x_{11} + x_{12} + x_{13} \geqslant 3, \\ x_6 + x_7 + x_8 + x_9 + x_{11} + x_{12} + x_{13} + x_{14} \geqslant 3, \\ x_7 + x_8 + x_9 + x_{10} + x_{12} + x_{13} + x_{14} + x_{15} \geqslant 3, \\ x_8 + x_9 + x_{10} + x_{11} + x_{13} + x_{14} + x_{15} + x_{16} \geqslant 3, \\ x_9 + x_{10} + x_{11} + x_{12} + x_{14} + x_{15} + x_{16} + x_{17} \geqslant 2, \\ x_{10} + x_{11} + x_{12} + x_{13} + x_{15} + x_{16} + x_{17} + x_{18} \geqslant 2, \\ x_{11} + x_{12} + x_{13} + x_{14} + x_{16} + x_{17} + x_{18} + x_{19} \geqslant 5, \\ x_{12} + x_{13} + x_{14} + x_{15} + x_{17} + x_{18} + x_{19} + x_{20} \geqslant 5, \\ x_{13} + x_{14} + x_{15} + x_{16} + x_{18} + x_{19} + x_{20} + x_{21} \geqslant 5, \\ x_{14} + x_{15} + x_{16} + x_{17} + x_{19} + x_{20} + x_{21} + x_{22} \geqslant 5, \\ x_{15} + x_{16} + x_{17} + x_{18} + x_{20} + x_{21} + x_{22} + x_{23} \geqslant 3, \\ x_{16} + x_{17} + x_{18} + x_{19} + x_{21} + x_{22} + x_{23} + x_{24} \geqslant 3, \\ x_i \geqslant 0, \text{整数 } (i = 1, 2, \cdots, 24). \end{cases}$$

微视频

求解过程

三、模型求解

若没有整数限制,则对应的松弛规划最优值为 $z^* = 15.75$.

借助分支定界法,可求得上述模型的整数规划最优解如表 12-30 所示.

表 12 - 30

$x_1 = 2$	$x_2 = 2$	$x_3 = 1$	$x_4 = 2$	$x_5 = 2$	$x_7 = 1$
$x_{13} = 1$	$x_{14} = 1$	$x_{16} = 1$	$x_{17} = 1$	$x_{19} = 1$	$x_{20} = 1$
其余变量 $= 0$			$z^* = 16$		

即至少雇用 16 人.

思考

　　试找出其他最优解.

参 考 文 献

[1] 司马迁.史记[M].北京:中华书局,1982.

[2] 陈寿.三国志[M].北京:中华书局,1982.

[3] 摩特,爱尔玛拉巴.运筹学手册:基础和基本原理[M].上海:上海科学技术出版社,
  1987.

[4] 莫尔斯,金博尔.运筹学方法[M].北京:科学出版社,1988.

[5] 希勒,利伯曼.运筹学(作业研究)导论[M].方世荣,译.台北:晓园出版社,1995.

[6] 许国志,杨晓光.运筹学历史的回顾[M].杭州:浙江教育出版社,1996.

[7] 顾基发,唐锡晋.软系统工程方法论与软运筹学[M].杭州:浙江教育出版社,1996.

[8] 中国运筹学会.中国运筹学发展研究报告[J].运筹学学报,2012,16(3):1-48.

[9] 魏国华,等.实用运筹学[M].上海:复旦大学出版社,1987.

[10] 堵丁柱.计算复杂性对运筹学发展的影响[J].运筹学杂志,1989,8(1):7-11.

[11] 《运筹学》教材编写组.运筹学:本科版[M].4版.北京:清华大学出版社,2013.

[12] 韩大卫.管理运筹学[M].5版.大连:大连理工大学出版社,2010.

[13] 卢开澄.单目标、多目标与整数规划[M].北京:清华大学出版社,1999.

[14] 姚恩瑜,何勇,陈仕平.数学规划与组合优化[M].杭州:浙江大学出版社,2001.

[15] 胡清淮,魏一鸣.线性规划及其应用[M].北京:科学出版社,2004.

[16] 黄红选.运筹学:数学规划[M].北京:清华大学出版社,2011.

[17] 吕彬,郭全魁,陈磊.线性规划问题的新算法[M].北京:国防工业出版社,2013.

[18] DANTZIG G B. Linear programming[J]. Operations Research, 2002, 50(1):
  42-47.

[19] 董加礼,等.工程运筹学[M].北京:北京工业大学出版社,1988.

[20] 马仲蕃.线性整数规划的数学基础[M].北京:科学出版社,1995.

[21] 孙小玲,李端.整数规划[M].北京:科学出版社,2010.

[22] 赵可培.目标规划及其应用[M].上海:同济大学出版社,1987.

[23] 成思危,胡清雅,刘敏.大型线性目标规划及其应用[M].郑州:河南科学技术出版社,2000.

[24] 张杰,郭丽杰,周硕,等.运筹学模型及其应用[M].北京:清华大学出版社,2012.

[25] 陈宝林.最优化理论与算法[M].2版.北京:清华大学出版社,2005.

[26] 米涅卡.网络和图的最优化算法[M].李家滢,赵关旗,译.北京:中国铁道出版社,
  1984.

［27］田丰,马仲蕃.图与网络流理论［M］.北京:科学出版社,1987.

［28］马良.旅行推销员问题的算法综述［J］.数学的实践与认识.2000,30(2):156-165.

［29］殷剑宏,吴开亚.图论及其算法［M］.合肥:中国科学技术大学出版社,2003.

［30］朱瑶翠,张文鉴.企业管理中的网络计划技术［M］.上海:上海人民出版社,1982.

［31］伊格尼齐奥.单目标和多目标系统线性规划［M］.上海:同济大学出版社,1986.

［32］许树柏.层次分析法［M］.天津:天津大学出版社,1988.

［33］胡毓达.实用多目标最优化［M］.上海:上海科学技术出版社,1990.

［34］王莲芬,许树柏.层次分析法引论［M］.北京:中国人民大学出版社,1990.

［35］刘锡荟,王海燕.网络模糊随机分析:原理、方法与程序［M］.北京:电子工业出版社,1991.

［36］李怀祖.决策理论导引［M］.北京:机械工业出版社,1993.

［37］肖会敏,臧振春,崔春生.运筹学及其应用［M］.北京:清华大学出版社,2013.

［38］刘勇,马良.引力搜索算法及其应用［M］.上海:上海人民出版社,2014.

［39］王建华.对策论［M］.北京:清华大学出版社,1986.

［40］王荫清,张华安.对策论-竞争的数学模型和应用［M］.成都:成都科技大学出版社,1987.

［41］李伯聪,李军.关于囚徒困境的几个问题［J］.自然辩证法通讯,1996,18(4):25-32.

［42］张维迎.博弈论与信息经济学［M］.上海:上海人民出版社,2002.

［43］熊义节.现代博弈论基础［M］.北京:国防工业出版社,2010.

［44］徐光辉.随机服务系统［M］.北京:科学出版社,1980.

［45］蔡斯,阿奎拉诺,雅各布斯.运营管理［M］.任建标,等译.北京:机械工业出版社,2003.

［46］安德森,等.数据、模型与决策:第10版［M］.于淼邓,译.北京:机械工业出版社,2003.

［47］杨超,熊伟,白亚根.运筹学［M］.北京:科学出版社,2004.

［48］焦李成.神经网络计算［M］.西安:西安电子科技大学出版社,1995.

［49］刘勇,康立山,陈毓.非数值并行算法:第二册:遗传算法［M］.北京:科学出版社,1995.

［50］康立山,谢云,尤矢勇.非数值并行算法:第二册:模拟退火算法［M］.北京:科学出版社,1997.

［51］云庆夏.进化算法［M］.北京:冶金工业出版社,2000.

［52］王正志.进化计算［M］.长沙:国防科技大学出版社,2000.

［53］王凌.智能优化算法及其应用［M］.北京:清华大学出版社,2001.

［54］马良,项培军.蚁群算法在组合优化中的应用［J］.管理科学学报,2001,4(2):32-37.

［55］李晓磊,邵之江,钱积新.一种基于动物自治体的寻优模式:鱼群算法［J］.系统工程理论与实践,2002,22(11):32-38.

［56］张颖,刘艳秋.软计算方法［M］.北京:科学出版社,2002.

［57］王小平,曹立明.遗传算法:理论、应用与软件实现［M］.西安:西安交通大学出版社,2002.

［58］麦克维克,等.如何求解问题:现代启发式方法［M］.曹宏庆,等译.北京:中国水利水电

出版社,2003.

[59] 马良,朱刚,宁爱兵.蚁群优化算法[M].北京:科学出版社,2008.

[60] 刘波,王凌,金以慧.差分进化算法研究进展[J].控制与决策,2007,22(7):721-729.

[61] 毕晓君,王艳娇.加速收敛的人工蜂群算法[J].系统工程与电子技术,2011,33(12):2755-2761.

[62] 李士勇,李研.智能优化算法原理与应用[M].哈尔滨:哈尔滨工业大学出版社,2012.

[63] 李少波,杨观赐.进化算法与混合动力系统优化[M].北京:机械工业出版社,2013.

[64] 马良,张惠珍,刘勇,等.高等运筹学教程[M].上海:上海人民出版社,2015.

[65] 塔哈.运筹学基础:第 10 版[M].刘德刚,等译.北京:中国人民大学出版社,2019.

[66] 刘勇,马良,张惠珍,等.智能优化算法[M].上海:上海人民出版社,2019.

[67] 王宝楠,水恒华,王苏敏,等.量子退火理论及其应用综述[J].中国科学:物理学　力学　天文学,2021,51(8):5-17.

附录 I　LINDO 系列软件及其使用

一、简介

LINDO 系统是一套专门用于求解数学规划问题的优化计算软件包,由美国 LINDO 系统公司(Lindo System Inc.)开发,其特点是执行速度快,易于输入、修改、求解和分析,在教育、科研和工业界得到了广泛的应用.

LINDO 软件最早由 Linus Schrage 于 20 世纪 80 年代开发,在早期 PC 机的 DOS 环境下使用,随后陆续推出了 GINO、LINGO 和"What's Best!"等一系列优化软件,现在一般仍用 LINDO 作为这些软件的统称.有关这些软件的最新发行版本、价格和其他信息都可从 LINDO 公司的网站 http://www.lindo.com 获取,其中,还提供部分演示版或测试版软件供免费下载.演示版软件与正式发行版的主要区别在于对优化问题规模(变量和约束个数)有不同的限制.

(1) LINDO 可用于求解线性规划、整数规划、二次规划和目标规划问题,其教学版可求解 200 个变量和 100 个约束规模以内的问题(整数规划限定在 50×30 以内).

(2) LINGO 可用于求解线性规划、整数规划和非线性规划问题,其中,与 LINDO 不同的是,LINGO 包含了内置的建模语言,允许以简练、直观的方式描述较大规模的优化问题,此外,在线性规划的求解算法上还增加了内点法等新一代算法,供选择使用,其教学版可求解 200 个变量和 100 个约束规模以内的问题(整数规划限定在 50×30 以内).

(3) What's Best 是专门为 Microsoft Office 开发的 Excel 组件,主要用于数据文件是由电子表格软件生成的情况,求解功能同 LINDO.

LINDO 系列软件发展至今已有多种版本,但其软件内核和使用方法基本类似,这里仅介绍在 Windows 环境下的 LINGO 基本使用方法.

二、线性规划求解

例 I-1　求解数学模型:
$$\max z = x_1 + x_2 + x_3 + x_4.$$

$$\text{s.t.}\begin{cases} x_5+x_6+x_7+x_8\geqslant 250\,000, \\ x_1+x_5\leqslant 380\,000, \\ x_2+x_6\leqslant 265\,200, \\ x_3+x_7\leqslant 408\,100, \\ x_4+x_8\leqslant 130\,100, \\ 2.85x_1-1.42x_2+4.27x_3-18.49x_4\geqslant 0, \\ 2.85x_5-1.42x_6+4.27x_7-18.49x_8\geqslant 0, \\ 16.5x_1+2.0x_2-4.0x_3+17.0x_4\geqslant 0, \\ 7.5x_5-7.0x_6-13.0x_7+8.0x_8\geqslant 0, \\ x_j\geqslant 0 \quad (j=1,2,\cdots,8). \end{cases}$$

解

（1）数据输入：

max = x1 + x2 + x3 + x4；

x5 + x6 + x7 + x8 > = 250000；

x1 + x5 < = 380000；

x2 + x6 < = 265200；

x3 + x7 < = 408100；

x4 + x8 < = 130100；

2.85 * x1 − 1.42 * x2 + 4.27 * x3 − 18.49 * x4 > = 0；

2.85 * x5 − 1.42 * x6 + 4.27 * x7 − 18.49 * x8 > = 0；

16.5 * x1 + 2.0 * x2 − 4.0 * x3 + 17.0 * x4 > = 0；

7.5 * x5 − 7.0 * x6 − 13.0 * x7 + 8.0 * x8 > = 0；

说明

① 目标函数极大化,则输入 max;目标函数极小化,则输入 min.

② 变量名不能超过 8 个字符.

③ 所有含变量的项须在不等号(或等号)的左侧,常数项则在右侧.

④ 模型中不能含有括号"()"、逗号","和常数的四则运算表达式,如:$400(x_1+x_2)$ 需写成 $400x_1+400x_2$,$2x_1+3x_2-4x_1$ 应写成 $-2x_1+3x_2$.

⑤ 所有变量的非负性为默认规定,不必再作为约束输入.

⑥ 若某变量为自由变量,则需在结束行之后添一附加行:"free 变量名".

⑦ 若变量有上下界,则可在结束行之后添一附加行:"slb 变量名 数值"(下界) 或"sub 变量名 数值"(上界).

微视频

求解过程

（2）模型求解:单击菜单栏中的求解按钮.

（3）结果输出,如图 I-1、图 I-2 和图 I-3 所示.

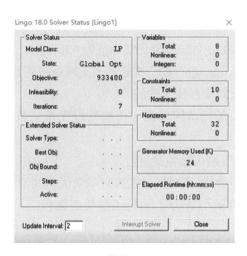

图 I - 1

```
Global optimal solution found.
Objective value:                        933400.0
Infeasibilities:                        0.000000
Total solver iterations:                       7
Elapsed runtime seconds:                    0.03

Model Class:                                  LP

Total variables:                 8
Nonlinear variables:             0
Integer variables:               0

Total constraints:              10
Nonlinear constraints:           0

Total nonzeros:                 32
Nonlinear nonzeros:              0
```

图 I - 2

```
    Variable          Value     Reduced Cost
          X1       264937.9         0.000000
          X2       135702.1         0.000000
          X3       408100.0         0.000000
          X4       124660.0         0.000000
          X5       115062.1         0.000000
          X6       129497.9         0.000000
          X7       0.000000         0.000000
          X8       5440.011         0.000000

         Row   Slack or Surplus       Dual Price
           1         933400.0         1.000000
           2         0.000000        -1.000000
           3         0.000000         1.000000
           4         0.000000         1.000000
           5         0.000000         1.000000
           6         0.000000         1.000000
           7         0.000000         0.000000
           8         43454.00         0.000000
           9         5129700.         0.000000
          10         0.000000         0.000000
```

图 I - 3

主要结果含义：

① "Objective value：933400.0"：最优目标值为933400.

② "Total solver iterations：7"：在7次迭代或旋转后得到最优解.

③ "Value"：给出最优解中各变量的值.

④ "Reduced Cost"：最优单纯形表中检验数行变量系数，表示当变量有微小变动时，目标函数的变化率.

⑤ "Slack or Surplus"：给出松弛变量值.

⑥ "Dual Price"：对偶价格(或对偶最优解)，即最优单纯形表中检验数所在行松弛变量系数，表示当对应约束有微小变动时，目标函数的变化率.

三、整数规划求解

例Ⅰ-2 求解最小分配问题模型：

$$\min z = 15x_{11} + 19x_{21} + 26x_{31} + 19x_{41} + 18x_{12} + 23x_{22} + 17x_{32} + 21x_{42} +$$
$$24x_{13} + 22x_{23} + 16x_{33} + 23x_{43} + 24x_{14} + 18x_{24} + 19x_{34} + 17x_{44}.$$

$$\text{s.t.}\begin{cases} x_{11} + x_{12} + x_{13} + x_{14} = 1, \\ x_{21} + x_{22} + x_{23} + x_{24} = 1, \\ x_{31} + x_{32} + x_{33} + x_{34} = 1, \\ x_{41} + x_{42} + x_{43} + x_{44} = 1, \\ x_{11} + x_{21} + x_{31} + x_{41} = 1, \\ x_{12} + x_{22} + x_{32} + x_{42} = 1, \\ x_{13} + x_{23} + x_{33} + x_{43} = 1, \\ x_{14} + x_{24} + x_{34} + x_{44} = 1, \\ x_{ij} \in \{0, 1\} \quad (i, j = 1, 2, 3, 4). \end{cases}$$

解 数据输入：

min = 15 * x11 + 19 * x21 + 26 * x31 + 19 * x41 + 18 * x12 + 23 * x22 + 17 * x32 + 21 * x42 + 24 * x13 + 22 * x23 + 16 * x33 + 23 * x43 + 24 * x14 + 18 * x24 + 19 * x34 + 17 * x44

x11 + x12 + x13 + x14 = 1；

x21 + x22 + x23 + x24 = 1；

x31 + x32 + x33 + x34 = 1；

x41 + x42 + x43 + x44 = 1；

x11 + x21 + x31 + x41 = 1；

x12 + x22 + x32 + x42 = 1；

x13 + x23 + x33 + x43 = 1；

x14 + x24 + x34 + x44 = 1；

(2) 模型求解：单击菜单栏中的求解按钮.

(3) 结果输出：最优目标值70, $x_{11} = x_{42} = x_{33} = x_{24} = 1$，其余为0.

微视频

求解过程

附录Ⅱ　MATLAB 软件及其使用

一、简介

MATLAB 源自 20 世纪 70 年代中期美国的 Cleve Moler 及其同事开发的 FOR-TRAN 子程序库,主要用于线性代数的矩阵计算.由于深受学生欢迎,他们于 1984 年成立了 MathWorks 公司,将 MATLAB 推向了市场.

目前,MATLAB 以其强大的科学计算与可视化功能、简单易用、开放式可扩展环境,特别是所附带的几十种面向不同领域的工具箱(Toolbox)支持,在许多科学领域中成为计算机辅助设计和分析、算法研究和应用开发的首选平台.正是由于采用了开放型开发的思想,使得 MATLAB 能不断吸收各学科领域所开发的实用程序,形成了一套规模大、覆盖面广的工具箱,其中包括工程优化、统计分析、信号处理、图像处理、小波分析、系统识别、通信仿真、模糊控制、神经网络等许多现代工程技术学科的内容.

MATLAB 的基本数据单位是矩阵,其指令表达式与数学、工程中常用的形式十分相似,故用 MATLAB 来求解问题要比用 C、FORTRAN 等语言完成相同的事情简捷得多.MATLAB 中包括数百个内部函数和几十种工具箱,工具箱又分为功能性工具箱和学科工具箱.功能工具箱用于扩充 MATLAB 的符号计算、可视化建模仿真、文字处理及实时控制等功能;学科工具箱则是专业性较强的工具箱,如:优化工具箱、信号处理工具箱、通信工具箱等都属于此类.除内部函数外,其他 MATLAB 文件和各种工具箱都是可读可修改的文件,用户可通过对源程序的修改或加入自己编写的程序来构造新的专用工具箱.

MATLAB 为科学研究、工程设计以及必须进行有效数值计算的众多科学领域提供了一种全面的解决方案,并在很大程度上摆脱了传统非交互式程序设计语言(如 C、For-tran)的编辑模式,代表了当今国际科学计算软件的先进水平.

二、优化工具箱

MATLAB 的优化工具箱(Optimization Toolbox)含有一系列的优化算法函数,这些函数拓展了 MATLAB 数字计算环境的处理能力,可用于求解许多工程实际中的优化问题:

(1) 线性规划和二次规划问题.

（2）无约束非线性优化问题.

（3）有约束非线性优化问题,包括极大-极小问题等.

（4）多目标优化问题.

（5）非线性最小二乘逼近和曲线拟合问题.

（6）约束条件下的线性最小二乘优化问题；

（7）非线性系统方程；

（8）复杂结构的大规模优化问题.

这里,主要介绍如何应用优化工具箱来求解线性规划、非线性规划和多目标规划问题,采用的 MATLAB 版本为 R2022a.

三、线性规划求解

在 MATLAB 优化工具箱中,用于求解线性规划的函数为 linprog(早期版本中用函数 lp),优化问题的标准形式为:

min $z = f^T x.$

s.t. $A\ x \leqslant b.$

$Aeq \cdot x = beq$

$lb \leqslant x \leqslant ub$

具体用法如下:

调用格式

x = linprog(f, A, b)

x = linprog (f, A, b, Aeq, beq)

x = linprog (f, A, b, Aeq, beq, lb, ub)

x = linprog (f, A, b, Aeq, beq, lb, ub, x0)

x = linprog (f, A, b, Aeq, beq, lb, ub, x0, options)

[x, fval] = linprog (…)

[x, fval, exitflag] = linprog (…)

[x, fval, exitflag, output] = linprog (…)

[x, fval, exitflag, output, lambda] = linprog (…)

说明

f:目标函数系数矩阵.

A:不等式约束的系数矩阵.

b:不等式约束的右侧项系数向量.

Aeq:等式约束的系数矩阵.

beq:等式约束的右侧项系数向量.

lb，ub：变量 x 的上下界.

x0：初始迭代点.

fval：返回最优目标函数值.

exitflag：描述函数计算的退出条件：若为正值，表示目标函数收敛于解 x 处；若为负值，表示目标函数不收敛；若为零值，表示已达到函数评价或迭代的最大次数.

output：返回有关优化信息，如，

        output.iterations 表示迭代次数；

        output.algorithm 表示所采用的算法；

        output.funcCount 表示函数评价或迭代次数.

lambda：返回 x 处的拉格朗日乘子，具有以下属性：

        lambda.lower 表示 lambda 的下界；

        lambda.upper 表示 lambda 的上界；

        lambda.ineqlin 表示 lambda 的线性不等式；

        lambda.eqlin 表示 lambda 的线性等式.

Options 的参数描述：

        Display：显示水平.选择"off"不显示输出；选择"iter"显示每一步迭代过程；选择"final"显示最终结果.

        MaxFunEvals：函数评价的最大允许次数.

        Maxiter：最大允许迭代次数.

例Ⅱ-1　求解 $\min z = -5x_1 - 4x_2 + 6x_3$.

$$\text{s.t.} \begin{cases} x_1 - x_2 + x_3 \leqslant 20, \\ 3x_1 + 2x_2 + 4x_3 \leqslant 42, \\ 3x_1 + 2x_2 \quad\quad\ \leqslant 30, \\ x_j \geqslant 0 \quad (j=1,2,3). \end{cases}$$

解　MATLAB 输入：

```
f = [-5; -4; 6];
A = [1, -1, 1; 3, 2, 4; 3, 2, 0];
b = [20; 42; 30];
lb = zeros (3, 1);
[x, fval] = linprog (f, A, b, [ ], [ ], lb);
```

输出结果：

x =

0.0000

15.0000

3.0000

fval =

− 78.0000

例Ⅱ-2　求解 $\min z = -70x_1 - 120x_2$.

$$\text{s.t.} \begin{cases} 9x_1 + 4x_2 \leqslant 3\,600, \\ 4x_1 + 5x_2 \leqslant 2\,000, \\ 3x_1 + 10x_2 \leqslant 3\,000, \\ x_1, x_2 \geqslant 0. \end{cases}$$

解　MATLAB 输入：

f = [− 70　− 120];

A = [9　4; 4　5; 3　10];

b = [3600; 2000; 3000];

lb = [0　0];

ub = [ ];

[x, fval, exitflag] = linprog (f, A, b, [ ], [ ], lb, ub)

输出结果：

x =

200.0000

240.0000

fval =

− 4.2800e + 004

exitflag =

1

四、非线性规划求解

(一) 无约束非线性规划

在 MATLAB 中，无约束非线性规划的标准形式为

$\min f(x)$

可以使用函数 fminsearch 和 fminunc 等命令进行求解.

fminsearch 调用格式

[x, fval, exitflag, output] = fminsearch(fun, x0, options)

说明

fun:目标函数.

x0:迭代初始点.

options:函数参数设置.

x:最优解.

fval:返回最优目标函数值.

exitflag:算法停止时的信息.

output:函数计算信息.

例 Ⅱ-3   求解 $\min f(X) = (x_1 - 1)^2 + (x_2 - 1)^2$，取初始点 $x_0 = (0, 0)$.

解   编写目标函数程序 fun.m：

```
function f = fun(x)
f = (x(1) - 1)^2 + (x(2) - 1)^2;
x0 = [0,0]
```

使用 [x, fval, exitflag, output]=fminsearch(@fun，x0) 求解,输出结果：

```
x =
1.0000    1.0000
fval =
1.9623e - 009
exitflag =
1
output =
iterations: 44
funcCount: 76
algorithm: 'Nelder-Mead simplex direct search'
```

fminunc 调用格式

[x, fval, exitflag, output, grad, hessian] = fminunc(fun, x0, options)

说明

fun:目标函数.

x0:初始迭代点.

options:函数参数设置

x:最优解.

fval:最优解对应的函数值.

exitflag:终止迭代的信息.

output:输出优化信息.

grad:函数在解 x 处的梯度值

hessian:函数在解 x 处的海赛(Hessian)矩阵.

例 Ⅱ - 4　试用 fminunc 求解

$$\min f(X) = \frac{3}{2}x_1^2 + \frac{1}{2}x_2^2 - x_1 x_2 - 2x_1$$

初始点 $x_0 = (-2, 4)$.

解　编写目标函数程序 fun.m:

```
function f = fun(x)
f = 1.5 * x(1)^2 + 0.5 * x(2)^2 - x(1) * x(2) - 2 * x(1);
x0 = [-2,4]
```

使用 [x, fval, exitflag] = fminunc(@fun, x0)求解,

输出结果:

```
x =
1.0000      1.0000
fval =
-1.0000
exitflag =
1
```

(二) 约束非线性规划

在 MATLAB 中,约束非线性规划的标准形式为

min $f(x)$

s.t. $C(x) \leqslant 0$

　　$Ceq(x) = 0$

　　$A \cdot x \leqslant b$

　　$Aeq \cdot x = beq$

　　$lb \leqslant x \leqslant ub$

可以使用函数 fmincon 等进行求解.

fmincon 调用格式

[x, fval, exitflag, output, lambda, grad, hessian] =
fmincon(fun, x0, A, b, Aeq, beq, lb, ub, nonlcon, options)

说明

fun：目标函数.

x0：初始迭代点.

A：线性不等式约束的系数矩阵.

b：线性不等式约束的常数向量.

Aeq：线性等约束的系数矩阵.

beq：线性等式约束的常数向量.

lb：变量的下界.

ub：变量的上界.

nonlcon：非线性约束.

options：优化参数设置.

x：最优解.

fval：最优解对应的函数值.

exitflag：迭代停止标识.

output：算法计算信息等.

lambda：拉格朗日乘子.

grad：函数在解 x 处的梯度值.

hessian：函数在解 x 处的海赛（Hessian）矩阵.

例 Ⅱ-5　试用 fmincon 求解

$\text{Min } f(X) = -4x_1 - 4x_2 + x_1^2 + x_2^2$

s.t. $x_1 + 2x_2 \leqslant 4$

初始点 $x_0 = (0, 0)$.

解　编写目标函数程序 fun.m：

function f = fun(x)

f = -4 * x(1) - 4 * x(2) + x(1)^2 + x(2)^2;

输入参数：

A = [1　2];

b = 4;

x0 = [0,0];

使用[x, fval, exitflag]＝fmincon(@fun, x0, A, b)求解,输出结果：

x =

1.6000　　1.2000

fval =

－7.2000

exitflag=

1

(三) 二次规划

在 MATLAB 中,二次规划的标准形式为

$$\min \frac{1}{2} x'Hx + f'x$$

s.t. A・x ≤ b

　　Aeq・x = beq

　　lb ≤ x ≤ ub

可以使用函数 quadprog 等进行求解.

quadprog 调用格式

[x, fval, exitflag, output, lambda] = quadprog(H, f, A, b, Aeq, beq, lb, ub, x0, options)

说明

　　H:二次型矩阵.

　　f:标准型中的向量.

　　A:不等式约束的系数矩阵.

　　b:不等式约束的常数向量.

　　Aeq:等式约束的系数矩阵.

　　beq:等式约束的常数向量.

　　lb:变量 x 的下界.

　　ub:变量 x 的上界.

　　x0:初始迭代点.

　　options:指定的优化参数.

　　x:最优解.

　　fval:返回最优目标函数值.

　　exitflag:描述函数计算的退出条件.

　　output:返回有关优化信息.

　　lambda:返回 x 处的拉格朗日乘子.

例Ⅱ-6 试用 quadprog 求解

$$\min f(X) = x_1^2 + x_2^2 - 8x_1 - 10x_2$$

s.t. $3x_1 + 2x_2 \leq 6$

$$x_1 \geqslant 0, x_2 \geqslant 0$$

解

输入参数：

H = [2　0; 0　2];

f = [-8; -10];

A = [3　2];

b = 6;

Aeq = [ ]; beq = [ ]; lb = [0; 0]; ub = [ ];

使用 [x, fval, exitflag] = quadprog(H, f, A, b, Aeq, beq, lb, ub) 求解，

输出结果：

x =

0.3077

2.5385

fval =

-21.3077

exitflag =

1

五、多目标规划求解

在 MATLAB 中，fgoalattain 可以求解多目标优化问题，其数学模型为

$$\min_{x, \gamma} \quad \gamma$$

s.t. $F(x) - \text{weight} \cdot \gamma \leqslant \text{goal}$

$\quad C(x) \leqslant 0$

$\quad \text{Ceq}(x) = 0$

$\quad A \cdot x \leqslant b$

$\quad \text{Aeq} \cdot x = \text{beq}$

$\quad lb \leqslant x \leqslant ub$

其中，γ 为一个松弛因子标量；$F(x)$ 为多目标规划中的目标函数向量；weight 为权重系数向量；goal 为用户设计的与目标函数相应的目标函数值向量.

fgoalattain 调用格式

[x, fval, attainfactor, exitflag, output, lambda] =

fgoalattain(fun, x0, goal, weight, A, b, Aeq, beq, lb, ub, nonlcon, options)

说明

　　fun：目标函数.

　　x0：初始迭代点.

goal：设定的目标值.

weight：权重向量.

A：线性不等式约束的系数矩阵.

b：线性不等式约束的常数向量.

Aeq：线性等式约束的系数矩阵.

beq：线性等式约束的常数向量.

lb：变量的下界.

ub：变量的上界.

nonlcon：非线性约束.

options：优化参数设置.

x：最优解.

fval：返回最优目标函数值.

attainfactor：返回 x 处的目标达到因子.

exitflag：描述函数计算的退出条件.

output：返回有关优化信息.

lambda：返回拉格朗日乘子.

例 Ⅱ-7　求解多目标优化问题

$\max f_1 = 100x_1 + 90x_2 + 80x_3 + 70x_4$

$\min f_2 = 3x_2 + 2x_4$

s.t.　$-x_1 - x_2 \leqslant -30$

　　　$-x_3 - x_4 \leqslant -30$

　　　$3x_1 + 2x_3 \leqslant 120$

　　　$3x_2 + 2x_4 \leqslant 48$

　　　$x_1, x_2, x_3, x_4 \geqslant 0$

解　编写目标函数程序 fun.m：

```
function f = fun(x)
f(1) = -(100*x(1) + 90*x(2) + 80*x(3) + 70*x(4));
f(2) = 3*x(2) + 2*x(4);
```

输入参数：

```
A = [-1  -1  0  0; 0  0  -1  -1; 3  0  2  0; 0  3  0  2];
b = [-30, -30, 120, 48];
lb = [0; 0; 0; 0; 0];
x0 = [20, 10, 30, 0];
```

goal = [10000, 40];

weight = [10000, 40];

使用[x fval]＝fgoalattain(@fun_optim, x0, goal, weight, A, b, [ ], [ ], lb, [ ])
求解,

输出结果:

x =

20   10   30   0

fval =

    −5300   30

附录Ⅲ CPLEX软件及其使用

一、简介

CPLEX 优化软件由 Robert E. Bixby 博士于 1988 年创建 CPLEX Optimization Inc. 开发销售,属商业软件,但学术团队可申请获得 Academic License 免费使用.CPLEX Optimization Inc. 于 1997 年被 ILOG 公司收购,又于 2009 年被 IBM 公司收购.目前,CPLEX 由 IBM 公司持续开发和更新,并分为商业版和学术版,高校和科研机构工作人员可免费使用学术版.

IBM ILOG CPLEX Optimization Studio 中自带优化引擎,并支持与多种编程语言的集成开发环境,内含与 C++、JAVA、Python 和 Matlab 等环境的调用接口.CPLEX 高效的求解性能,特别是对于庞大的建模优化问题和困难的优化问题的求解一直保持全球领先地位.CPLEX 可求解多类优化问题,主要包括:线性规划(linear programming,LP),二次规划(quadratic programming,QP),二次约束二次规划(quadratic constraint quadratic optimization problem,QCQP),二阶锥规划(second-order cone programming,SOCP)和混合整数规划(mixed integer programming,MIP).

二、线性规划求解

这里,以一个线性规划问题为例,分别介绍 CPLEX 在 Interactive Optimizer 和 Matlab 环境中的使用方法.

例Ⅲ-1 线性规划

$$\max z = x_1 + 2x_2 + 3x_3$$

$$-x_1 + x_2 + x_3 \leqslant 20$$

$$x_1 - 3x_2 + x_3 \leqslant 30$$

$$\text{s.t.} \quad 0 \leqslant x_1 \leqslant 40$$

$$0 \leqslant x_2 \leqslant infinity$$

$$0 \leqslant x_3 \leqslant infinity$$

解　（1）用 CPLEX Interactive Optimizer 进行求解.CPLEX Interactive Optimizer 是 CPLEX 的交互式操作界面,屏幕中"CPLEX>"字符串代表 CPLEX 提示符,在此提示符后面的文本由用户输入.

① 输入模型：

CPLEX> enter example

Enter new problem ['end' on a separate line terminates]：

maximize　x1 + 2 x2 + 3 x3

subject to - x1 + x2 + x3 < = 20

　　　　　x1 - 3 x2 + x3 < = 30

bounds

0 < = x1 < = 40

0 < = x2

0 < = x3

End

② 求解过程：

CPLEX> optimize

Tried aggregator 1 time.

No LP presolve or aggregator reductions.

Presolve time = 0.00 sec. (0.00 ticks)

Iteration log...

Iteration：　1　Dual infeasibility = 0.000000

Iteration：　2　Dual objective = 202.500000

Dual simplex - Optimal：　Objective = 2.0250000000e + 002

Solution time = 　　0.01 sec. Iterations = 2 (1)

Deterministic time = 0.00 ticks　(3.38 ticks/sec)

③ 输出结果：

CPLEX> display solution variables x1 - x3

Variable Name　　　　　Solution Value

x1　　　　　　　　　　40.000000

x2　　　　　　　　　　17.500000

x3　　　　　　　　　　42.500000

（2）MATLAB 环境中调用 CPLEX 求解器求解线性规划问题.调用前需在 MATLAB 中添加 CPLEX 调用路径,完成设置后即可利用相关命令实现求解器的调用.在 MATLAB 环境中,调用 CPLEX 用于求解线性规划的函数为 cplexlp,其调用格式及输出的优化信息与 MATLAB 优化工具箱中求解线性规划的函数 linprog 类似.

① 输入模型参数：

```
f = [ -1; -2; -3];
Aineq = [ -1, 1, 1; 1, -3, 1];
bineq = [ 20, 30];
lb = [ 0, 0, 0];
ub = [ 40, inf, inf];
```
② 设置求解器参数：
```
options = cplexoptimset;
options.Diagnostics = 'on';
```
③ 通过 cplexlp 命令求解：
```
[ x, fval, exitflag, output] = cplexlp( f, Aineq, bineq, [   ], [   ], lb, ub,
[   ], options);
```
④ 显示结果：
```
fprintf('\nSolution status = % s\n', output.cplexstatusstring);
fprintf(Solution value = ' % d\n', fval);
disp('Values = ');
disp(x);
```

附录 Ⅳ　其他运筹学软件

目前,世界各国都已陆续开发了许多运筹学方面的专用软件或相关软件(很多统计软件里往往也附带了一些运筹优化的功能),除了 LINDO、MATLAB 和 CPLEX,在互联网上还有一系列的商业软件、共享软件、自由软件,有些甚至还开源提供源代码下载.如:

微软 Office 套件中的 Excel:除了基本的线性规划求解功能之外,近几年的新版里还提供了整数规划和非线性规划的求解功能并包含演化算法.微软 Office 系列里还有一个目前单独发行的 PROJECT,但仅含网络计划技术功能.兼容 Office 且跨平台(Windows、Linux、Mac)的免费软件 LibreOffice,以及国内的 WPS 也具备类似的数学规划(线性规划)求解功能.

Gurobi:由美国 Gurobi Optimization 公司开发的新一代大规模优化器,跨平台(Windows、Linux、Mac),并支持多核并行计算.

GLPK:俄罗斯人开发的开源免费线性优化求解器,全称 GNU Linear Programming Kit,用 C 语言写成,可求解大规模线性规划问题和混合整数规划问题,支持 C++、C♯、Java、Python 等语言绑定.

Python 语言工具库:在 Python 语言环境中(本身跨平台),可以通过一些第三方库来求解数学规划问题,如 PuLP、SciPy 等,且还可调用多种外部优化软件模块.

Julia 语言工具库:Julia 是美国 MIT 开发的新型语言,工具包 JuMP 可用于求解数学规划,支持多种外部优化软件模块的调用.

MINOS、AMPL、QSOpt:早期著名的数学规划求解器.

LP SOLVE:开源跨平台(Windows、Linux、Mac)线性规划/整数规划求解器.

TOMLAB:早期 MATLAB 环境下的数学规划求解工具.

附录 V 中英文专业名词对照表

第一章

线性规划	linear programming
原规划	primal programming
对偶规划	dual programming
目标函数	objective function
约束条件	constraints
非负性约束	nonnegative constraint
决策变量	decision variable
松弛变量	slack variable
剩余变量	surplus variable
人工变量	artificial variable
基变量	basic variable
非基变量	nonbasic variable
入基变量	incoming basic variable
出基变量	outgoing basic variable
可行域	feasible region
可行解	feasible solution
基可行解	basic feasible solution
最优解	optimal solution
多最优解	multiple optimal solutions
正则解	regular solution
无界解	unbounded solution
单纯形法	simplex method
大 M 法	big M method
两阶段法	two-stage method
对偶单纯形法	dual simplex method

基阵	basic matrix
主元	pivot element
检验数	relative cost coefficient
影子价格	shadow price
灵敏度分析	sensitivity analysis
运输问题	transportation problem

第二章

整数规划	integer programming
纯整数规划	pure integer programming
混合整数规划	mixed integer programming
0-1 规划	0-1 programming
分支定界法	branch-and-bound method
隐枚举法	implicit enumeration method
显枚举法	explicit enumeration method
匈牙利法	Hungarian method
分配问题	assignment problem
过滤约束	filtering constraint
缩减矩阵	reduced matrix

第三章

目标规划	goal programming
线性目标规划	linear goal programming
多目标规划	multi-objective

	programming	终点	terminal point
优先级	priority	发点	source
偏差变量	deviation variable	收点	sink
目标约束	objective constraint	中间点	middle point
绝对约束	absolute constraint	边	edge
硬约束	hard constraint	关联边	incidence edge
相对约束	relative constraint	多重边	multiple edge
软约束	soft constraint	弧	arc
权系数	weight coefficient	环	loop
反射性	reflexivity	链	chain
反射 P 空间	reflexive P space	增广链	augmented chain
		圈	cycle
第四章		路	route
动态规划	dynamic programming	回路	circuit
阶段	stage	次	degree
状态	state	容量	capacity
决策	decision	流	flow
策略	strategy	可行流	feasible flow
转移方程	transition equation	截集	cut-set
基本方程	basic equation	树	tree
		生成树	spanning tree
第五章		最小树	minimal tree
图	graph	最大流	maximal flow
简单图	simple graph	最小费用	minimal cost
多重图	multiple graph	中国邮递员	Chinese postman
连通图	connected graph		
子图	sub-graph	**第六章**	
有向图	directed graph	关键路线方法	critical path method
无向图	undirected graph	计划评审技术	program evaluation and
基础图	basic graph		review technique
赋权图	weighted graph	网络计划技术	network program
网络	network		technique
顶点	vertex	网络图	network graph
端点	end point	关键路线	critical path
邻点	neighboring point	工序	activity
始点	initial point	事项	event

最早开工日期	earliest starting date	平衡局势	balanced situation
最早完工日期	earliest finished date	对策值	game value
最迟开工日期	latest starting date	混合扩充	mixed expansion
最迟完工日期	latest finished date	优超	precedence

第七章

决策论	decision theory
决策者	decision-maker
自然状态	natural state
悲观准则	pessimistic criterion
乐观准则	optimistic criterion
折衷准则	trade-off criterion
均等准则	equal probability criterion
后悔准则	regretful criterion
最大可能性	maximal probability
决策树	decision tree
决策点	decision point
状态点	state point
结果点	result point
效用值	utility value
效用函数	utility function
验前分析	prior analysis
验后分析	posterior analysis
层次分析法	the analytic hierarchy process

第九章

排队论	queuing theory
排队系统	queuing system
排队模型	queuing model
随机服务系统	random service system
随机过程	stochastic process
顾客	customer
服务员	server
到达率	arrival rate
有效到达率	effective arrival rate
服务率	service rate
输入过程	input process
排队规则	queuing rule
队列结构	queue structure
服务规则	service rule
服务机构	service mechanism
队长	queue length
等待队长	waiting queue length
逗留时间	staying time
等待时间	waiting time

第八章

矩阵对策	matrix game
纯策略对策	pure strategy game
混合策略对策	mixed strategy game
公平对策	fair game
局中人	insider
赢得函数	winning function
支付函数	payoff function
鞍点	saddle point
局势	situation

第十章

库存论	inventory theory
定量订货模型	fixed-order quantity model
定期订货模型	fixed-time period model
经济订货批量	economic order quantity
允许缺货	shortages permitted
经济生产批量	economic production lot size
批量价格折扣	price-break

安全库存	safety stock	蚂蚁系统	ant system
		人工神经网络	artificial neural network
第十一章		选择	selection
智能优化	intelligent optimization	交叉	crossover
NP	non-deterministic polynomial time	变异	mutation
		蚂蚁算法	ant algorithm
启发式	heuristic	蚁群优化	ant colony optimization
遗传算法	genetic algorithm	信息素	pheromone
模拟退火算法	simulated annealing algorithm	自催化行为	autocatalytic behavior
		粒子群优化	particle swarm optimization
禁忌搜索	tabu search		

部分习题答案

教师教学资源服务指南

关注微信公众号"**高教财经教学研究**",可浏览云书展了解最新经管教材信息、申请样书、下载课件、下载试卷、观看师资培训课程和直播录像等。

课件及资源下载

电脑端进入公众号点击导航栏中的"教学服务",点击子菜单中的"资源下载",或浏览器输入网址链接http://101.35.126.6/,注册登录后可搜索相应资源并下载。

样书申请及培训课程

点击导航栏中的"教学服务",点击子菜单中的"云书展",了解最新教材信息及申请样书。
点击导航栏中的"教师培训",点击子菜单中的"培训课程"即可观看教师培训课程和"名师谈教学与科研直播讲堂"的录像。

联系我们

联系电话:(021)56718921   高教社管理类教师交流QQ群:248192102